数据恢复实训教程

主　编　李剑勇

副主编　杨　倩　万川梅

　　　　杨　菁　谢正兰

主　审　秦凤梅

西南交通大学出版社

·成　都·

图书在版编目（CIP）数据

数据恢复实训教程 / 李剑勇主编. — 成都：西南交通大学出版社，2014.2（2020.8 重印）
ISBN 978-7-5643-2562-6

Ⅰ. ①数… Ⅱ. ①李… Ⅲ. ①数据管理 – 安全技术 – 高等职业教育 – 教材 Ⅳ. ①TP309.3

中国版本图书馆 CIP 数据核字（2013）第 188329 号

数据恢复实训教程

主编　李剑勇

责任编辑	王　旻
助理编辑	宋彦博
特邀编辑	黄庆斌
封面设计	墨创文化
出版发行	西南交通大学出版社 （四川省成都市二环路北一段 111 号 西南交通大学创新大厦 21 楼）
发行部电话	028-87600564　028-87600533
邮政编码	610031
网　　址	http: //www.xnjdcbs.com
印　　刷	成都蓉军广告印务有限责任公司
成品尺寸	185 mm × 260 mm
印　　张	12.5
字　　数	312 千字
版　　次	2014 年 2 月第 1 版
印　　次	2020 年 8 月第 4 次
书　　号	ISBN 978-7-5643-2562-6
定　　价	29.00 元

前　言

在信息社会，人们的工作和生活越来越依赖计算机和网络，许多重要的个人信息、公司信息甚至国家机关的重要信息都以数据的形式保存在计算机中，由此带来的一个重大问题就是如果由于某种原因造成计算机系统崩溃、硬盘损坏等，大家的重要数据丢失了怎么办？对于普通的个人用户而言，也许最简单的办法就是重新更换硬盘、重新安装系统，但是对于像国家金融机构、国防军事机构等而言，系统中数据的价值远远超过了计算机的价值，这就是很多书上所说的“电脑有价，数据无价”。

因此，作为计算机使用者或管理员的你有必要做好计算机数据的安全预防措施。但是，百密难免一疏，不管安全工作做得再好，谁也无法保证数据绝不丢失，那么数据的恢复就成了一项关键而必不可少的工作。

计算机系统的数据为什么会损坏、丢失？无非有两种原因，即计算机硬件的原因和软件的原因。对于由于计算机硬件的原因所造成的数据丢失，我们采取的办法主要是提前对数据做好备份；而对于由于计算机软件的原因，如操作失误、计算机攻击等造成的数据丢失就有很大的可能性通过技术手段进行数据恢复，这也是本书要研究和解决的重点。

本书介绍了常用文件系统 FAT、NTFS 的数据恢复，常用文件（Word、Excel、RM、RAR）的数据恢复，以及数据恢复的对立面——数据彻底删除等内容。

全书内容立足于应用型本科和高职高专信息安全、网络安全等专业的学生对于数据恢复的学习，理论内容相对偏少，实践内容相对偏多，目的是提高高职学生对于数据恢复的动手能力和解决问题的能力，从而激发他们学习数据恢复的兴趣。

作者在本书的写作过程中收集了一些近年来的案例介绍给大家学习，并将多年来从事高职教育教学的经验毫无保留地奉献给了读者，付出了很多心血。但由于作者技术水平、写作能力有限，因此内容不足之处在所难免，敬请广大读者批评指正以利于更好地服务于教学工作。同时，还要感谢那些为实现共同目标做出努力、做出贡献的同仁们！

全书由李剑勇编写完成第 1、5、6、7 章并完成统稿，由杨倩编写完成第 2、3、4 章。另外，谢正兰、杨菁、万川梅为本书的编写提出了很多指导性意见。

作　者

2013 年 1 月 1 日于

重庆正大软件职业技术学院

目　录

第 1 章　数据恢复综述

首先，本书所指的“数据”是指在计算机中的数据。“数据恢复”当然就是指恢复计算机中的数据。那么，在计算机中，什么是数据？所谓数据，从广义而言，是指计算机上的任何信息（文本、音频、视频、图像），甚至包含计算机的 IP 地址等。这些数据又可分为系统数据和用户数据。

1.1　数据存储技术

众所周知，计算机系统可以分为硬件系统和软件系统。硬件系统是躯干，而软件系统是灵魂。那么软件系统是存放在哪里呢？当然是存储设备。可以说，计算机自诞生那天起，就有了存储设备和存储技术。近几年，数据存储技术发展非常迅速，各种新产品、新技术层出不穷，但从总体上看它们呈现出一种类似金字塔的结构，其中塔尖为 CPU，距离 CPU 越近则存储速度越快、存储成本越昂贵，容量也越小；反之则存储速度越慢、存储成本越低，容量也越大。

1.1.1　存储设备的分类

1. 从计算机体系分类

从计算机体系分类分为内存、外存。

（1）内存。即通俗所说的内存条，是与计算机的 CPU 直接建立通信联系的部件，其主要作用是担任 CPU 与外存之间的桥梁以提高系统的整体工作性能和效率。由于生产工艺等原因，内存的价格相对较高且存储容量相对较少。

（2）外存。即外部存储器，是计算机存储信息和数据的主要设备。随着存储技术的发展，现在的外存容量越来越大而价格越来越低，这极大地促进了外存的发展。外存主要包含大家所熟知的软盘、硬盘、光盘等。

2. 从存储设备的存储技术分类

从存储设备的存储技术分类可分为电存储设备、磁存储设备、光存储设备。

（1）电存储设备。电存储设备是指利用半导体存储技术制成的存储设备，可分为只读存储器（ROM）和随机存储器（RAM）。其中只读存储器具有永久保存数据，在系统断电后仍然会保存数据的特点，如保存 BIOS 信息的 CMOS 芯片；随机存储器则只能在系统接通电路的情况下才能存储和交换数据，如内存条芯片。另外，在近年，U 盘产品得到了快速发展，成为人们存储和交换数据的重要的存储设备之一。

（2）磁存储设备。磁存储设备是利用剩磁材料的磁性来存储数据的设备，是计算机最早的存储设备之一，根据其外观的不同可分为磁带、磁卡、磁鼓、磁盘等。对于目前的使用者而言，磁盘是最为常见的存储设备。磁盘又分为软磁盘（软盘）和硬磁盘（硬盘）两种。由于软盘存储设备的存储空间有限，现已退出市场，不太常见，但是在 10 年前，软盘以其携带方便、价格便宜的优势而大行其道。

目前，在磁存储设备中，硬盘属于独树一帜的种类。随着存储技术和生产工艺的快速发展，硬盘的容量越来越大（目前已达到以 T 为单位）、价格越来越低，是目前计算机必备的标准配置之一。另外，移动硬盘在近年也是异军突起，得到了快速发展。

（3）光存储设备。光存储设备是在有机玻璃的盘面上通过生产工艺敷涂记录层的存储设备。光存储设备在目前而言就是大家熟知的光盘。同样，由于技术和工艺的提升，光盘的类型已从原来的 CD-ROM（只读）发展到了 CD-R（可一次写）、CD-RW（可读写）、DVD-ROM、DVD-RW 等类型，其容量也越来越大。光驱也成为目前计算机必备的标准配置之一。

1.1.2 存储设备的基本原理

1. 电存储设备

电存储设备主要就是指利用半导体技术制成的存储设备。早期的半导体存储器采用晶体管作为存储单位，现在的半导体存储器则采用大规模集成电路技术制作存储单元。鉴于电路存储器存储原理的复杂性，以下内容不对其存储原理作详细介绍，有兴趣的读者请查阅相关资料。

电存储设备一般可分为随机存取存储器 RAM（Random Access Memory）和只读存储器 ROM（Read-Only Memory）。

（1）随机存取存储器。

随机存取存储器存储单元的内容可按需随意取出或存入，且存取的速度与存储单元的位置无关。这种存储器在断电时将丢失其存储内容，主要用于存储短时间使用的程序。按照存储介质的不同，随机存储器又可分为：

- 静态 RAM（SRAM）。静态 RAM 由触发器存储数据，不需要刷新电路就能保存数据，具有速度快的优点，但集成度较低，一般用于 CPU 的二级缓存。
- 动态 RAM（DRAM）。动态 RAM 利用电容存储电荷的原理保存数据，必须每隔一段时间就进行电路刷新操作，否则就会丢失数据，但集成度较高、功耗较低，多用于内存芯片。

（2）只读存储器。

只读存储器是一种只能读出事先保存数据的存储器，一旦保存了数据就不能做修改或删除，并且其数据也不会因为电源的关闭而丢失。只读存储器一般可分为如下几种：

- 光罩式只读内存（mask ROM）。在制造过程中，将资料以一特制光罩（mask）烧录于线路中，其资料内容在写入后就不能更改，一般用于计算机的 BIOS 芯片等。

- 可编程程序只读内存（Programmable ROM，PROM）。PROM 在出厂时，存储的内容全为 1，用户可以根据需要将其中的某些单元写入数据 0，以实现对其“编程”的目的。但是用户的数据只能写入一次。
- 可擦除可编程只读内存（Erasable Programmable Read Only Memory，EPROM）。可以使用紫外线擦除已有数据，并且可以使用专用设备写入数据。
- 一次编程只读内存（One Time Programmable Read Only Memory，OTPROM）。其写入原理同 EPROM，但是为了节省成本，编程写入之后就不再擦除。
- 电子式可擦除可编程只读内存（Electrically Erasable Programmable Read Only Memory，EEPROM）。其运作原理类似 EPROM，但是擦除方式是使用高电场来完成的。用户可以通过程序控制来实现读写操作，即常说的闪存（Flash）。

U 盘（全称 USB 闪存盘）是目前常见的用于交换数据的存储设备，是一种可以通过 USB 接口与计算机连接，不需专门驱动器的微型高容量移动存储设备。U 盘的存储单元就是采用了 ROM 类型之一电擦除 PROM（EEPROM，俗称闪存）的芯片所构成的。总体而言，U 盘具有体积小、容量大、携带方便等优点，受到了广大用户的喜爱。

另外，由于电子数码产品的普及，多种类型的存储设备也不断涌现，如用于数码相机的存储卡、记忆棒等，在此不再一一列举。

2. 磁存储设备

磁存储设备主要是指以非磁性金属或塑料为基础，在其上面以工艺手段涂敷一层磁性材料所形成的磁表面存储器。

磁存储设备是随着计算机的出现而出现的较早的存储设备，可以分为磁带、磁鼓、磁盘等，鉴于技术的快速发展，本书仅介绍目前仍然大量使用的硬磁盘（硬盘）而不再介绍已经淘汰的其他产品。

硬盘是将多张磁盘片组合在一起并包含驱动器的机电一体化装置。硬盘内的多个盘片形成柱状安放，在寻找数据时磁头沿着半径方向来回移动以快速地达到盘片上的位置。每个盘片又被划分为多个同心圆，即磁道。磁道又被划分为同样大小的很多小的区域，即扇区，每个扇区的大小为 512 B。当计算机在工作状态时，硬盘的电机带动盘片高速旋转，与之相配套的磁头则顺着半径方向来回寻找数据。因此，在计算机处于工作状态时不可搬动以免影响硬盘盘片和磁头的准确定位，在情况严重时，硬盘将可能损坏。

最初的硬盘是 1956 年 IBM 公司发明的，其体积相当于两个 200 升体积的冰箱，其容量只有 5 M。随着技术的发展，硬盘的容量越来越大、速度越来越快，而相对应的单位容量的价格越来越低。对于服务器和大型应用而言，目前的硬盘容量还不能达到用户数据存储量的要求，因此还产生了 RAID 技术。

硬盘的接口一般分为：IDE（Integrated Drive Electronic）接口、SATA（Serial ATA）接口和 SCSI（Small Computer System Interface）接口。

（1）IDE，俗称 PATA 并口。IDE 硬盘在 20 世纪 90 年代初开始应用于台式机系统。使用一个 40 芯电缆与主板进行连接，最初的设计只能支持两个硬盘。后来由于传输速率的提高，为了增强抗干扰能力而增加了 40 根屏蔽地线。IDE 硬盘主要具有兼容性强、安装容易等优点，但一个 IDE 接口只能接两个外部设备，其传输数据是采用的 16 位数据并行传输模式，数据传输速度较慢。

（2）SATA：串口。使用 SATA 口的硬盘又叫串口硬盘，是未来 PC 机硬盘的发展趋势。串口硬盘是近年出现的新技术，与 IDE 硬盘相比，Serial ATA 采用串行连接方式，串行 ATA 总线使用嵌入式时钟信号，具备了更强的纠错能力，与以往相比其最大的区别在于能对传输指令（不仅仅是数据）进行检查，如果发现错误会自动矫正，这在很大程度上提高了数据传输的可靠性，并且其传输速率得到了飞跃发展。SATA 3.0 技术的传输速率达到了 6 Gbps。目前个人计算机上使用的硬盘绝大多数为 SATA 接口硬盘。

（3）SCSI：小型计算机系统接口。SCSI 硬盘原是应用于小型计算机的硬盘，具有带宽大、占用 CPU 资源低以及支持热插拔等特点，但是价格相对较高，因此主要供服务器使用。

3. 光存储设备

与磁存储设备一样，光存储设备也是在基质上通过生产工艺的方式涂敷了一层用于记录的薄层，不同的是光存储设备的基质是有机玻璃。

光存储设备的基本产品是高密度光盘（Compact Disc，CD），其基本工作原理为：类似将硬盘划分为扇区一样，CD 盘片也划分为光轨。在光盘上存储数据时，数据按照划分的光轨进行存储，光盘驱动器（光驱）在读取数据时也是按照划分的光轨来读取的。

常见的 CD 光盘非常薄，只有 1.2mm 厚，主要分为五层，其中包括基板、记录层、反射层、保护层、印刷层。

（1）基板。

基板是各功能性结构（如沟槽等）的载体，其使用的材料是聚碳酸酯，具有冲击韧性极好、使用温度范围大、尺寸稳定性好的特点。CD 光盘的基板厚度为 1.2 mm、直径为 120 mm，中间有孔，呈圆形，这是光盘的外形体现。光盘之所以能够随意取放，主要取决于基板的硬度。在基板方面，CD、CD－R、CD－RW 之间是没有区别的。

（2）记录层。

记录层是光盘烧录时刻录信号的地方，其主要的工作原理是在基板上涂抹上专用的有机染料，以供激光记录信息。由于烧录前后的反射率不同，经由激光读取不同长度的信号时，通过反射率的变化形成“0”和“1”信号，借以读取信息。当此光盘在进行烧录时，激光就会在基板上涂的有机染料上直接烧录成一个接一个的“坑”，这样有“坑”和没有“坑”的状态就形成了“0”和“1”的信号，从而表示特定的数据。

需要特别说明的是，对于可重复擦写的 CD-RW 而言，所涂抹的就不是有机染料，而是某种碳性物质。当激光在烧录时，就不是烧成一个接一个的“坑”，而是改变碳性物质的极性，通过改变碳性物质的极性，来形成特定的“0”“1”代码序列。这种碳性物质的极性是可以重复改变的，这也就表示此光盘可以重复擦写。

（3）反射层。

反射层是反射光驱激光光束的区域，借反射的激光光束来读取光盘中的资料。

（4）保护层。

保护层是用来保护光盘中的反射层及染料层以防止信号被破坏。

（5）印刷层。

印刷层是印刷盘片的客户标识、容量等相关资讯的地方，是光盘的背面。它不仅可以标明信息，还可以起到一定的保护光盘的作用。

目前，我们能够接触的光存储设备包括 CD-ROM（只读光盘，其数据用户只能读取，不能写入，多用于电子出版物），CD-R（允许用户自己写入数据，但是只能写入一次，可以多次读取），CD-RW（可以允许用户多次进行数据的读写），以及对应的数字通用光盘（Digital Versatile Disc，DVD）产品，如 DVD-ROM、DVD-R、DVD-RW 等。

需要注意的是，用户进行数据写入操作时，不仅需要光盘是可写光盘，光盘驱动器也必须是对应的可写光驱。

CD 光盘的最大容量约为 700 MB，DVD 光盘单面的容量为 4.7 GB，最多能刻录约 4.59 GB 的数据，双面 8.5 GB，最多能刻录约 8.3 GB 的数据。目前，蓝光 BD-ROM（Blu-ray Disc）光盘是最先进的大容量光碟格式，其容量达到 25 GB 或 50 GB。蓝光光盘的得名缘于其采用波长 405 nm 的蓝色激光光束来进行读写操作，而 DVD 光盘采用波长 650 nm 的红光光束进行读写，CD 光盘则采用波长 780 nm 的激光束进行读写。

据最新资料介绍，东京大学的研究团队已经发现一种材料，可以用来制造更便宜、容量大得多的超级光盘，可以存储的容量是目前一般 DVD 的 5 000 倍，即 25 000 GB，也就是所谓的 25 TB。

1.2　数据恢复技术

1.2.1　数据恢复的概念

数据恢复，就是指将被破坏的数据恢复为正常数据的过程。数据被破坏，也可以分为主观破坏和非主观破坏（如操作失误等）。

由于计算机系统中的用户数据是千差万别的，就其重要性而言又是非常重要的，因此一般而言，对数据的恢复主要是指对用户数据的恢复。相对而言，系统数据具有一定的通用性，而且对系统数据的恢复较为容易（如可以重新安装系统），其重要性也不如用户数据，因此在多数情况下，数据恢复就是指对用户数据的恢复。但是，由于现在的系统越来越大，重新安装系统也会占用用户较多的时间，有时数据恢复也指对系统数据的恢复。

数据恢复的手段分为软恢复和硬恢复。软恢复是指不涉及对系统硬件进行修理，而仅仅是通过一些“软”的手段进行数据恢复的方法。软恢复所能恢复的数据一般不是由于硬件原因造成。硬恢复则是指需要通过一些硬件手段来进行数据恢复，如硬盘盘片故障等。

总之，就如大家知道的一样，计算机的硬件就如人体的躯干，而计算机的软件就如人们的思想。数据的重要性是显而易见的，一旦数据（特别是企业的重要数据）遭到破坏，对企业而言其损失是巨大的，相比计算机硬盘的价值而言，正是印证了“硬盘有价，数据无价”这句话。

1.2.2 数据恢复的原理

1. 数据丢失的原因

计算机系统中的数据为什么会丢失，其主要原因有以下几种：

（1）用户的误操作。如误删除了文件，使文件不能正常使用；误删除了系统文件，使系统不能打开等。

（2）操作系统或应用软件自身错误。操作系统或应用软件的自身错误或 BUG 对于用户而言是无法预防的，有时会造成系统死机等现象。

（3）系统突然掉电。系统突然掉电虽然不会每次都对数据造成危害，但其危害性却是的确存在的。

（4）硬件故障。存储数据的硬件本身故障（如磁盘失效等），这必然会造成数据的丢失，并且这种硬件故障造成数据丢失的情况对数据的恢复有很大难度，有些甚至是无法恢复的。

（5）恶意程序的破坏，如病毒、木马等。众所周知，恶意软件会对系统数据和用户数据造成破坏，如删除数据、格式化硬盘等。但是恶意软件造成的数据损坏并不一定是最难恢复的。

（6）攻击破坏。攻击破坏是指计算机受到来自局域网或互联网的攻击所造成的数据损坏或丢失。因此对于需要接入网络的计算机而言，用户需要知道一些基本的保护系统安全的措施、手段以保护计算机的安全。

2. 数据损坏或丢失的几种故障现象或提示

（1）Missing Operating System，即操作系统丢失。

（2）Non-System Disk or Disk Error，即没有系统盘或磁盘故障。

（3）Disk Boot Failure，即磁盘启动文件错误。

（4）Invalid Partition Table，即无效的分区表。

（5）Not Found any Active Partition in HDD，即没有活动分区。

（6）在打开或运行某个文件时，出现操作速度变慢，并且听到硬盘出现异响，多半是硬盘出现了坏道。硬盘出现坏道，一般又可以分为逻辑坏道和物理坏道。逻辑坏道一般是指由于硬盘存取数据的频繁、数据碎片等原因造成，数据恢复较为容易；而物理坏道是指硬盘本身盘片的损坏，这种情况下的数据恢复较为困难。

3. 数据恢复的一般原则

数据遭到破坏，无法通过类似重新安装系统这样的措施来解决问题时，用户则会想到数据恢复，但是，作为操作数据恢复的操作员而言，首先应该在动手开始进行数据恢复工作之前，做好重要的备份工作。

具体而言，包含以下一些准备工作：

（1）备份当前能够正常工作和识别的驱动器上的所有数据。

（2）将损坏的硬盘取下，挂接在其他使用同样操作系统的主机下，作为从盘使用。

（3）对原系统的使用者进行详细的询问。包括系统出现故障时的现象、提示以及曾经做过什么操作等，以方便判断问题产生的原因、问题的严重程度等。

（4）准备一些好的工具，包括硬件工具和软件工具。

1.3　硬盘数据恢复与硬盘修理的区别

硬盘数据恢复与硬盘修理在本质上有重要的区别，硬盘数据恢复的目的在于抢救硬盘上的数据，数据的重要性在前面已经有所描述，其价值与硬盘本身的价值不可相提并论。

硬盘修理，其目的在于使硬盘能够正常工作。如同厂商对硬盘的保修一样，虽然在保修期内，厂商可以对硬盘进行保修甚至包换，但是厂商并不负责对硬盘上的数据有所保证。

1.4　硬盘数据保护与恢复方式

既然数据如此重要，那么我们该如何保护数据的安全呢？从大的方面来讲，主要包括两种方式，即预防（备份）和恢复。

备份工作是数据恢复最重要的方面，这就需要我们在计算机系统正常工作时做好数据的备份。当数据出现问题时，如果事先做好了数据的备份工作，那么恢复数据的工作将会顺利许多，相反则会麻烦许多。当然，备份工作一方面会增加用户的工作负担，另一方面也会有操作失误的可能。数据恢复则是当数据出现丢失、破坏等情况时必不可少的技术性操作，包括软件修复和硬件修复两种恢复方式。

1.4.1　数据保护方式

1. 操作系统自带的备份还原

操作系统自带的备份还原功能是普通用户使用得较多的一种保护数据的方式，具有兼容性好、使用简便等优点，但是该功能只针对系统数据而不针对用户数据。另外，对硬件故障造成的数据丢失无效。

2. 品牌主机内置的保护功能

在某些品牌主机中，其BIOS中自带保护程序，如捷波的“恢复精灵”（Recovery Genius）、联想的“宙斯盾”（Recovery Easy）工具。

捷波的“恢复精灵”的原理在于首先在硬盘中创建一个隐藏分区，用于保存硬盘分区表等重要数据（空间需要极少），并通过内嵌在BIOS中的程序控制硬盘的数据操作以避免自身受到病毒困扰。因此可以将误删除或格式化甚至重新分区的数据完全恢复，并且恢复速度极快（不超过 5 秒）。与操作系统自带的还原功能相比，它不仅可以恢复系统数据，也可以恢复用户数据。

由于捷波的“恢复精灵”具有安全性、恢复数据的快速性等特点，因此一般使用在软件频繁使用、修改的场所，如学校机房、网络服务器、实验室等，有利于管理员快速恢复系统，保证系统的正常运行。

联想的“宙斯盾”的原理与“恢复精灵”的原理相似，也是将程序内置在 BIOS 中，并在硬盘中建立一个隐藏分区以保存备份资料。在操作系统下，该分区是不可见的。缺点是对硬盘的分区数量有限制。

3. 备份还原的专用工具

除了系统自带的还原工具以外，还可以使用其他厂商所提供的专业工具软件，如 Norton Ghost 工具。Ghost 具有单独备份系统盘或逻辑盘的功能，也具有备份全盘的功能，可以说 Ghost 是备份软件的典型代表，不过它的操作是在 DOS 界面下进行的，对于计算机使用生手来说稍显复杂。

4. 硬盘保护卡

以上介绍的几种保护数据的方式，虽然能够对数据有一定保护作用，但是具有需要占用硬盘空间、升级 BIOS 等缺点，因此不少厂家又生产了一种“硬盘保护卡”，以硬件的形式来保护数据的安全。

硬盘保护卡是以硬件的形式存在，类似于声卡、显卡等，多见于 PCI 接口。硬盘保护卡作为一块板卡安装在计算机的扩展槽中，具有安装及使用方便、不占用硬盘空间、能在瞬间恢复数据的特点。当然，被破坏的数据只能恢复到数据被保护之后的状态。

1.4.2 数据恢复方式

1. 使用还原软件恢复数据

使用上述各种备份工具，当数据遭到破坏时，则使用还原功能予以还原。

2. 使用恢复工具软件

使用各种数据恢复工具，如 EasyRecovery、FinalData、DISKRecovery 等。这些软件工具可以修复由于误删除、误格式化丢失的数据，但是在使用这些工具软件之前要求所丢失数据没有被覆盖，并且硬盘本身没有故障。

3. 使用专业级的工具

在使用上述工具无效的情况下，可以试试专业商用级的恢复工具，如 PC-3000。另外还可以准备一些磁盘分析工具，如 WinHex 等。

4. 开盘恢复

开盘恢复是指硬盘本身出现了故障，在仅仅依靠软件工具无法恢复数据时采用的手段。

但是由于用于开盘恢复数据的设备价格高昂以及开盘修复必须要求无尘环境，因此这种恢复数据的方法在国内只有为数不多的数据恢复中心才能进行。

5. 深层信号还原法

对于以上几种数据的恢复方法，都建立在一个前提之下，即数据没有被覆盖。那么如果数据已经被覆盖，原有的数据是否还能恢复出来呢？这时只有一个方法，那就是深层信号还原法。因此深层信号还原法是数据恢复的最终方法。

深层信号还原法也是属于开盘恢复的方法，不同的是数据恢复设备通过使用不同波长、不同强度的射线对盘片进行照射，通过不同的返回信号来分析盘片上不同深度的数据。据资料介绍，目前这种方法可以分析盘片的深度达4~5层，即数据被覆盖4次以后也可能被重新分析出来。当然，此种方法操作的技术复杂度和设备价格的昂贵度不是一般的国家和机构所能承担的。

习　题

1. 从计算机体系分类，存储设备包含哪些？对每种分类举例。
2. 从存储设备的存储技术分类，存储设备包含哪些？对每种分类举例。
3. 电存储设备主要包含哪几种？
4. 磁存储设备主要包含哪几种？
5. 光存储设备主要包含哪几种？
6. 造成数据丢失或损坏的原因主要有哪些？
7. 数据保护的方法主要有哪些？
8. 数据恢复的方法主要有哪些？

第2章 硬盘存储数据概述

2.1 硬盘的物理结构

硬盘的主要功能是存储和读取数据，它要求高精密性和高稳定性。

2.1.1 外部结构

先从硬盘的外观上来看，硬盘就是一个方方正正的盒子。盒子内部才是主要的物理组件。

1. 正　面

硬盘正面的面板称为固定面板，它与底板结合成一个密封的整体，如图2.1、2.2所示。

图2.1　硬盘正面

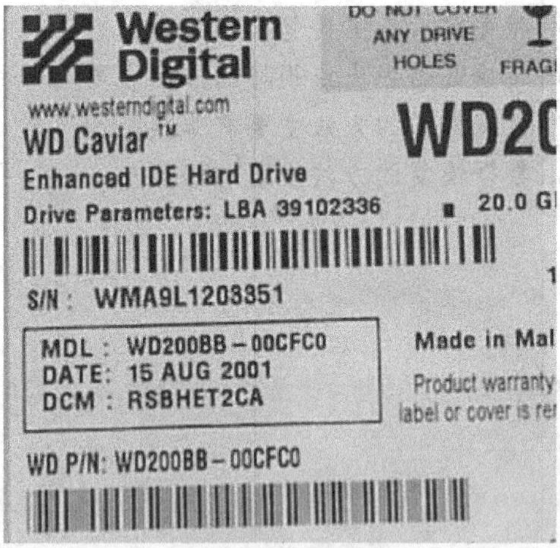

图2.2　硬盘参数

由于硬盘内部完全密封，并不是“真空”，只是内部无尘而已，因此为了保证硬盘内部组件的稳定运行，固定面板上有一个带有过滤器的小小透气孔，它的目的是为了让硬盘内部气压与大气气压保持一致。这是让磁盘盘片和磁头在硬盘内部稳定工作的关键因素。

2. 背　面

硬盘的背面主要有控制电路板、接口及其他附件，如图2.3、2.4所示。

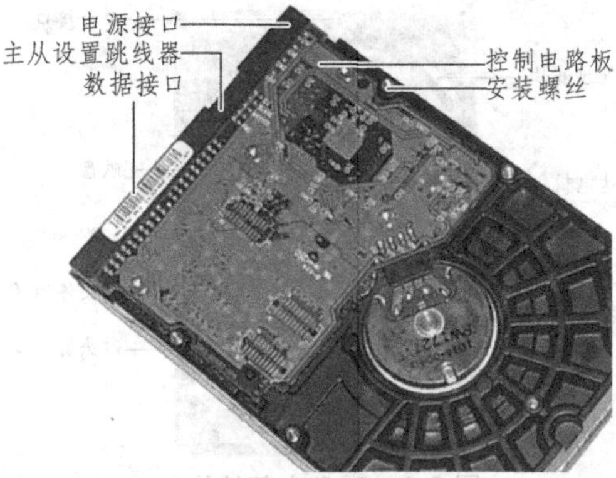

图 2.3　硬盘背面

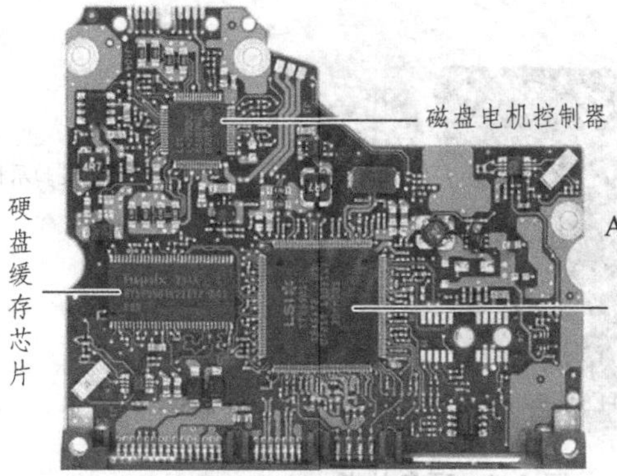

图 2.4　硬盘电路板

3. 侧　面

硬盘的侧面指的是硬盘的接口，硬盘的外部接口包括电源线接口和数据线接口两部分。常见的数据线接口有 ATA 接口（也可叫 IDE）、SCSI 接口、SATA 接口三类。IDE 英文全称为：Intergrated Drive Electronics，曾是最主流的硬盘接口，包括光存储类的主要接口。所有 IDE 硬盘接口都使用相同的 40 针连接器，如图 2.5 所示即为 IDE 接口硬盘的侧面。

图 2.5　IDE 硬盘接口

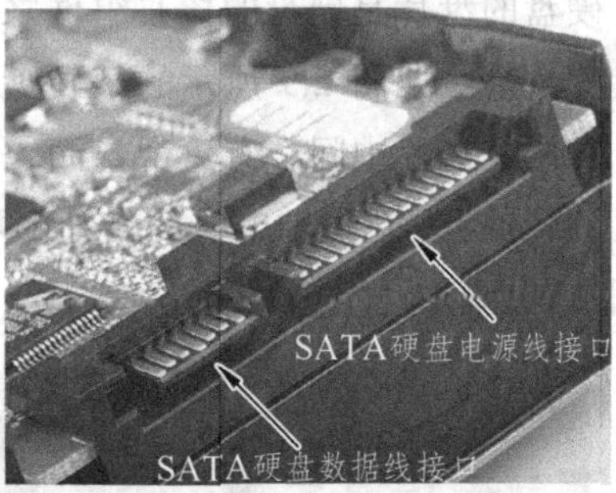

图 2.6　SATA 硬盘接口

SCSI 硬盘的外观与普通硬盘基本一致，但是其针脚分别有 50 针、68 针和 80 针。常见的硬盘型号上标有 N（表示窄口，50 针），W（表示宽口，68 针），SCA（表示单接头，80 针）。

SATA 是一种新的标准，是目前硬盘的主流接口。它具有更快的外部接口传输速率，其数据校验措施也更为完善。SATA 硬盘的侧面如图 2.6 所示。

2.1.2　内部结构

一块硬盘一般都会用 10 多颗特殊的六角型螺丝来固定，要花点大力气才能将固定面板揭开。揭开后，可以看见内部主要有磁盘盘片、磁头组件这两部分。硬盘的外盖和内部分别如图 2.7、2.8 所示。

图 2.7　硬盘外盖

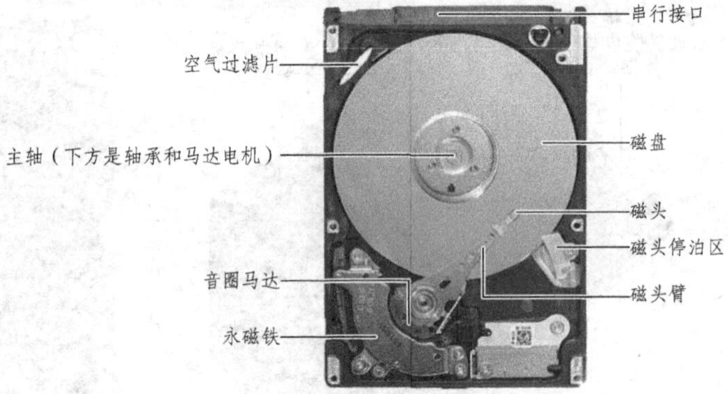

图 2.8　硬盘内部结构

1. 盘　片

硬盘内部最吸引眼球的就是银晃晃的磁盘盘片，有人戏称是世界上最昂贵的镜子。盘片是在铝合金或玻璃基底上涂敷很薄的磁性材料、保护材料和润滑材料等多种不同作用的材料层加工而成的，其中磁性材料的物理性能和磁层结构直接影响着数据的存储密度和所存储数据的稳定性。

硬盘的盘片是硬盘的核心组件之一，它是硬盘存储数据的载体，不同的硬盘可能有不同的盘片数量。如图 2.9 所示的某硬盘，挪动最上面的一张盘片就可以发现本硬盘采用的是双盘，在两个盘片中间，有一个垫圈，取下后可以拿出另外一张盘片。而两张盘片安装在主轴电机的转轴上，在主轴电机的带动下可以高速旋转。数据就是以这样的方式进行顺序读取的，如图 2.10 所示。

图 2.9　硬盘盘片

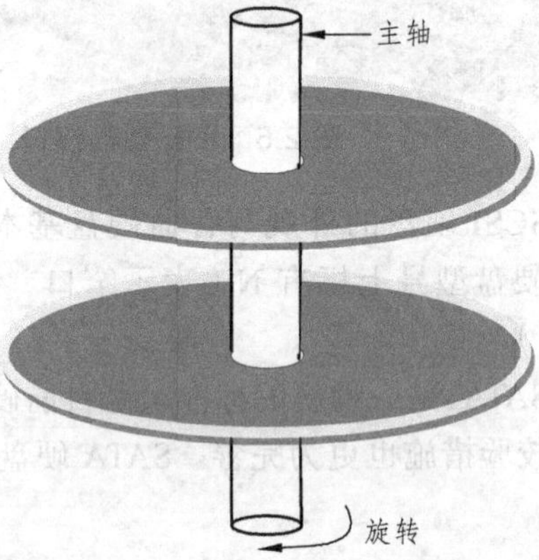

图 2.10　盘片运动示意图

硬盘每张盘片的容量称为单碟容量，而一块硬盘的总容量就是所有盘片容量的总和。早期硬盘由于单碟容量低，因此盘片较多。现在的硬盘盘片一般只有少数几片。一块硬盘内的所有盘片都是完全一样的，否则控制部分就太复杂了。

2. 磁　头

磁头是硬盘中对盘片进行读写工作的工具，是硬盘中最精密的部位之一。硬盘在工作时，磁头通过感应旋转的盘片上的磁场的变化来读取数据；通过改变盘片上的磁场来写入数据。磁头的好坏在很大程度上决定着硬盘盘片的存储密度。

磁头并不是贴在盘片上读取的，由于磁盘的高速旋转，使得磁头利用“温彻斯特/Winchester”技术悬浮在盘片上。这样硬盘磁头在使用中几乎是不磨损的，因此数据存储非常稳定，硬盘的使用寿命也大大增长。但磁头也是非常脆弱的，在硬盘工作状态下，即使是再小的振动，都有可能使磁头受到严重损坏。由于盘片是工作在无尘环境下，因此我们在处理磁头故障，也就是更换磁头时，都必须在无尘室内完成。硬盘的磁头与盘面的结构如图 2.11 所示，对应关系如图 2.12 所示。

图 2.11　磁头与盘面结构图

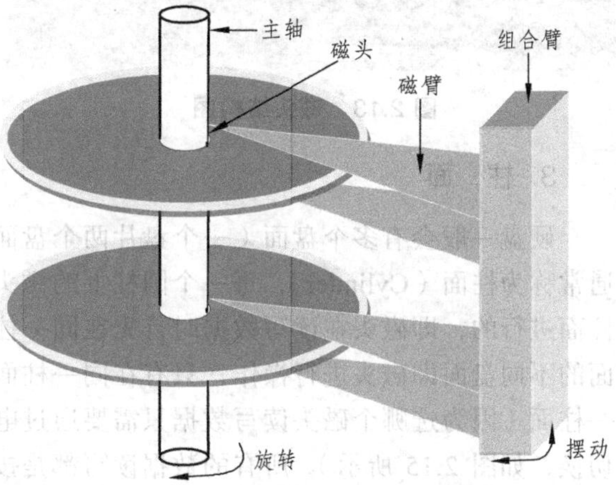

图 2.12　磁头与盘面关系示意图

2.2　硬盘的逻辑结构

硬盘从物理上来看其主要部件是盘片和磁头，而从逻辑上来看则分为磁道、柱面、扇区等，下面分别介绍它们。

2.2.1　硬盘逻辑结构

1. 磁　头

硬盘的每一个盘片都有两个盘面（Side），一般每个盘面都会利用上，即都装上磁头可以存储数据，成为有效盘面，也有极个别的硬盘其盘面数为单数。盘面按顺序自上而下从 0 开始编号。每个有效盘面都有一个磁头对应，因此盘面号又叫做磁头号。硬盘的盘片在 2 ~ 14 片；通常有 2 ~ 3 个盘片，故盘面号（磁头号）为 0 ~ 3 或 0 ~ 5。磁头的结构如图 2.13 所示。

注：不是每个盘面都有磁头。比如：250 GB 和 500 GB 的硬盘就可以有单数个磁头。

2. 磁　道

磁道是盘片上以特殊形式磁化了的一些磁化区，磁盘在格式化时被划分成许多同心圆，如图 2.14 所示，这些同心圆轨迹叫磁道（Track）。磁道从外向内自 0 开始编号。硬盘的每一个盘面有 300 ~ 1 024 个磁道，新式大容量硬盘每面的磁道数更多。

图 2.13　磁头结构图

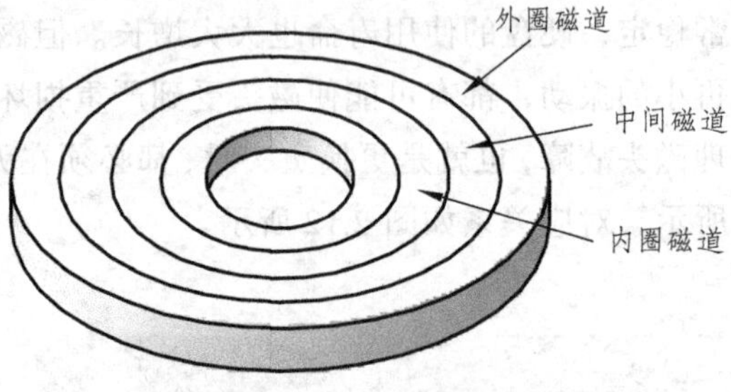

图 2.14　磁道示意图

3. 柱　面

硬盘一般会有多个盘面（一个盘片两个盘面），所有盘面上的同一磁道构成了一个圆柱，通常称为柱面（Cylinder），每一个圆柱上的磁头，自上而下从 0 开始编号。数据的读写是按柱面进行的，即磁头在读写数据时首先在同一柱面内的 0 磁头开始操作，依次向下在同一柱面的不同盘面即磁头进行操作，只有在同一柱面上所有的磁头全部读写完成后磁头才转向下一柱面（因为选哪个磁头读写数据只需要通过电子切换即可，而选择哪个柱面必须通过机械切换，如图 2.15 所示）。所有的数据读写都是按柱面来进行的，而不是按盘面来进行，一个磁道写满数据，就在同一柱面的下一个盘面上来写，一个柱面写满后，才移向下一个柱面，从下一柱面的 1 扇区开始写数据，这样就提高了硬盘的读写效率。

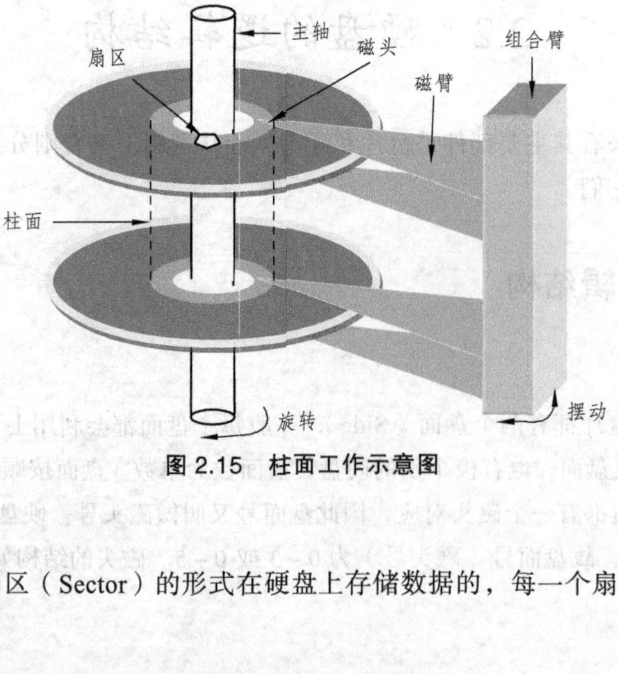

图 2.15　柱面工作示意图

4. 扇　区

操作系统是以扇区（Sector）的形式在硬盘上存储数据的，每一个扇区包括 512 字节的数据和一些其他信息。扇区是读取数据的最小单元。就读写磁盘而言，扇区是不可再分的，其示意图如图 2.16 所示。

一个扇区主要有两个部分，存储数据的地点标识符和存储数据的数据段，如图 2.17 所示。其中黑色部分就是存储数据部分，白色部分则是扇区的标识等信息。

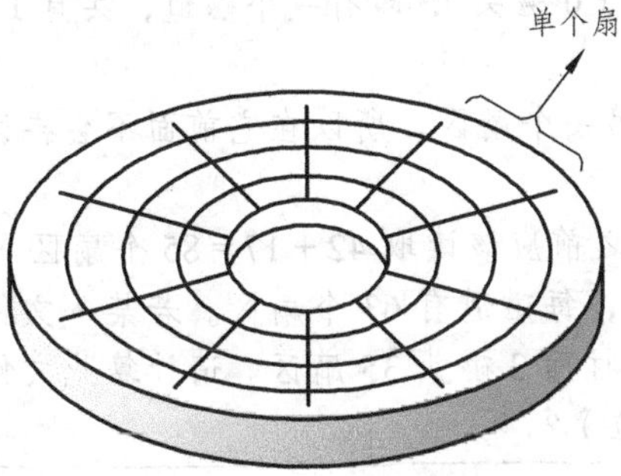

图 2.16　扇区示意图

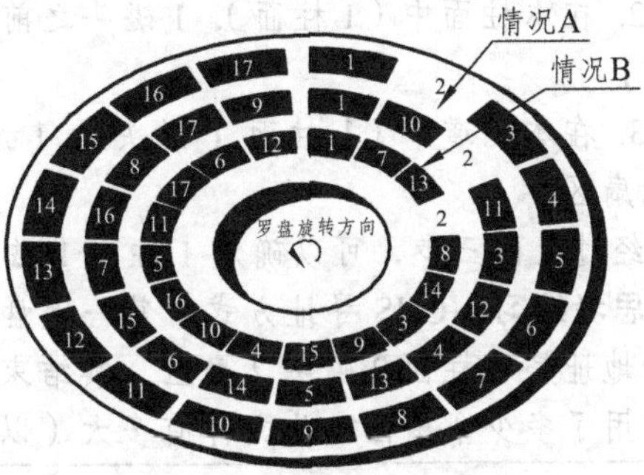

图 2.17　扇区数据示意图

2.2.2　硬盘数据寻址方式

访问硬盘上的数据总是以扇区为单位进行的，即每次读或写至少是一个扇区的数据。硬盘的寻址模式，通俗地说，就是主板 BIOS 通过什么方式，查找硬盘低级格式化划分出来的扇区的位置。为适应不同的硬盘的容量，有不同的寻址模式。

目前常用的有两种：物理寻址方式和逻辑寻址方式。

1. 物理寻址方式

物理寻址方式又称 CHS（Cylinder 柱面/ Head 磁头/ Sector 扇区）方式，是用柱面号（即磁道号）、磁头号（即盘面号）和扇区号来表示一个特定的扇区。柱面和磁头从 0 开始编号，而扇区是从 1 开始编号的。

知道了磁头数、柱面数、扇区数，就可以很容易地确定数据保存在硬盘的哪个位置。也很容易确定硬盘的容量，其计算公式是：

硬盘容量 = 磁头数 × 柱面数 × 扇区数 × 512 字节

> CHS 模式的地址是写到 3 个 8 位寄存器里的，分别是：
>
> 柱面低位寄存器（8 位）
>
> 柱面高位寄存器（高 2 位）+ 扇区寄存器（低 6 位）
>
> 磁头寄存器（8 位）
>
> 因此，硬盘磁头最多有 256（2 的 8 次方）个，即 0~255；扇区最多有 63（2 的 6 次方 − 1）个，即 1~63；柱面最多有 1024（2 的 10 次方）个，即 0~1 023。这样使用 CHS 寻址一块硬盘最大容量为 256 * 1 024 * 63 * 512 B = 8 064 MB（1 MB = 1 048 576 B）（若按 1 MB = 1 000 000 B 来算就是 8.4 GB）

系统在写入数据时是按照从柱面到柱面的方式，当上一个柱面写满数据后才移动磁头到下一个柱面，而且是从柱面的第一个磁头的第一个扇区开始写入，从而使磁盘性能最优。

比如： 已知有一个 4 磁头（硬盘每柱面的磁道数为 4），每磁道有 17 个扇区的硬盘，读取 1 柱面 1 磁头 1 扇区之前会先读取的扇区数是：

1. 1 柱面之前有一个柱面（0 柱面），一个柱面共有 4 个磁道，每个磁道有 17 个扇区，所以一个柱面一共有 4*17 = 68 个扇区；

2. 在本柱面中（1 柱面），1 磁头之前有一磁头（0 磁头），即有一个磁道，共有 17 个扇区；

3. 在本磁道中（1 柱面 1 磁头），1 扇区属于第一个扇区，所以在它前面不会再读取其他扇区；

经过上面三步，可以确定 1 柱面 1 磁头 1 扇区之前应该读取 42 + 17 = 85 个扇区。

思考练习： CHS 寻址方式，某一硬盘有 4 磁头，每磁道有 63 个扇区。若某一文件的起始地址是 2 柱面 2 磁头 2 扇区，其结束地址为 4 柱面 3 磁头 35 扇区。请计算此文件一共占用了多少个扇区？此文件有多大（以 M 为单位）？

2. 逻辑寻址方式

逻辑寻址方式又称 LBA（Logical Block Addressing）方式，是用逻辑编号来指定一个扇区的寻址方式。

在早期的硬盘中，由于每个磁道的扇区数相同，外磁道的记录密度远低于内磁道，因此造成很多磁盘空间的浪费。为了解决这一问题，人们改用等密度结构，即外圈磁道的扇区比内圈磁道多。此种结构的硬盘不再具有实际的 3D 参数，寻址方式也改为以扇区为单位的线性寻址，这种寻址模式便是 LBA。即将所有的扇区统一编号。

由于系统在写入数据时是按照从柱面到柱面的方式，当上一个柱面写满数据后才移动磁头到下一个柱面，而且是从柱面的第一个磁头的第一个扇区开始写入，从而使磁盘性能最优。在对物理扇区进行线性编址时，也是按照这种方式进行的。我们需要注意的是，物理扇区 C/H/S 中的扇区编号是从“1”至“63”，而逻辑扇区 LBA 方式下扇区是从“0”开始编号，所有扇区编号按顺序进行。

对于任何一个硬盘，都可以认为其扇区是从 0 号开始，但是每个硬盘到底有多少盘片，有几个磁头，却是不一样的。也就是数据到底存在哪个物理位置是不固定的。

3. CHS 与 LBA 之间的相互转换

从上面的分析中可得到一结论，在 CHS 寻址方式中，读取某一扇区之前要读取的扇区数即为此扇区的 LBA 参数。于是可得出 CHS 参数转换成其相对应的 LBA 参数值的公式如下：

逻辑编号（即 LBA 地址）=（柱面编号×磁头数 + 磁头编号）×扇区数 + 扇区编号 − 1

上式中，磁头数为硬盘磁头的总数，扇区数为每磁道的扇区数。

为了验证此公式，下面我们来举个例子。

实例： 已知有一个 4 磁头（硬盘每柱面的磁道数为 4），每磁道有 17 个扇区的硬盘，其中有一个逻辑硬盘 D:，它的第一个扇区在硬盘的柱面号为 120，磁头号为 1，扇区号为 1 的位置，则计算柱面号为 160，磁头号为 3，扇区号为 6 的逻辑扇区号 RS 是多少？

分析： 根据前面的说明，已知条件有：C1 = 120，H1 = 1，S1 = 1，NS = 17，NH = 4，C = 160，H = 3，S = 6，则代入上面公式可得到逻辑扇区号 RS = 4×17×（160 − 120）+ 17×（3 − 1）+（6 − 1）= 2 759，即硬盘柱面号为 160，磁头号为 3，扇区号为 6 的逻辑扇区号为 2 759。

在对硬盘进行故障维护或者进行相关软件开发时，不仅需要将硬盘的物理地址转换成逻辑地址，有时还需要知道逻辑地址转换为物理地址的方法。

首先介绍两种运算 DIV 和 MOD（这里指对正整数的操作）。DIV 称作整除运算，即被除数除以除数所得商的整数部分。比如，3 DIV 2 = 1，10 DIV 3 = 3；MOD 运算则是取商的余数。比如，5 MOD 2 = 1，10 MOD 3 = 1。DIV 和 MOD 是一对搭档，一个取整数部分，一个取余数部分。

各参数仍然按上述假设进行，则从 LBA 到 C/H/S 的转换公式为：

$$C = LBA\ DIV\ (PH * PS) + CS$$

$$H = (LBA\ DIV\ PS)\ MOD\ PH + HS$$

$$S = LBA\ MOD\ PS + SS$$

同样可以带入几个值进行验证：

当 LBA = 0 时，代入公式得 C/H/S = 0/0/1

当 LBA = 62 时，代入公式得 C/H/S = 0/0/63

当 LBA = 63 时，代入公式得 C/H/S = 0/1/1

实例：设硬盘的磁头号为 4，每磁道 17 个扇区，其中逻辑硬盘 D：的第一个扇区在硬盘的柱面号为 120、磁头号为 1、扇区号为 1 上，求逻辑 D：盘上逻辑扇区号为 2 757 对应的物理地址是多少？

分析：根据上面的已知条件，可知 C1 = 120，H1 = 1，S1 = 1，NS = 17，NH = 4，Rs = 2 757，则将这些数据代入上面的公式可得：

$$C = ((2\,757\ div\ 17)\ div\ 4) + 120 = 160$$

$$H = ((2\,757\ div\ 17)\ mod\ 4) + 1 = 3$$

$$S = (2\,757\ mod\ 17) + 1 = 4$$

即逻辑扇区号 RS 为 2 757 的硬盘对应的物理地址是柱面号为 160、磁头号为 3 和扇区号为 4。

2.3　硬盘的技术指标及参数

2.3.1　容　量

1. 总容量

硬盘是通过磁阻磁头实际记录密度来记录数据的（即硬盘存储和读取数据主要是靠磁头来完成的）。提高磁头技术可以提高单碟片数据记录的密度，增加硬盘的容量。

受工业标准化设计的限制，硬盘中能安装的盘片数目是有限的（普通硬盘最多 4 张）。

2. 单碟容量

目前硬盘单碟容量已经由 80 GB 上升到 1 TB。

2.3.2 平均寻道时间

平均寻道时间是指硬盘磁头移动到数据所在磁道时所用的时间，单位为毫秒（目前选购硬盘时应该选择平均寻道时间低于 9 ms 的产品）。

寻道时间还会对硬盘的噪音产生影响，若寻道时间降下来，则噪音可能会低些，但是硬盘的性能也会因此下降。

2.3.3 转 速

转速是指驱动硬盘盘片旋转的主轴电机的旋转速度。目前 IDE 硬盘常见的转速为 5 400 r/min 和 7 200 r/min。SCSI 硬盘的转速一般为 7 200 r/min ~ 10 000 r/min。

转速越快，读取数据的速度也越快，但其噪音和发热量也就越大。

2.3.4 数据缓存

数据缓存，英文名为 Cache，单位为 KB 或 MB。主流 IDE 硬盘的数据缓存一般为 8 MB，而 SCSI 硬盘的最高缓存已经是 16 MB。

缓存有三个作用：

（1）预读取（缓存读取速度高于磁头读取速度），因此能明显改善性能。

（2）对写入动作进行缓存（硬盘忙时不写入，闲时才写入数据），有安全隐患。

（3）临时存储最近访问过的数据。

2.3.5 【任务 2.1】数据恢复之前的准备工作——检测硬盘健康状况

【目的】

在进行数据恢复前，应该对硬盘的健康状况进行检测。例如是否能够正常识别、是否存在坏扇区等，这有助于判断数据丢失的可能原因、数据恢复成功的几率及正确制订数据恢复方案。

【内容】

检测磁盘当前状况——硬盘检测软件 MHDD。

MHDD 是俄罗斯 Maysoft 公司出品的专业硬盘工具软件，具有很多其他硬盘工具软件所无法比拟的强大功能，它分为免费版和收费完整版，本文介绍的是免费版的详细用法。这是一个 G 表级的软件，它将扫描到的坏道屏蔽到磁盘的 G 表中。由于它扫描硬盘的速度非常快，已成为许多人检测硬盘的首选软件。

注：每一个刚出厂的新硬盘都或多或少的存在坏道，只不过他们被厂家隐藏在 P 表和 G 表中，我们用一般的软件访问不到它。G 表，又称用户级列表，大约能存放几百个到一千左右的坏道；P 表，又称工厂级列表，能存放 4 000 左右的坏道或更多。

此软件的特点：不依赖主板 BIOS，支持热插拔。MHDD 可以不依赖于主板 BIOS 直接访问 IDE 口，可以访问 128 GB 的超大容量硬盘（可访问的扇区范围从 512 到 137438953472），即使是 286 计算机，也无需 BIOS 和任何中断支持。热插拔的顺序是：插的时候，先插数据线，再插电源线。拔的时候，先拔电源线，再拔数据线。但如果不熟练，最好不要热插拔，以免不小心烧了硬盘。

注意：

- MHDD 最好在纯 DOS 环境下运行；但要注意尽量不要使用原装 Intel 品牌主板。
- 不要在要检测的硬盘中运行 MHDD。
- MHDD 在运行时需要记录数据，因此不能在被写保护了的存储设备中运行（比如写保护的软盘、光盘等）。

【步骤】

步骤 1：制作 U 盘/光盘启动盘。

本次以老毛桃 U 盘启动盘制作工具为例，先将 U 盘里的数据转移（制作 U 盘启动盘之前会自动格式化 U 盘），然后运行老毛桃 U 盘启动盘制作工具，确定软件此时选择的 U 盘是需制作成启动盘的 U 盘后，点击“一键制作成 USB 启动盘”即可。

步骤 2：启动盘制作好后，再向 U 盘中放入 MHDD 软件包，如图 2.18 所示。

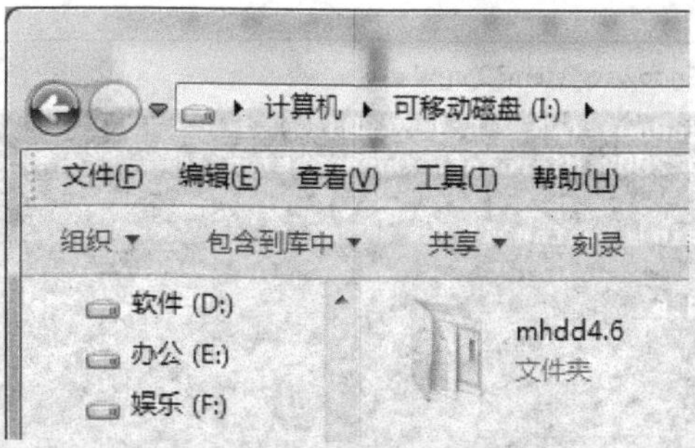

图 2.18　MHDD 程序

步骤 3：重启计算机，设置计算机 BIOS 中的 BOOT 属性为 USB 先启动，然后插入 U 盘启动盘重启计算机。这样就可以进入到 U 盘启动盘中的 Win PE 系统（Win PE 是微型操作系统，它的界面与 Windows 界面类似，但它是位于 U 盘中，不会使用到本机硬盘）。

步骤 4：进入 Win PE 后，单击“开始－运行”，在运行对话框中输入“cmd”，再单击“确定”，如图 2.19 所示。

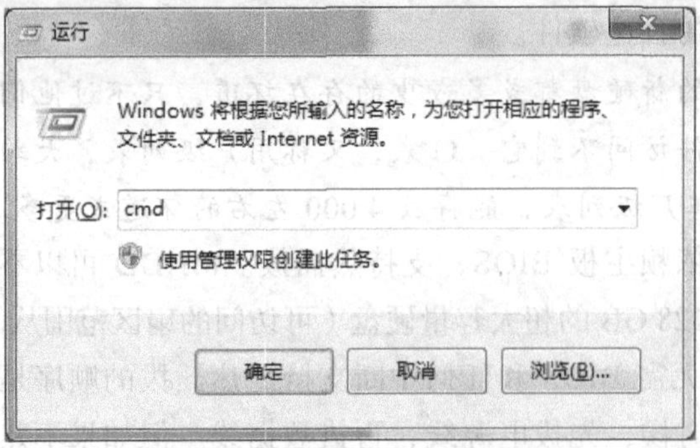

图 2.19　执行 cmd 程序

通过上面的操作可以进入到 DOS 操作界面，在此界面中，必须得先进入到 MHDD 软件所在的盘区（本例为：I 盘），直接输入“盘符:”，如图 2.20 所示。

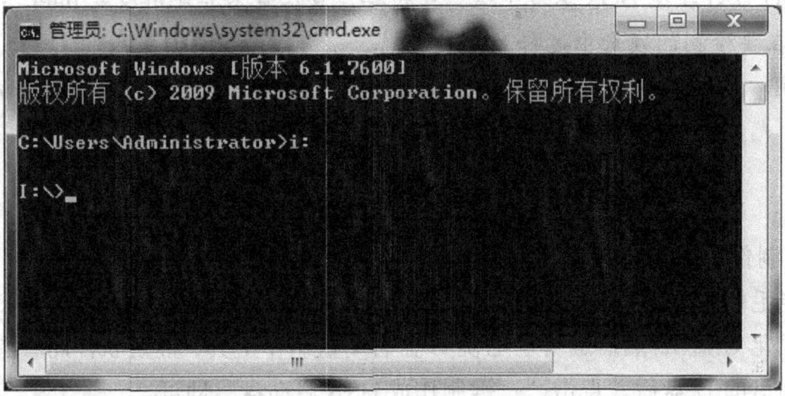

图 2.20　转入程序盘分区

进入盘符后，再进入到软件所在的文件夹中，如图 2.21 所示。

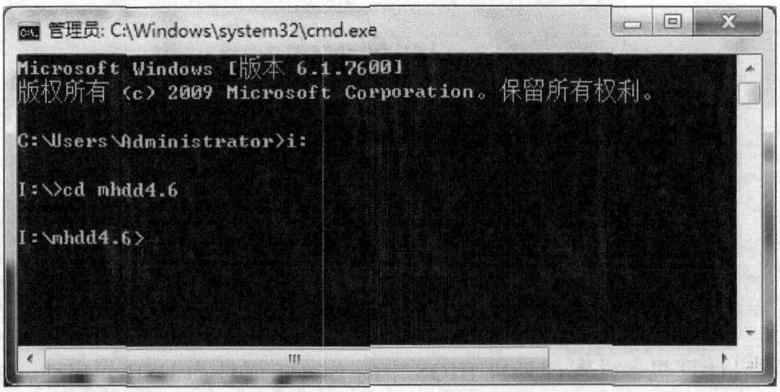

图 2.21　转入程序目录

在上一文件夹中有一文件名为：MHDD.exe，这就是软件的主程序，此时只要确保“>”符号前的地址正确，就可以直接输入主程序名（不用加后缀，其默认为.exe），如图 2.22 所示。

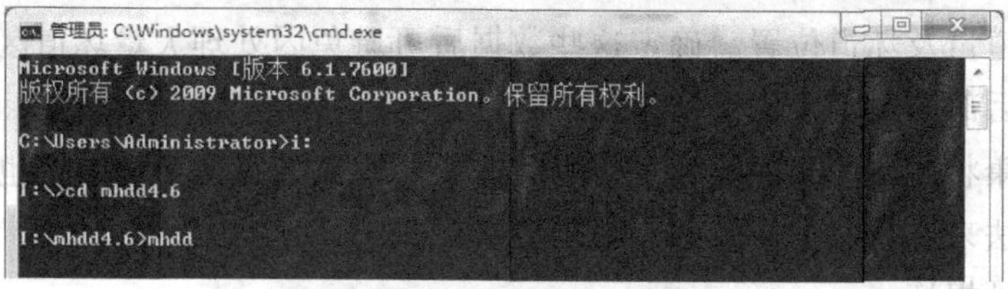

图 2.22 执行 mhdd 程序

步骤 5：通过上面的操作，可以进入到 MHDD 软件的主界面，如图 2.23 所示。

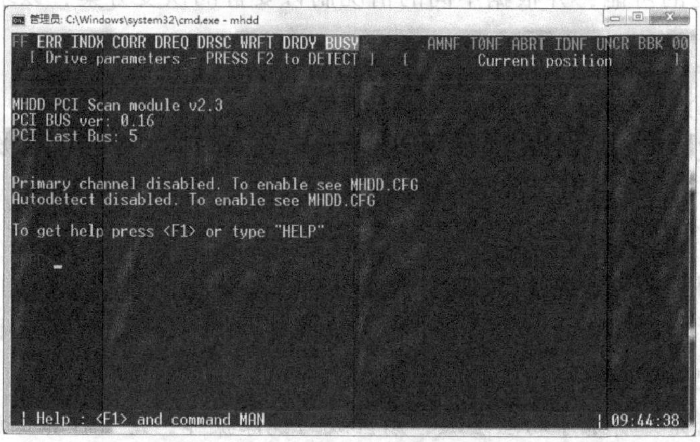

图 2.23　MHDD 软件的主界面

在此软件中必须先扫描当前有哪些硬盘，可以使用 port 命令 port ，此时发现扫描到两个硬盘，如图 2.24 所示。

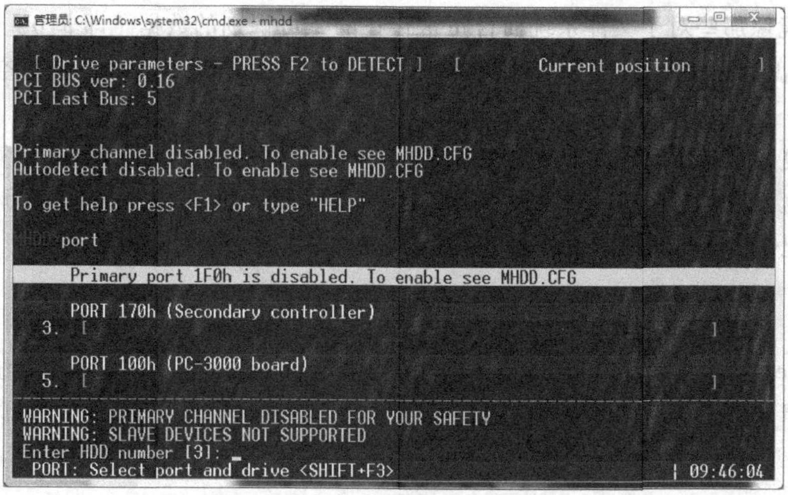

图 2.24　MHDD 软件识别的硬盘

使用 MHDD 对硬盘进行检测主要是了解下列问题：

（1）硬盘是否能正常识别，若无法正常识别，则说明存在其他物理故障，应根据不同故障类型进行相应修复处理。

（2）磁盘坏道量及坏道位置。确定这些数据后可避免因处理大量坏道区而导致磁盘意外损坏，致使磁盘后部的数据也无法恢复。

（3）磁头健康状况。若某磁头坏了，则此磁头所对应的盘面上的数据也无法读取，这是无法通过软件办法来进行数据恢复的，必须更换磁头。

（4）是否固件损坏。

（5）磁盘是否加密或剪切。

总之，对磁盘的健康要有全面的了解后，才能根据不同的情况初步判断磁盘可能存在的故障及数据恢复的可能，并根据不同的情况制订妥善的恢复方案，以求最大程序地挽救数据。

2.3.6 【任务 2.2】数据恢复之前的准备工作——镜像磁盘

【目的】

数据恢复的目的是为了挽救已经处于危险中的宝贵数据，因此为了防止在数据恢复的过程中对数据进行二次破坏，减少甚至完全丧失数据被成功恢复的可能性，必须在数据恢复操作前根据实际情况对磁盘进行正确镜像操作。

注：镜像磁盘是一种基于物理层次、扇区级的镜像操作，是一种真正意义上的克隆。如果一个 500 GB 的磁盘，不论其中存放了多少数据，要进行扇区级的镜像，就必须使用一个至少 500 GB 容量的磁盘接收它。即不管这个磁盘中的数据是什么（如果没有数据，则在 WinHex 中显示为 0），都照原样镜像。

平时生活中使用的 GHOST 等软件对某个磁盘或分区进行镜像是一种基于文件系统层的操作。它只镜像那些对于文件系统而言正常存在的，可识别的数据（即非 0）。因此若一个 500 GB 的磁盘，只使用了 10 GB，则在 GHOST 镜像时只需要 10 GB 的磁盘空间来装镜像即可。

数据恢复通常操作的是对于某文件系统已经不可识别的数据，因此数据恢复必须进行扇区级镜像磁盘。一般当出现逻辑丢失、需要对磁盘进行不可逆操作、磁盘存在坏道、更换磁头组件等情况时需要进行磁盘镜像。

【内容】

用 WinHex 镜像磁盘。WinHex 是一款运行于 Windows 2000 及以上操作系统下的功能强大的磁盘编辑软件，它不仅可以将磁盘镜像到磁盘、将磁盘镜像为文件，还可以将镜像文件回写至磁盘。

【步骤】

利用 WinHex 对磁盘进行镜像操作的详细步骤如下：

步骤 1：运行 WinHex 软件，选择“工具—磁盘工具—克隆磁盘”，如图 2.25 所示。

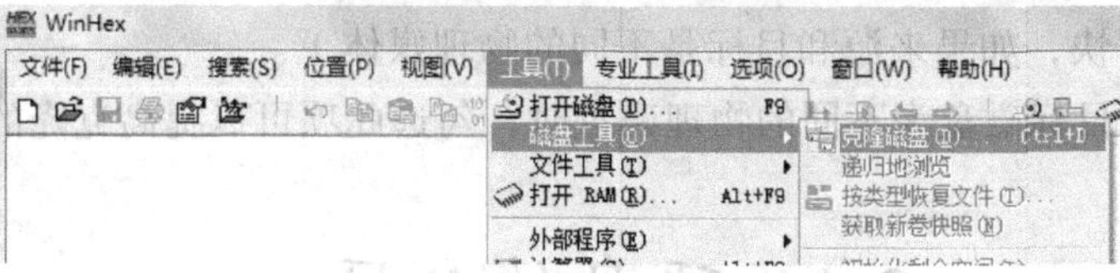

图 2.25　选择“克隆磁盘”

步骤 2：在克隆磁盘对话框中，进行相应的设置，如图 2.26 所示。

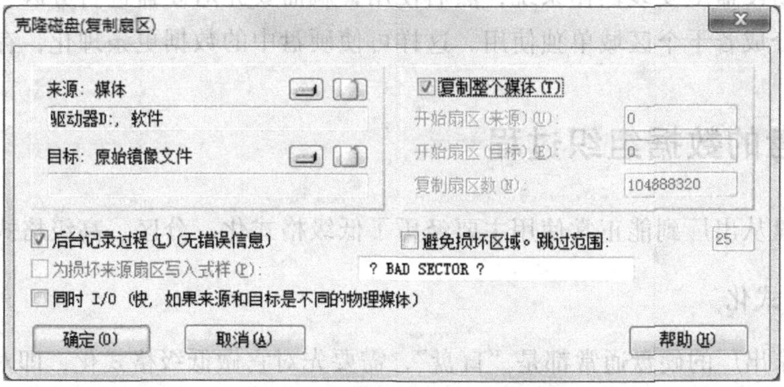

图 2.26　设置克隆磁盘的参数

（1）“来源”设置。

① 单击磁盘选择按钮，在弹出的“选择磁盘”对话框中选择你要镜像的磁盘。

② 单击文件选择按钮，将弹出文件路径选择对话框，可以选择一个已经存在的镜像文件作为镜像至磁盘的来源。

（2）“目标”设置。

① 单击磁盘选择按钮，选择保存镜像文件的磁盘，目标磁盘可以是一个逻辑分区，也可以是一个物理磁盘。

② 单击文件保存按钮，将弹出文件保存路径选择对话框，只有当来源为磁盘时，才可以进行保存镜像文件的操作。如果在来源中选择了一个文件，目标仍然选择文件时，对话框中的 OK 按钮将显示为不可操作状态。

（3）“复制整个媒体”。

默认情况下该选项将会被勾选，若不勾选此选项，则在下面的“开始扇区（来源）、开始扇区（目标）、复制扇区数”将处于可操作状态。

（4）“后台记录过程（L）（无错误信息）”。

用于记录克隆结果，例如克隆扇区数、是否有无法读取的坏扇区及坏扇区的数量等。

（5）“避免损坏区。跳过范围”。

若勾选了此项，克隆过程中遇到无法读取的坏扇区时，程序将会跳过设定的扇区数量后继续进行克隆。

（6）“为损坏来源扇区写入式样”。

若勾选了此项，在读取来源磁盘时如果遇到无法读取的坏扇区，则会在目标盘的相应扇区中写入该标记。

（7）“同时 I/O（快，如果来源和目标是不同的物理媒体）”。

如果来源磁盘和目标磁盘为不同的物理磁盘时，勾选此项可以提高克隆的速度。

2.4 硬盘的分区

要在一块新硬盘上安装操作系统，然后使用，就需要先对硬盘进行分区。分区，其实就是将存储介质分成若干个区域单独使用。这样可使硬盘中的数据更条理化，存取更方便。

2.4.1 硬盘的数据组织过程

一块新硬盘从出厂到能正常使用主要经历了低级格式化、分区、高级格式化的过程。

1. 低级格式化

从生产厂家出厂的硬盘通常都是“盲盘”，需要先对它做低级格式化，即对其划分磁道和扇区，方便数据的写入，低级格式化就如在一片空地上盖房子（一个个的扇区），为了管理这些房子，就得先给它们编上号，记录它们的地址（C/H/S），盖好房子，编好号以后就能对这些房子进行管理了。经过低级格式化后，一块硬盘中的“房子”就建造好了，并可以住“人（数据）”了。怎么住“人”？住什么样的“人”？那就是高级格式化了，属于应用层次的使用。

注：不到万不得已，不要轻易对硬盘做低级格式化。因为这样可能会导致硬盘物理层次上的损坏。

2. 分　区

经过低级格式化，硬盘就可以装数据了，但是一个硬盘可以容纳的数据量太大，如果将其全部集中管理，可能会致使管理对象繁杂，管理效率低下。

分区就是将整个硬盘划分为一个个的逻辑区域，每一个分区都有一个确定的起止位置，在起止位置之间的那些连续扇区都归该分区所有，且不同分区的起止位置互不交错。这样，每个分区都设置成单独管理，最后再指定某个位置做统筹规划，这样就大大提高了管理效率，如图 2.27 所示。

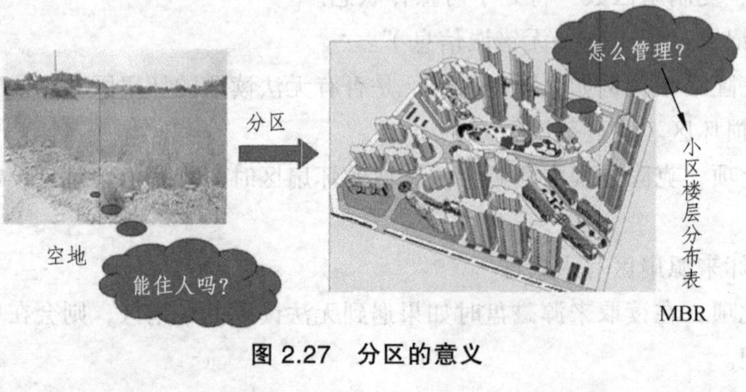

图 2.27　分区的意义

目前所有的硬盘都默认 0 柱面、0 磁头、1 扇区为主要的管理扇区（可理解为一个小区的大门），这个扇区叫硬盘主引导记录（MBR），它主要有两个功能：

（1）完成系统主板 BIOS 向硬盘操作系统交接的操作。

（2）记录每个分区的详细信息。

若把操作系统理解为管理员的话，MBR 则可理解为小区管理的规则或制度，通常管理员按照已定的规则或制度来管理其他数据，因此 MBR 不属于任何操作系统。如图 2.28 所示是硬盘的分区情况，在 C：盘最前面应该还有一个扇区，里面就记录了图中五个分区的起始位置和大小等信息。

图 2.28　硬盘分区情况

注：一块硬盘，即使所有容量都划分给一个分区，也要进行分区这个操作。因为只有这样才能完成主引导记录的写入，才能让系统主板 BIOS 进入操作系统。

3. 高级格式化

硬盘分区完成后，就建立起一个个相互“独立”的逻辑驱动器，对于每一个逻辑驱动器而言只是得知了它所在的地址，其本身还是一座座空城。要使用它，就必须在上面搭建文件系统。如图 2.28 所示每一个分区都有一种文件系统（目前五个分区都是 NTFS 文件系统）。高级格式化是针对逻辑磁盘而言的，不是整个物理磁盘，也不是某个目录（文件系统和逻辑磁盘是相对应的）。

高级格式化的主要作用如下：

（1）从各个逻辑盘指定的柱面开始，对扇区进行逻辑编号（分区内的编号，也可叫偏移量）。

（2）在分区的基础上建立 DOS 引导记录（DBR）。

（3）设置各种文件系统相对应的系统数据。

2.4.2　计算机启动过程

打开计算机并使其操作系统被加载的过程称为引导。当 PC 引导后，BIOS 做一些测试并保证一切正常，然后开始真正的引导。

启动过程中，计算机首先加载了一小段引导程序（一般是位于硬盘的第一个扇区，其责任就是引导 BIOS 正确进入硬盘，并记录硬盘分区情况，启动其活动分区中的操作系统），然后再根据其设定进一步引导和启动操作系统。这两步过程的缘由是操作系统大而复杂，而计算机加载的第一段代码很小（几百字节），以免使固件不必要地复杂化，如图 2.29 所示。

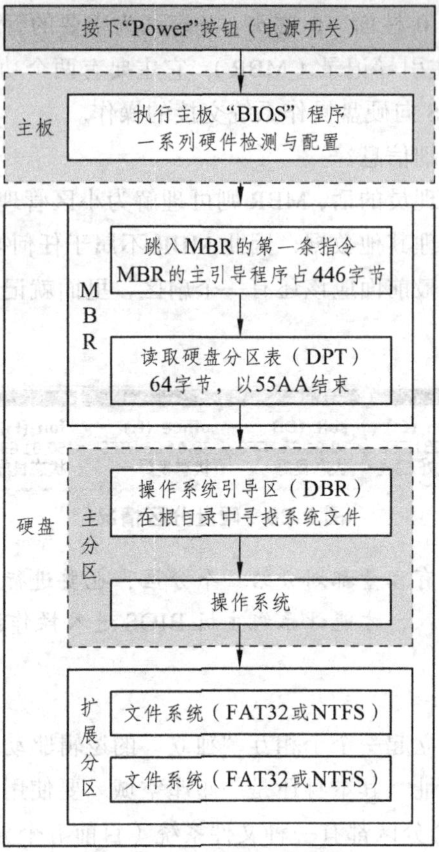

图 2.29　计算机启动过程

2.4.3 【任务 2.3】利用 WinHex 软件查看本机硬盘的 MBR

WinHex 是一款以通用的十六进制编辑器为核心，专门用来处理计算机取证、数据恢复、低级数据处理以及 IT 安全性、各种日常紧急情况的高级工具。

打开软件后，单击"工具"，选择"打开磁盘"，如图 2.30 所示。

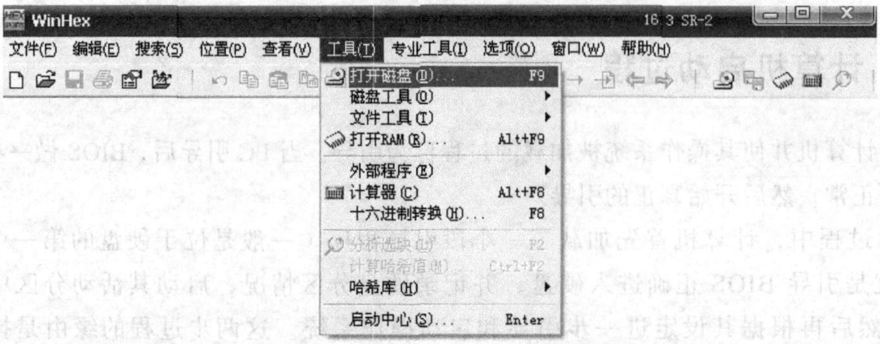

图 2.30　WinHex"工具"菜单

在"编辑磁盘"窗口中选择"物理驱动器"，然后左键单击"确定"，如图 2.31 所示。

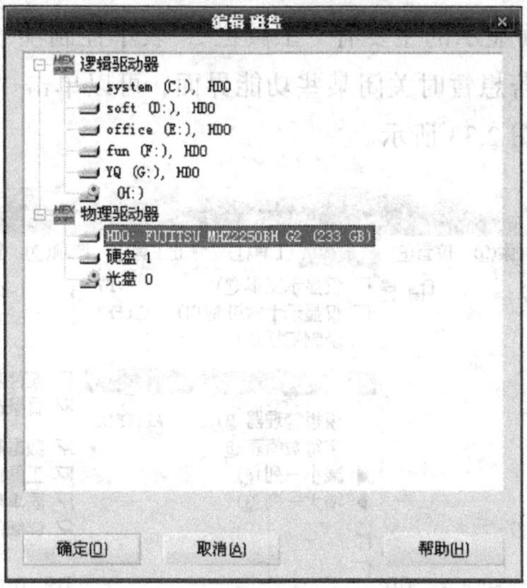

图 2.31　“编辑 磁盘”对话框

注意：

- 物理驱动器是你能看到的实实在在的东西，如一个个扁盒子似的硬盘驱动器（简称硬盘）、光盘驱动器（简称光驱）、软盘驱动器（简称软驱）。
- 逻辑驱动器一般是指硬盘的若干个分区。新硬盘开始使用前，必须对其进行分区。为了更好地利用硬盘空间，我们通常将其整体空间分成若干个区域，比如说在 Windows 操作系统的“我的电脑”中，我们看到有“本地磁盘（C：)”、“本地磁盘（D：)”、“本地磁盘（E：)”等，看起来好像有多个硬盘（多个物理驱动器也会表现为上述的形式），其实在逻辑上它们是在一块硬盘上的，这些硬盘分区，我们称之为逻辑驱动器。
- 所有逻辑驱动器的容量加在一起并不一定等于硬盘的容量（有可能有保留扇区，保留扇区的出现，使数据的隐藏成为可能！）。

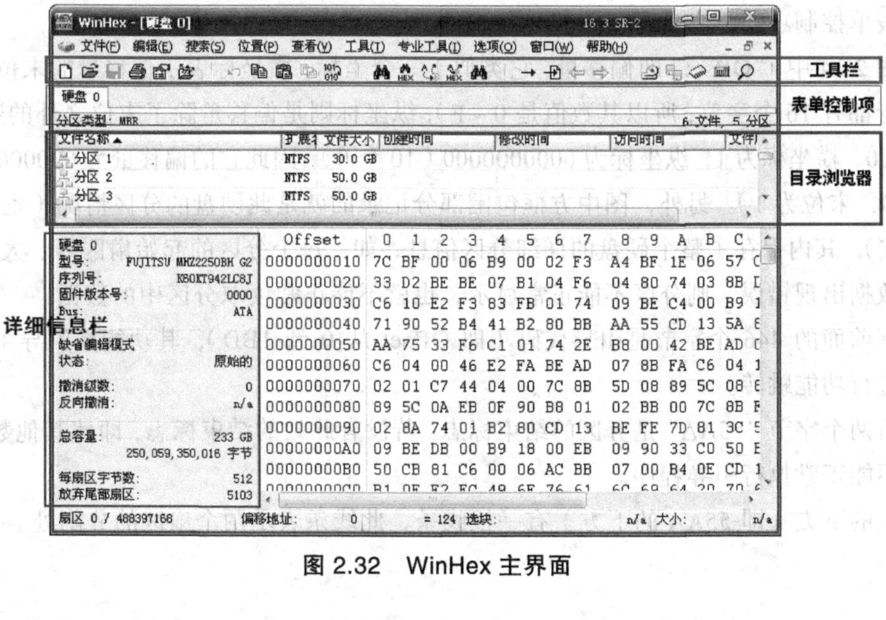

图 2.32　WinHex 主界面

此时 WinHex 软件界面显示的主要有“工具栏”“表单控制项”“目录浏览器”“详细信息栏”等，如图 2.32 所示。若想暂时关闭某些功能界面，可以单击“查看-显示-”，然后取消不需要显示的功能界面，如图 2.33 所示。

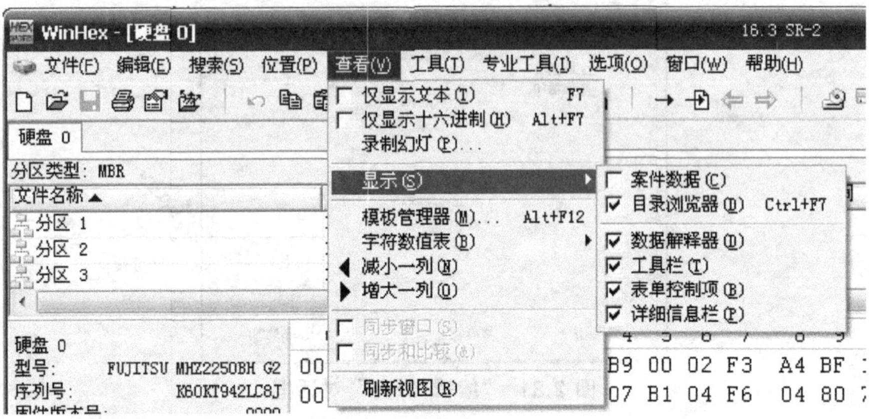

图 2.33 “查看”菜单

关闭“目录浏览器”“案件数据”“数据解释器”和“详细信息栏”后，其界面如图 2.34 所示。此时表示的是硬盘的第一个扇区的数据。

图中表单控制栏显示为：硬盘 0，表示当前是在物理硬盘 0 上。

图的最左下角标识为：扇区 0 / 488397168，表示当前硬盘共有 488397142 个扇区，当前正在第 0 号扇区。

扇区标识的右边有偏移量显示：偏移地址: 0，表示相对于此时的整个硬盘，目前光标所在处距离硬盘最起始部分（即整个硬盘的第一个字节处）为 0 个字节（表示当前光标正在硬盘的第一个字节处）。

当前光标所在字节处的偏移量不仅可以从整个界面的下方读取，也可以从整个主界面的左边及表单控制项的下方查看。

在图 2.34 中，“Offset”即偏移量，它类似于一个坐标，横坐标表示偏移量的末位数字（因为每一行都有 16 个字节，所以其数值是 0 ~ F），纵坐标则是偏移量除了末位之外的数值。如：图中的 C0，横坐标为 1，纵坐标为 0000000000（10 个 0）。因此它的偏移量为 0000000001（前面 9 个 0，末位为 1）。另外，图中方框包围部分记录的就是此硬盘的分区情况（也叫主分区表，DPT），其内保存了整个硬盘的详细分区信息，如：每个分区的起始扇区号、大小等。若此处的数据出现错误，则分区不能正常显示，也就不能正常读取分区中的数据。

方框前面的 446 个字节是引导代码（即 Offset 从 0 到 1BD），其功能是引导主板 BIOS 向硬盘进行功能跳转。

最后两个字节“55AA”是分区的结束标志。若没有此处的结束标志，即使其他数据正确，系统也不能正常执行引导程序。

方框的下方（即 55AA 的下方）有一根线条，此线条表示两个扇区的分割处。

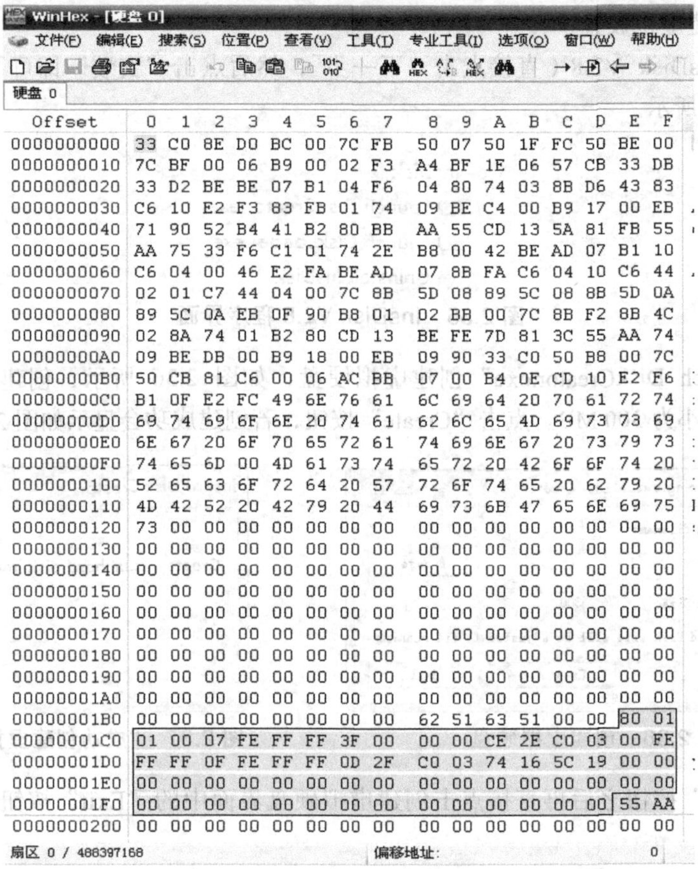
WinHex - [硬盘 0]
文件(F) 编辑(E) 搜索(S) 位置(P) 查看(V) 工具(T) 专业工具(I) 选项(O) 窗口(W) 帮助(H)
硬盘 0
Offset 0 1 2 3 4 5 6 7 8 9 A B C D E F
0000000000 33 C0 8E D0 BC 00 7C FB 50 07 50 1F FC 50 BE 00
0000000010 7C BF 00 06 B9 00 02 F3 A4 BF 1E 06 57 CB 33 DB
0000000020 33 D2 BE BE 07 B1 04 F6 04 80 74 03 8B D6 43 83
0000000030 C6 10 E2 F3 83 FB 01 74 09 BE C4 00 B9 17 00 EB
0000000040 71 90 52 B4 41 B2 80 BB AA 55 CD 13 5A 81 FB 55
0000000050 AA 75 33 F6 C1 01 74 2E B8 00 42 BE AD 07 B1 10
0000000060 C6 04 00 46 E2 FA BE AD 07 8B FA C6 04 10 C6 44
0000000070 02 01 C7 44 04 00 7C 8B 5D 08 89 5C 08 8B 5D 0A
0000000080 89 5C 0A EB 0F 90 B8 01 02 BB 00 7C 8B F2 8B 4C
0000000090 02 8A 74 01 B2 80 CD 13 BE FE 7D 81 3C 55 AA 74
00000000A0 09 BE DB 00 B9 18 00 EB 09 90 33 C0 50 B8 00 7C
00000000B0 50 CB 81 C6 00 06 AC BB 07 00 B4 0E CD 10 E2 F6
00000000C0 B1 0F E2 FC 49 6E 76 61 6C 69 64 20 70 61 72 74
00000000D0 69 74 69 6F 6E 20 74 61 62 6C 65 4D 69 73 73 69
00000000E0 6E 67 20 6F 70 65 72 61 74 69 6E 67 20 73 79 73
00000000F0 74 65 6D 00 4D 61 73 74 65 72 20 42 6F 6F 74 20
0000000100 52 65 63 6F 72 64 20 57 72 6F 74 65 20 62 79 20
0000000110 4D 42 52 20 42 79 20 44 69 73 6B 47 65 6E 69 75
0000000120 73 00 00 00 00 00 00 00 00 00 00 00 00 00 00 00
0000000130 00 00 00 00 00 00 00 00 00 00 00 00 00 00 00 00
0000000140 00 00 00 00 00 00 00 00 00 00 00 00 00 00 00 00
0000000150 00 00 00 00 00 00 00 00 00 00 00 00 00 00 00 00
0000000160 00 00 00 00 00 00 00 00 00 00 00 00 00 00 00 00
0000000170 00 00 00 00 00 00 00 00 00 00 00 00 00 00 00 00
0000000180 00 00 00 00 00 00 00 00 00 00 00 00 00 00 00 00
0000000190 00 00 00 00 00 00 00 00 00 00 00 00 00 00 00 00
00000001A0 00 00 00 00 00 00 00 00 00 00 00 00 00 00 00 00
00000001B0 00 00 00 00 00 00 00 00 62 51 63 51 00 00 80 01
00000001C0 01 00 07 FE FF FF 3F 00 00 00 CE 2E C0 03 00 FE
00000001D0 FF FF 0F FE FF FF 0D 2F C0 03 74 16 5C 19 00 00
00000001E0 00 00 00 00 00 00 00 00 00 00 00 00 00 00 00 00
00000001F0 00 00 00 00 00 00 00 00 00 00 00 00 00 00 55 AA
0000000200 00 00 00 00 00 00 00 00 00 00 00 00 00 00 00 00
扇区 0 / 488397168
偏移地址: 0

图 2.34　MBR

任务总结：

____

____

____

____

____

____

2.4.4 【任务 2.4】研究分区操作对硬盘的影响

为了更加直观地介绍操作过程对磁盘进行的写入操作，了解分区过程中硬盘里的数据到底如何变化。以便更深入地理解硬盘结构，掌握数据恢复方案制订的原则。我们试着将整个硬盘先填充一个固定的值，再对其进行分区，最后查看分区这个操作到底修改了硬盘的哪部分数据。

步骤 1：创建虚拟硬盘。

安装软件 InsDisk V2.8（直接点击“下一步”，然后点击“安装”即可）。安装好后的程序界面如图 2.35 所示。

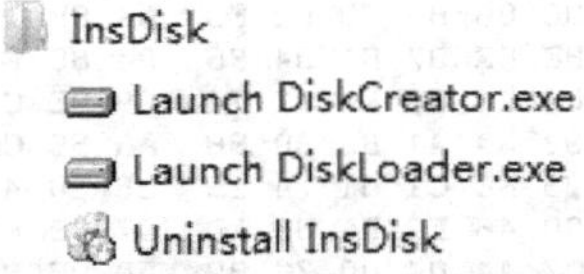

图 2.35　InsDisk V2.8 程序界面

双击“Launch DiskCreator.exe”创建虚拟硬盘，如图 2.36 所示，创建一虚拟硬盘文件 data03.hdd，其大小为 300 MB。点击“Create”按钮，若创建成功会显示如图 2.37 所示的界面。

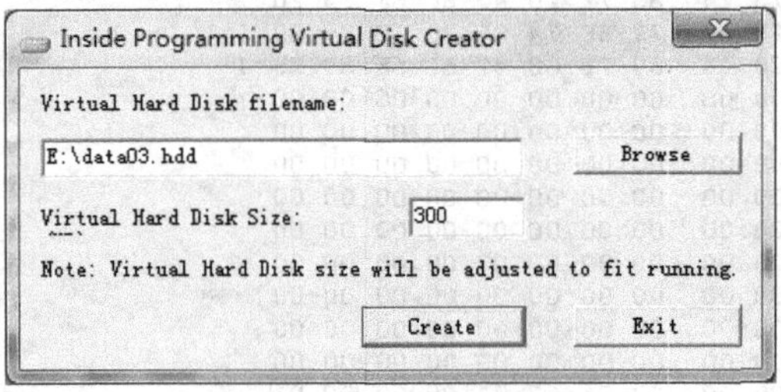

图 2.36　创建虚拟硬盘

图 2.37　“成功创建虚拟硬盘”提示

点击“确定”按钮之后再直接点击创建虚拟硬盘界面中的“Exit”按钮即可成功创建虚拟硬盘。

步骤 2：加载虚拟硬盘。

虚拟硬盘要能使用必须加载到当前计算机中。

双击“Launch DiskLoader.exe”，点击“Browse”按钮选择当前计算机中的虚拟硬盘文件，再点击“Load InsDisk”按钮即可加载虚拟硬盘，如图 2.38 所示。

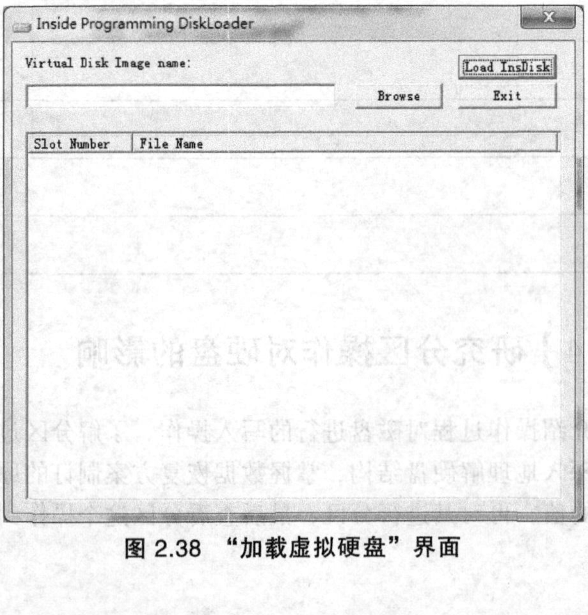

图 2.38　“加载虚拟硬盘”界面

注意：在 Windows 7 操作系统中，本身自带虚拟硬盘功能，可以不用安装 InsDisk V2.8 软件。直接右键单击“我的电脑”，选择“管理”，进入“计算机管理”对话框后，在左侧选择列表中选择“磁盘管理”即可，如图 2.39 所示。

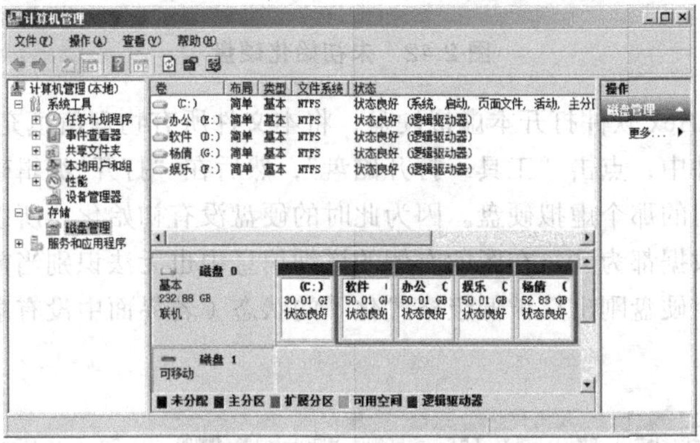

图 2.39　“计算机管理”界面

在工具栏中选择“操作—创建 VHD”，如图 2.40 所示。

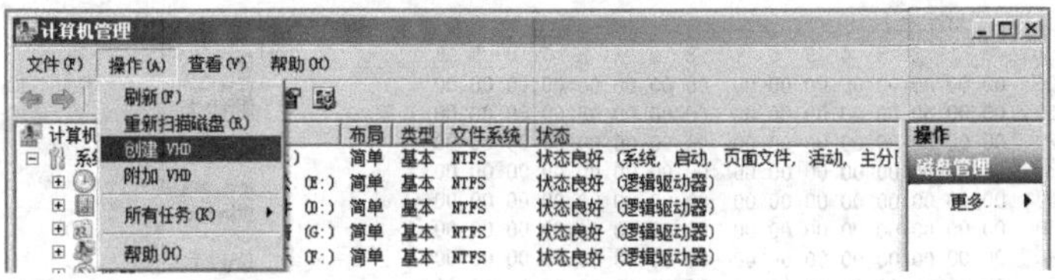

图 2.40　“操作”工具栏

接下来会出现“创建和附加虚拟硬盘”对话框，在此对话框中选择合适的位置和大小即可，如图 2.41 所示。

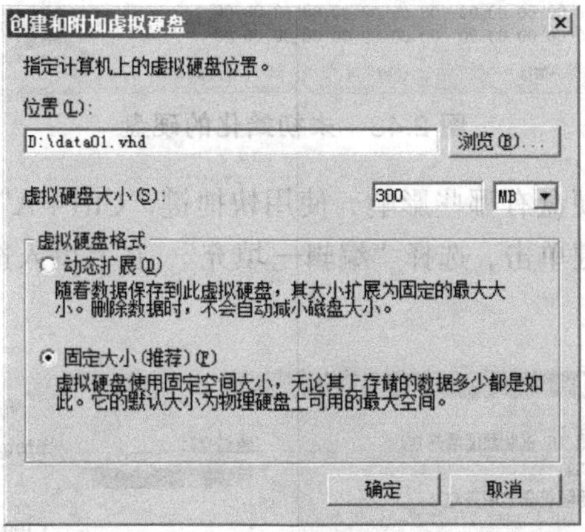

图 2.41　“创建和附加虚拟硬盘”对话框

总之，不管是用 InsDisk V2.8 软件还是用 Windows 7 自带的功能，只要加载好虚拟硬盘后，都会在磁盘管理界面显示如图 2.42 所示的状态。此状态表示硬盘已经加载成功，但是硬盘里暂时没有任何内容。

图 2.42　未初始化硬盘

步骤 3：用 WinHex 软件打开本虚拟硬盘，将本文件所有物理值填充为“7E”。

在 WinHex 软件中，点击“工具—打开磁盘”，然后在“打开 编辑磁盘”对话框中选择物理磁盘中自己新建的那个虚拟硬盘。因为此时的硬盘没有初始化，所以可以看到如图 2.43 所示的界面，全部数据都为 0，在图的右侧的详细信息中也无法识别当前硬盘的具体参数。此时的状态就是一个硬盘刚出厂被低级格式化了的状态（若界面中没有扇区，则表示硬盘还未经过低级格式化）。

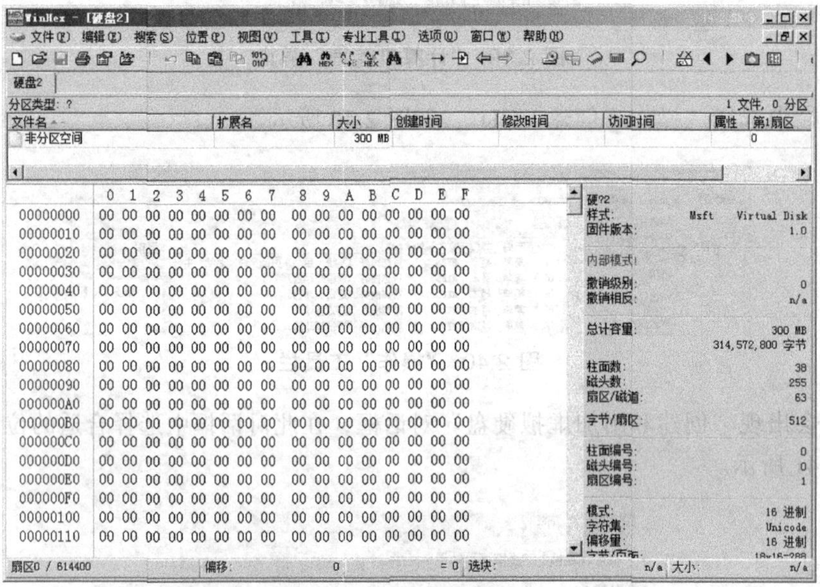

图 2.43　未初始化的硬盘

为了突出显示分区对硬盘有哪些影响，使用快捷键“Ctrl + A”选择所有数据，然后在主界面被选中的任何部分右键单击，选择“编辑—填充”，在“填入选块”对话框中确保填入的值为 7E，如图 2.44 所示。

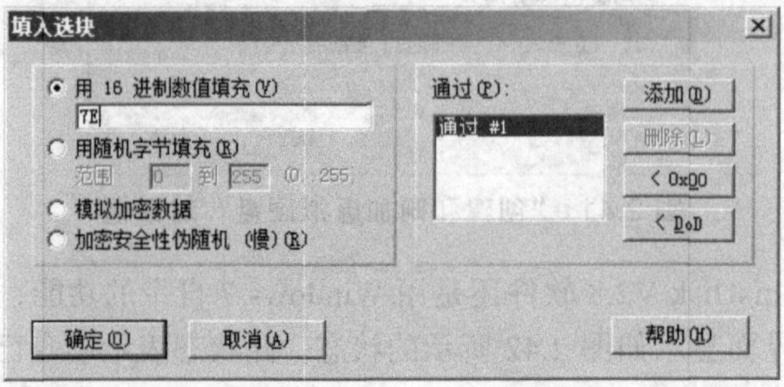

图 2.44　“填入选块”界面

经过上面的步骤，本虚拟硬盘中的所有数据全变为 7E。

步骤 4：初始化虚拟硬盘（写入 MBR）。

在“计算机管理”界面中，选择刚才新建的虚拟硬盘，在左侧（如图 2.45 所示的“磁盘 2”所在的位置），右键单击，然后选择“初始化磁盘”。

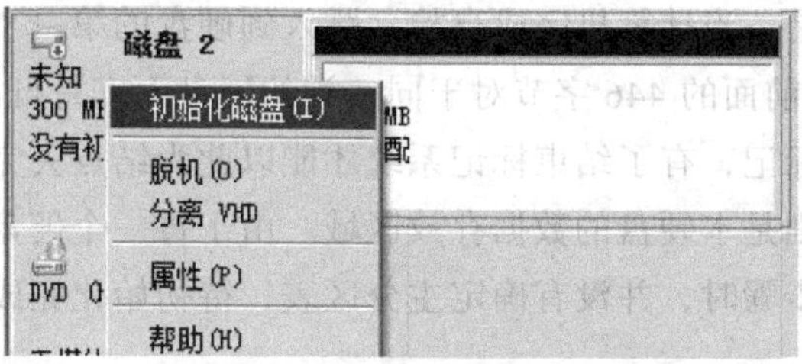

图 2.45 “初始化磁盘”选项

然后选择初始化磁盘的格式（MBR 或者 GPT），如图 2.46 所示。

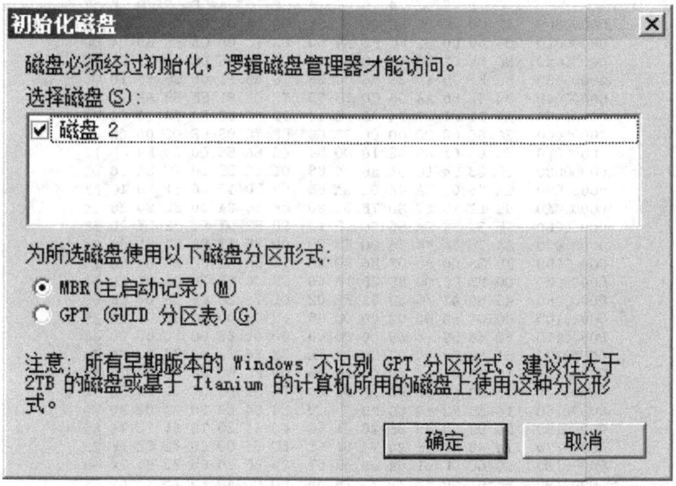

图 2.46 初始化磁盘格式

当初始化操作完成之后，就可以在“计算机管理”界面看到如图 2.47 所示的界面，该界面左侧显示磁盘 2 的状态为基本、联机。表明此硬盘已经可以在当前计算机中使用。

图 2.47 初始化后的硬盘

步骤 5：在 WinHex 中查看初始化后的磁盘。

仔细查看初始化后的磁盘的数据，可以发现除了第一扇区被写入数据之外，其他位置还是全为 7E。表示初始化磁盘这个操作，只是向硬盘的第一个扇区写入了初始化数据。

通过【任务 2.3】的介绍，我们可以知道图 2.48 中被方框选中的部分（偏移量为 1BE～

1FD）为主分区表（即每一个分区的起始位置等信息），此时全为 0，意味着此时本硬盘没有任何分区，整个硬盘还是一个整体。没有分区就意味着没有自己的“负责人”，也就是说此时还不能写入任何数据。

初始化操作的一个重要目的就是向磁盘的第一个扇区写入引导程序和 MBR 结束标记。引导程序的主要功能就是：当计算机完成自检，跳入到硬盘的第一个扇区时，帮助系统正确加载本硬盘。因此 MBR 前面的 446 字节对于同一类的硬盘而言是可以相同的。而 MBR 要起作用，就必须得要结束标记，有了结束标记系统才能以此为结点去完成记录功能。

主分区表中记录的则是本硬盘的数据存放区域。由于每一个硬盘的分区情况可能都不相同，因此在初始化这个步骤时，并没有确定主分区表，待初始化完成后，再由不同的用户去创建自己的分区。

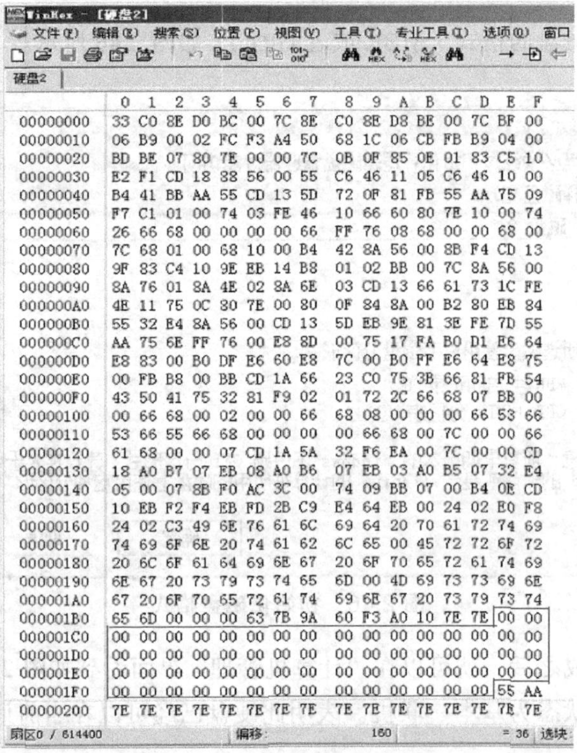

图 2.48　初始化后的 MBR

步骤 6：新建分区。

分区，可以理解为是向 MBR 中的主分区表中写入用户能够编辑的区域信息，即是向图 2.48 中方框的部分写入数据。很明显，初始化操作并不能同时记录分区情况，因此一个硬盘哪怕只有一个分区，也必须得将这一个分区的起始位置和大小等信息写入 MBR 中后，硬盘才能识别出这个分区，进而让用户在这个分区中写入数据。

分区的基本操作如图 2.49 ~ 2.55 所示。

利用同样的方法，将剩下 199 MB 中的 100 MB 空间分配给另一个分区，只是在图 2.53 中指定分区文件系统时，将其文件系统格式选择为 FAT32，其他设置使用默认值。

创建成功后，在“计算机管理”界面就可以看到如图 2.56 所示的界面。磁盘 2 新建两个分区后，发现在本地磁盘卷信息中有两个新加的卷。这表明两个卷已经可以正常添加数据了。

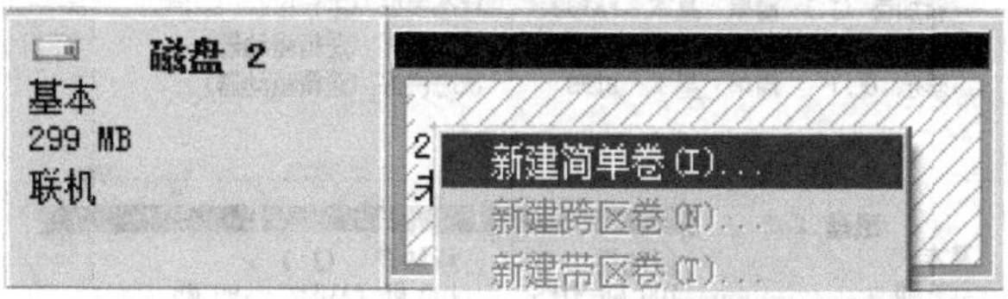

图 2.49　在磁盘上新建分区

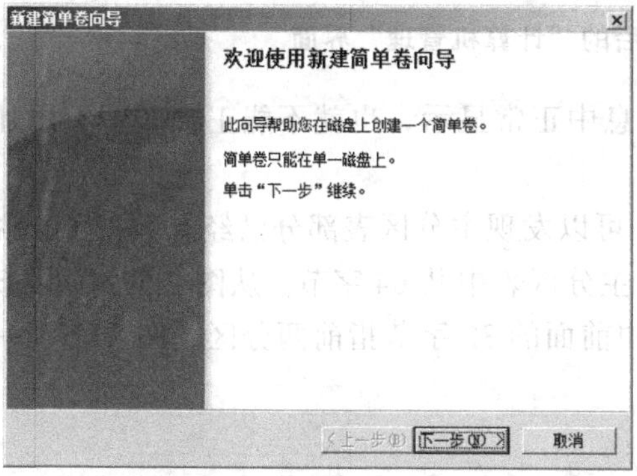

图 2.50　“新建简单卷”向导

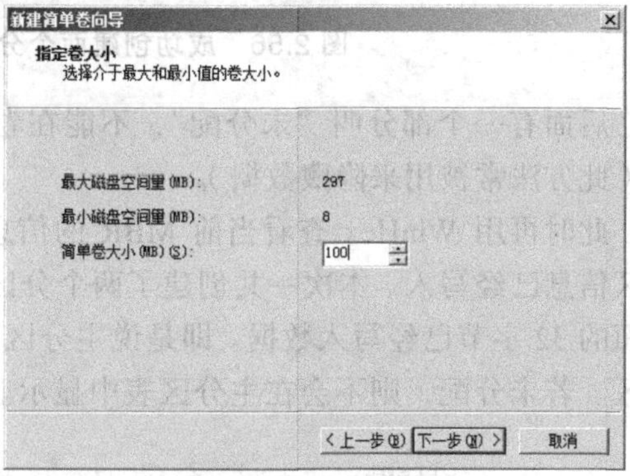

图 2.51　指定分区大小

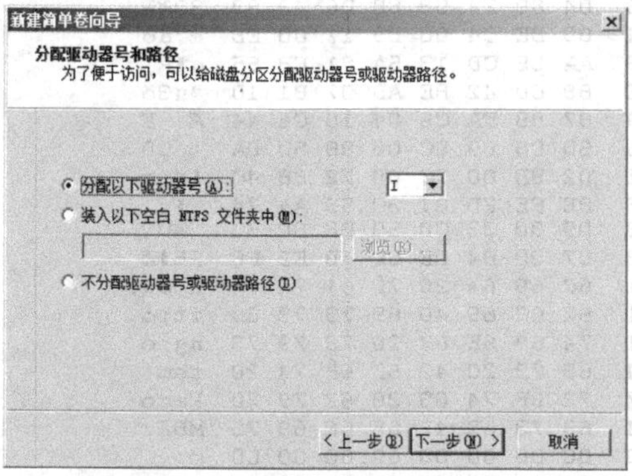

图 2.52　为分区指定驱动器号

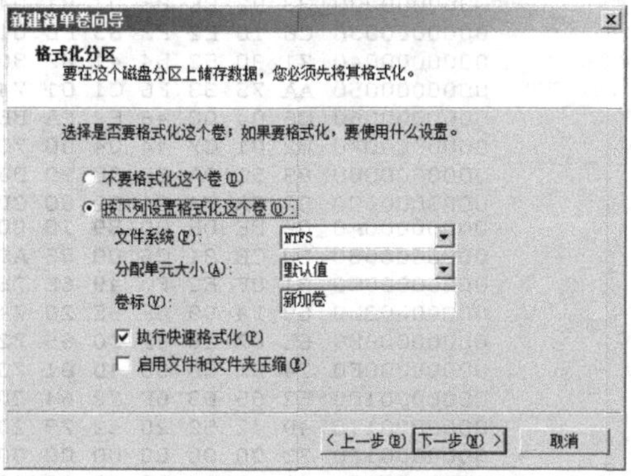

图 2.53　指定分区文件系统（高级格式化）

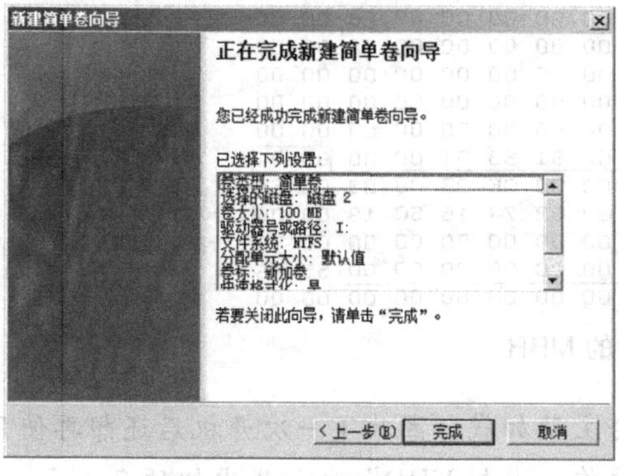

图 2.54　向导完成

图 2.55　分区完成

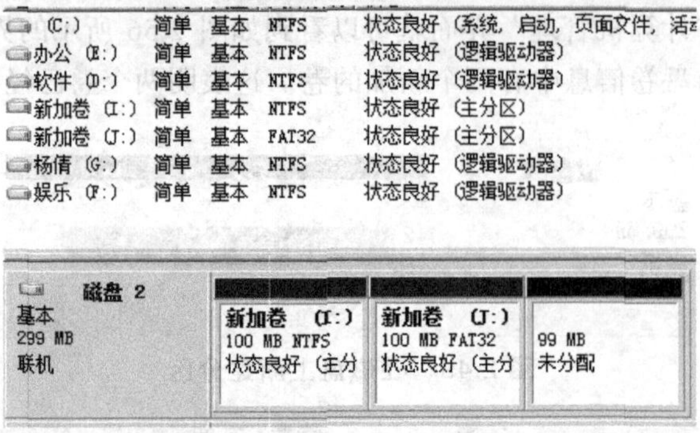

图 2.56 成功创建两个分区后的“计算机管理”界面

后面有一个部分叫“未分配”，不能在卷信息中正常显示，也就不能正常查看、添加数据（此方法常被用来隐藏数据）。

此时再用 WinHex 查看当前 MBR 的信息，可以发现主分区表部分已经有数据了，说明分区信息已经写入。本次一共创建了两个分区，主分区表中共 64 字节。从图 2.57 中可发现，前面的 32 字节已经写入数据。即是说主分区表中前面的 32 字节指前两分区，16 字节为一个分区。若未分配，则不会在主分区表中显示。

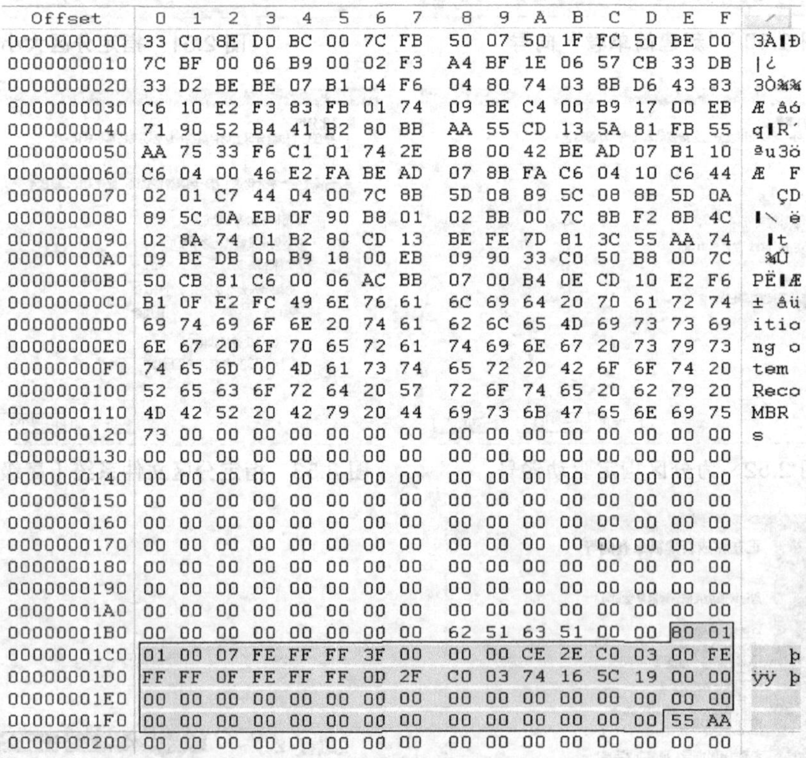

Offset	0	1	2	3	4	5	6	7	8	9	A	B	C	D	E	F	
0000000000	33	C0	8E	D0	BC	00	7C	FB	50	07	50	1F	FC	50	BE	00	3À▮Ð
0000000010	7C	BF	00	06	B9	00	02	F3	A4	BF	1E	06	57	CB	33	DB	|¿
0000000020	33	D2	BE	BE	07	B1	04	F6	04	80	74	03	8B	D6	43	83	3Ò¾¾
0000000030	C6	10	E2	F3	83	FB	01	74	09	BE	C4	00	B9	17	00	EB	Æ âó
0000000040	71	90	52	B4	41	B2	80	BB	AA	55	CD	13	5A	81	FB	55	q▮R´
0000000050	AA	75	33	F6	C1	01	74	2E	B8	00	42	BE	AD	07	B1	10	ªu3ö
0000000060	C6	04	00	46	E2	FA	BE	AD	07	8B	FA	C6	04	10	C6	44	Æ F
0000000070	02	01	C7	44	04	00	7C	8B	5D	08	89	5C	08	8B	5D	0A	ÇD
0000000080	89	5C	0A	EB	0F	90	B8	01	02	BB	00	7C	8B	F2	8B	4C	▮\ ë
0000000090	02	8A	74	01	B2	80	CD	13	BE	FE	7D	81	3C	55	AA	74	▮t
00000000A0	09	BE	DB	00	B9	18	00	EB	09	90	33	C0	50	B8	00	7C	¾Û
00000000B0	50	CB	81	C6	00	06	AC	BB	07	00	B4	0E	CD	10	E2	F6	PË▮Æ
00000000C0	B1	0F	E2	FC	49	6E	76	61	6C	69	64	20	70	61	72	74	± âü
00000000D0	69	74	69	6F	6E	20	74	61	62	6C	65	4D	69	73	73	69	itio
00000000E0	6E	67	20	6F	70	65	72	61	74	69	6E	67	20	73	79	73	ng o
00000000F0	74	65	6D	00	4D	61	73	74	65	72	20	42	6F	6F	74	20	tem
0000000100	52	65	63	6F	72	64	20	57	72	6F	74	65	20	62	79	20	Reco
0000000110	4D	42	52	20	42	79	20	44	69	73	6B	47	65	6E	69	75	MBR
0000000120	73	00	00	00	00	00	00	00	00	00	00	00	00	00	00	00	s
0000000130	00	00	00	00	00	00	00	00	00	00	00	00	00	00	00	00	
0000000140	00	00	00	00	00	00	00	00	00	00	00	00	00	00	00	00	
0000000150	00	00	00	00	00	00	00	00	00	00	00	00	00	00	00	00	
0000000160	00	00	00	00	00	00	00	00	00	00	00	00	00	00	00	00	
0000000170	00	00	00	00	00	00	00	00	00	00	00	00	00	00	00	00	
0000000180	00	00	00	00	00	00	00	00	00	00	00	00	00	00	00	00	
0000000190	00	00	00	00	00	00	00	00	00	00	00	00	00	00	00	00	
00000001A0	00	00	00	00	00	00	00	00	00	00	00	00	00	00	00	00	
00000001B0	00	00	00	00	00	00	00	00	62	51	63	51	00	00	80	01	
00000001C0	01	00	07	FE	FF	FF	3F	00	00	00	CE	2E	C0	03	00	FE	þ
00000001D0	FF	FF	0F	FE	FF	FF	0D	2F	C0	03	74	16	5C	19	00	00	ÿÿ þ
00000001E0	00	00	00	00	00	00	00	00	00	00	00	00	00	00	00	00	
00000001F0	00	00	00	00	00	00	00	00	00	00	00	00	00	00	55	AA	
0000000200	00	00	00	00	00	00	00	00	00	00	00	00	00	00	00	00	

图 2.57 分区后的 MBR

注： 以后每次重启计算机时，本虚拟硬盘不会主动加载，因此下一次开机后还想再使用虚拟硬盘，可以使用“计算机管理—磁盘管理—操作—附加 VHD”来加载虚拟硬盘。

本课程以后所涉及的所有实验都可在虚拟硬盘中完成。

任务总结：

____

____

____

____

____

____

2.4.5　MBR

从【任务 2.4】可总结得出以下结论：MBR 由三部分组成：引导程序、主分区表、分区有效标记。MBR 的结构如表 2.1 所示。

表 2.1　MBR 的结构

<table>
<tr><th>偏移量</th><th>大 小</th><th>名 称</th><th>意 义</th></tr>
<tr><td>00～1BD</td><td>446 字节</td><td>引导程序</td><td>引导计算机从主板 BIOS 向硬盘跳转</td></tr>
<tr><td>1BE～1CD</td><td>16 字节</td><td rowspan="4">主分区表（DPT）</td><td>分区表项 1</td></tr>
<tr><td>1CE～1DD</td><td>16 字节</td><td>分区表项 2</td></tr>
<tr><td>1DE～1ED</td><td>16 字节</td><td>分区表项 3</td></tr>
<tr><td>1EE～1FD</td><td>16 字节</td><td>分区表项 4</td></tr>
<tr><td>1FE～1FF</td><td>2 字节</td><td>分区有效标记</td><td>引导记录结束的标记</td></tr>
</table>

引导程序的主要功能是指引主板 BIOS 向硬盘跳转，某些病毒或某些人为破坏都可能导致其程序不正确。此时，可从光盘启动到 DOS 下，运行 FDISK/MBR 然后回车，再重新安装下系统就可以了。

警告：以这种方式将主引导记录写入硬盘可能会使某些使用 SpeedStor 分区的硬盘不可用。另外，它还可能导致某些双引导程序和带有四个以上分区的磁盘出现问题。

以下详细介绍主分区表（任务艰巨 2.5）和有效标记（任务 2.1）。

2.4.6 【任务 2.5】修复 MBR 中的引导程序

方法一：使用 DiskGenius 软件。

首先在能正常运行的计算机中加载被损坏的磁盘（也可以利用在本机新建虚拟硬盘的方式模拟修改），然后在 DiskGenius 软件界面的左侧资源管理部分选择被损坏的磁盘，单击“硬盘—重建主引导记录（MBR）”，如图 2.58 所示，即可修复。

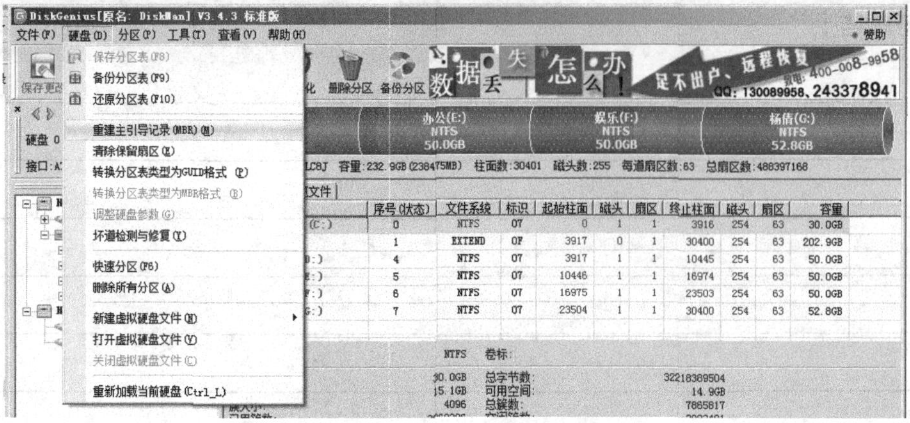

图 2.58　DiskGenius 修复 MBR

方法二：使用 MbrFix 软件。

MbrFix 是作用于 DOS 下的修复 MBR 的软件，它的主要操作就是 DOS 命令调用。首先在 DOS 界面中进入到软件所在目录，然后输入“MbrFix/drive 磁盘号 fixmbr”即可修复所写磁盘号的磁盘，如图 2.59 所示。

注意：若忘记了命令，可通过 mbrfix 命令查看当前软件的命令集。

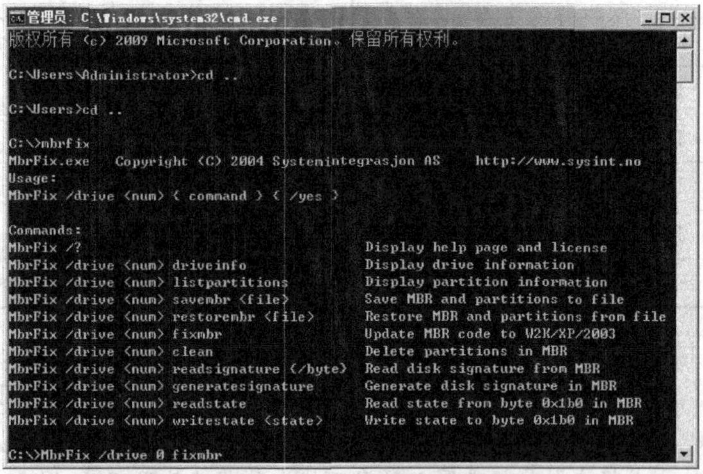

图 2.59　MbrFix 软件使用界面

任务总结：

下面介绍下主分区表。

主分区表负责描述磁盘内的主分区情况。分区表项并没有顺序要求，也就是说，并不严格要求第一个分区表项对应物理位置的第一个分区，第二个表项对应第二个分区。

主分区表在硬盘中的位置及作用如图 2.60 所示。

主分区表 64 字节，每 16 字节表示一个分区项。在图 2.60 中，第一个分区项指向主分区 1，第二个指向主分区 2，即是说每一个分区表项代表一个具体的分区。若磁盘的某些部分未分配，则不会记录在主分区表中，而计算机首先读取的是硬盘的第一个扇区，再通过第一个扇区中的主分区表记录去识别其他的分区。因此如果没有记录在主分区表中的地址则不会被计算机识别，不能正常读写数据。

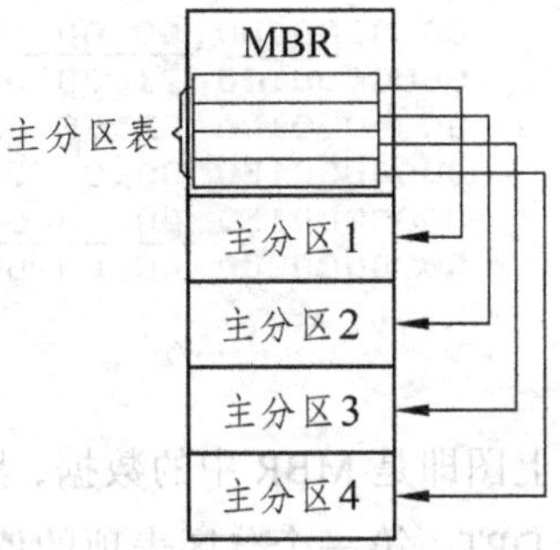

图 2.60 主分区表的位置及作用

每一个分区表项的具体含义如表 2.2 所示。

表 2.2 分区表项中各字节的意义

偏移量（十六进制）	字节数	含 义
00	1	可引导标志，00 表示不可引导，80 表示可引导
01 ~ 03	3	分区起始 CHS 地址
04	1	分区类型
05 ~ 07	3	分区结束 CHS 地址
08 ~ 0B	4	分区起始 LBA 地址
0C ~ 0F	4	分区大小扇区数

注：表中的偏移量指的是相对于本分区表项而言的偏移量，即本分区表项的第一个字节距离本字节的扇区数。

其中位于偏移量 04 部分的分区类型值及其含义如表 2.3 所示。

表 2.3 分区类型

类型值（十六进制）	含 义	类型值（十六进制）	含 义
00	空	5C	Priam Edisk
01	FAT12	61	Speed Stor
02	XENIX root	63	GNU HURD or Sys
03	XENIX usr	64	Novell Netware
06	FAT16 分区小于 32M 时用 04	65	Novell Netware
07	HPFS/NTFS	70	Disk Secure，Mult
08	AIX	75	PC/IX
09	AIX bootable	80	Old Minix
0A	OS/2 Boot Manage	81	Minix/Old Linux

2.4.7 【任务 2.6】查看 MBR 中的主分区表，分析主分区情况

用 WinHex 软件查看当前计算机的 MBR 中的主分区表，如图 2.61 所示。

```
00000001B0  00 00 00 00 00 00 00 00  62 51 63 51 00 00 80 01
00000001C0  01 00 07 FE FF FF 3F 00  00 00 CE 2E C0 03 00 FE
00000001D0  FF FF 0F FE FF FF 0D 2F  C0 03 74 16 5C 19 00 00
00000001E0  00 00 00 00 00 00 00 00  00 00 00 00 00 00 00 00
00000001F0  00 00 00 00 00 00 00 00  00 00 00 00 00 00 55 AA
0000000200  00 00 00 00 00 00 00 00  00 00 00 00 00 00 00 00
```

图 2.61　MBR 中的主分区表

上图即是 MBR 中的数据，黑色框前面部分则是 MBR 的主引导程序，黑色框中的就是分区表 DPT。第一个分区表项的值为：80 01 01 00 07 FE FF FF 3F 00 00 00 CE 2E C0 03，其每一个数值的含义如图 2.62 所示。

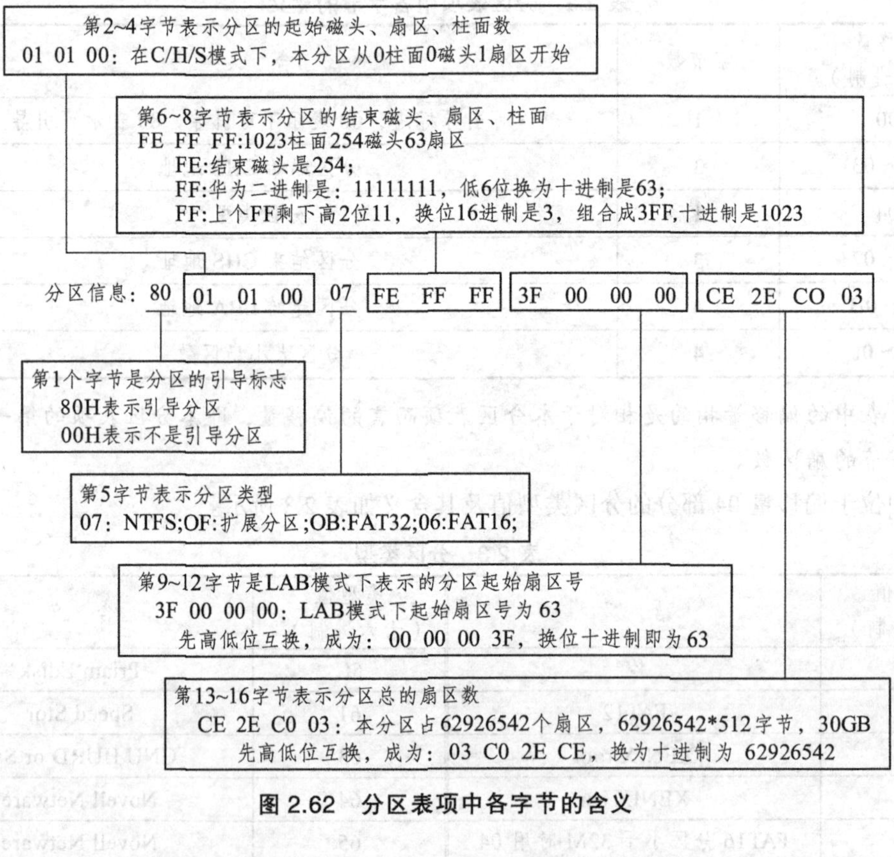

图 2.62　分区表项中各字节的含义

思考：由上可知第一个分区起始扇区号为 63，总的扇区数是 62926542，请问以上分区的结束分区号是多少？下一分区的起始扇区号理论上应该是多少？

读者请用同样的方法分析第二个分区的信息：

00 FE FF FF 0F FE FF FF 0D 2F C0 03 74 16 5C 19

注：分区起始位置和总扇区数的值都是以字节为单位，然后再高低位互换的。一个字节在 WinHex 中看来是两个数值，如图 2.62 所示中的 3F。它是一个整体，不能再在内部高低换位。

课后任务：

分析自己的硬盘，使用如表 2.4 所示的方式描述当前分区情况。

表 2.4　主分区情况

	活动标识	分类类型	起始扇区	总扇区数
分区 1				
分区 2				
分区 3				
分区 4				

下面介绍有效标记 55AA。

如果没有该标志，系统将会认为磁盘没有被初始化，因此，“55AA”标志对于磁盘来讲是非常重要的。但是在数据恢复过程中，有时我们不得不在进入系统前将该标志进行清除。通常，在下列情况下可以考虑清除“55AA”标志。

（1）需要恢复数据的硬盘存在病毒，为了防止病毒在各个分区中相互传染，可清除 55AA。

（2）重要位置处于坏扇区。如某分区的引导记录扇区刚好在坏扇区位置，将会使恢复用机很难顺利进入操作系统。即使进入操作系统后，也会因长时间无法读取出坏扇区的数据而不能进入就绪状态，甚至导致死机，使数据恢复工作无法进行。

2.4.8　扩展分区

一个硬盘的主分区表只有 64 字节，而 16 字节表示一个分区。我们通过一个很简单的计算就可知道，一个硬盘只能有四个分区。但是很明显，由于现在的硬盘容量越来越大，四个分区远远不能满足用户的要求。于是，在主分区中就可设置某一分区为扩展分区，将其视为一个新的磁盘，再在其内部划分为小的分区（逻辑分区），如图 2.63 所示。

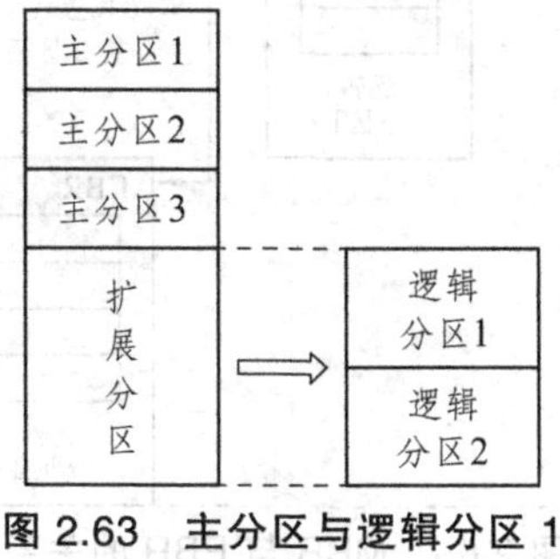

图 2.63　主分区与逻辑分区 1

通过上面的设置就可以使当前计算机有五个真实分区，其中三个主分区，两个逻辑分区（两个逻辑分区是扩展分区的内部划分）。扩展分区只是一个抽象的概念，只有在扩展分区内部再划分逻辑分区，分区空间才能被正常使用。一个磁盘最多只能有一个扩展分区，因此在创建扩展分区时一般都会将磁盘主分区（如果有的话）以外的剩余空间全部划分为扩展分区。否则，另外的剩余空间将只能划分为主分区，如果主分区表的 4 个分区表项被全部占用，此时即使磁盘还有剩余空间，也将无法使用。

当然一个硬盘也并不是说一定得先分三个主分区再设置逻辑分区，也可以是如图 2.64 所示的结构。从原理上来说，主分区最多四个，而逻辑分区可以无数个（但是实际上逻辑分区的个数并不是无限的）。

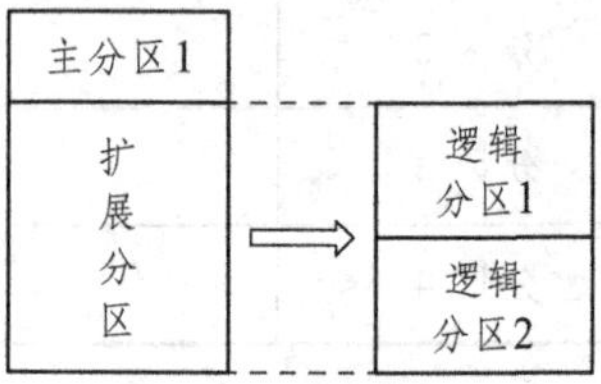

图 2.64　主分区与逻辑分区 2

在图 2.61 中的主分区表中前两项有数据，后两项全为 0，意思就是本磁盘没有分区 3 和分区 4 存在。

每一个分区都有自己的开始扇区和总扇区数。所有主分区的详细信息都是记录在 MBR 的主分区表中的，而 MBR 位于硬盘的第一个扇区，因此在主分区表中的某一分区的起始位置指的是当前分区距离 0 扇区的扇区数。由于扩展分区被视同主分区，因此它的起始位置和大小被记录在 MBR 中。而所有的逻辑分区都是位于扩展分区内部的，因此其值没有记录在 MBR 中。

每一个逻辑分区前都有一部分保留扇区，而这些保留扇区的第一个扇区即是扩展引导记录（Extended Boot Record，EBR），EBR 记录的就是逻辑分区的起始位置和大小。因为此时逻辑分区是相对于扩展分区而言的，其起始位置是指逻辑分区距离扩展分区的第一个扇区（即第一个逻辑分区前的 EBR）的扇区数，如图 2.65 所示。

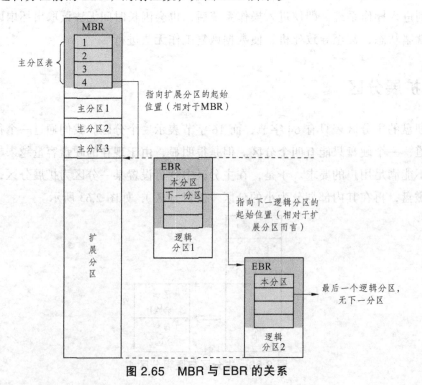

图 2.65　MBR 与 EBR 的关系

EBR 是属于硬盘扩展分区所特有的。它的作用是使操作系统通过 EBR 就能够管理所有的逻辑分区，换句话说，就是它把扩展分区中的所有逻辑分区连接起来，起到枢纽的作用（每一个逻辑分区前面的 EBR 都指向了下一逻辑分区的起始地址）。

EBR 在扩展分区的起始扇区中及两个逻辑分区之间的隐藏扇区中，如图 2.65 所示。EBR 里面的内容结构和 MBR 有点相似：它也是占一个扇区，共有 512 个字节，最后也是以“55AA”结束，只是它引导程序代码全为 0。在其分区表中，第一、第二分区表项分别指向它自身（本分区）的引导程序和下一个逻辑分区的 EBR，第三、第四分区表项永远不用，用 0 填充，而最后一个逻辑分区的 EBR，只有第一分区表项，第二、第三、第四分区表项用 0 填充。

注：MBR、EBR 的区别：

在 MBR 的主分区表中，分区表项分别指向第一、第二、第三、第四主分区的引导程序；在 EBR 的分区表中，分区表项只有两个，假设逻辑 D 分区前的那个 EBR 中的 DPT 分区表项，一个分区表项指向 D 分区引导程序，另外一个指向下一个 EBR，即 E 分区前的那个 EBR；E 分区前的那个 EBR 中的 DPT 分区表项，一个分区表项指向 E 分区引导程序，另外一个指向下一个 EBR，即 F 分区前的那个 EBR，如此返复，把所有的逻辑分区联系起来。换句话说，通过 EBR，可以建立若干分区。

2.4.9 【任务 2.7】分析磁盘逻辑分区的 EBR

步骤 1：找到扩展分区的起始位置。

扩展分区和主分区的信息都记录在 MBR 的主分区表中，在 WinHex 中打开当前磁盘，跳入 0 号扇区（MBR），然后找到主分区表。每一个分区表项偏移量为 4 的值即表示当前分区的类型。0F 一般表示扩展分区。

Offset	0	1	2	3	4	5	6	7	8	9	A	B	C	D	E	F
00000001B0	00	00	00	00	00	00	00	00	DF	23	E0	23	00	00	80	01
00000001C0	01	00	07	FE	FF	FF	3F	00	00	00	CE	2E	C0	03	00	FE
00000001D0	FF	FF	0F	FE	FF	FF	0D	2F	C0	03	74	16	5C	19	00	00
00000001E0	00	00	00	00	00	00	00	00	00	00	00	00	00	00	00	00
00000001F0	00	00	00	00	00	00	00	00	00	00	00	00	00	00	55	AA

图 2.66 MBR 中的主分区表

分析如图 2.66 所示的主分区表，很明显可以发现：本磁盘一个主分区，一个扩展分区。若此时再通过“我的电脑—管理—磁盘管理”的方式，也可以看到相同的情况，如图 2.67 所示。

图 2.66 中的第二个表项中记录扩展分区的起始扇区号为：0D 2F C0 03，首先以字节为单位，高低位相互转换后得其起始扇区号应为：03C02F0DH（十六进制）。若现将其转换为十进制，则其值为：62926605；总扇区数 74 16 5C 19，使用同样的方法高低换位后为：195C1674H（十六进制），转换成十进制为：425465460。由此说明第二个分区（扩展分区）的起始位置是 62926605 号扇区，本分区一共占 425465460 个扇区，其结束扇区号为 362538856。

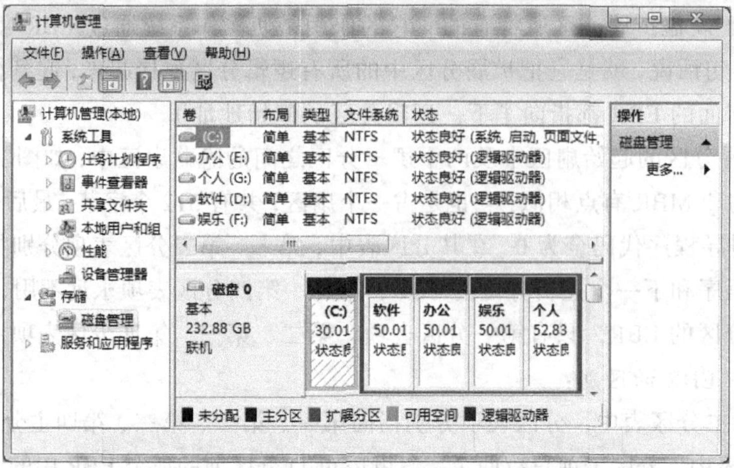

图 2.67 “计算机管理”界面中的主分区与逻辑分区

在计算机中存储数据是采用二进制数值，而 WinHex 软件为了方便查看，显示为十六进制值，但是人们习惯看到的是十进制，因此在磁盘数据的跳转过程中，涉及人、计算机之间的数制的转换。WinHex 自带了一个数据解释器，可以方便快速地实现数制转换功能。打开 WinHex 中的数据解释器的方法是：单击“查看—显示—勾选数据解释器”，如图 2.68 所示。

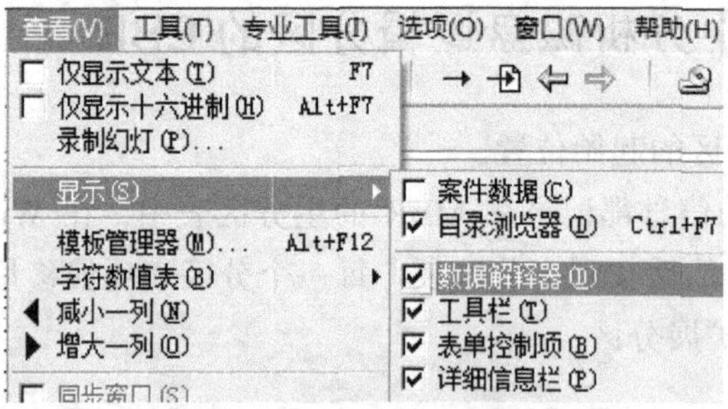

图 2.68 打开数据解释器

在 WinHex 中默认的数据解释器显示的是有符号的数值，如图 2.69 所示。而磁盘中的底层数据此时基本上不会涉及负值（NTFS 中涉及簇流时会出现负值，到时候再调整为有符号数值显示），因此暂时可设置其显示为无符号数值以避免混淆。

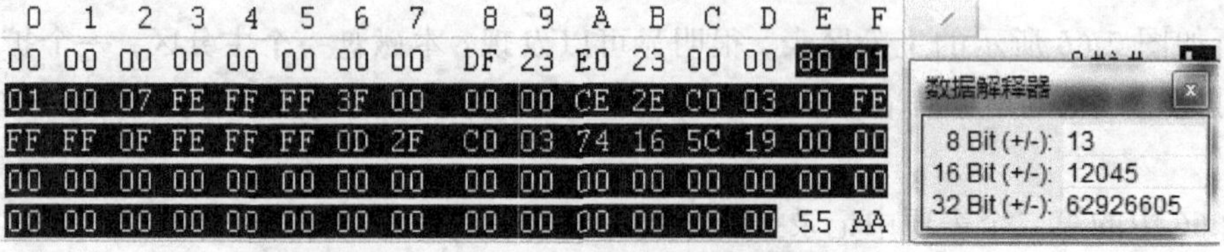

图 2.69 数据解释器对话框

修改数据解释器的属性的方法如下：

（1）在 WinHex 的菜单栏中选择“选项—数据解释器”，打开数据解释器的设置页面。

（2）勾选各字节数值为无符号显示方式，如图 2.70 所示。在修改了数据显示方式后，在当前显示的数据解释器中就只会显示无符号数值，如图 2.71 所示。

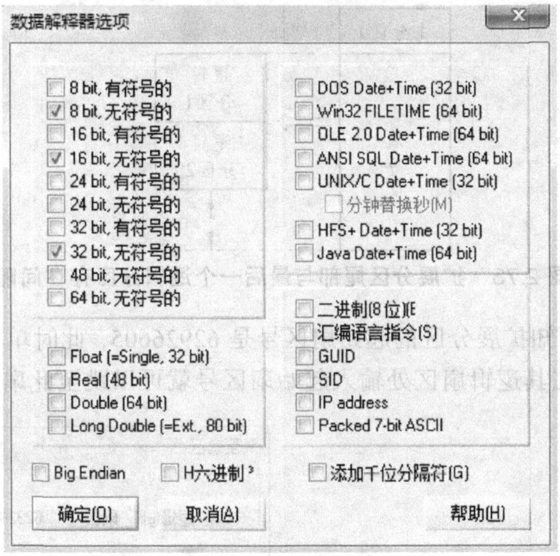

图 2.70　数据解释器设置

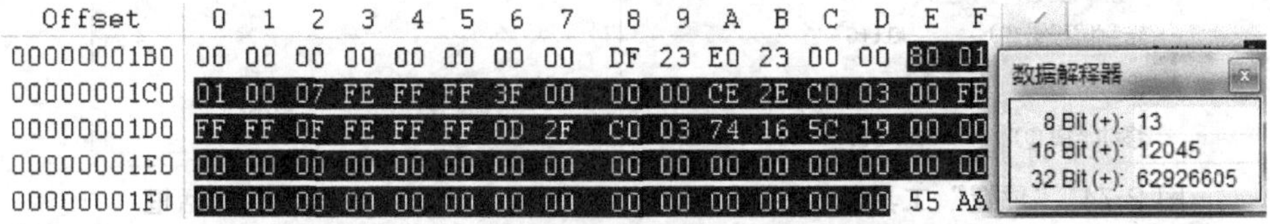

图 2.71　数据解释器设置为无符号数值后

（3）使用数据解释器。

将光标置于需要转换数制的数据的第一个字节处，如果想看一个字节的十六进制数转化成十进制后的值，则看数据解释器的 8 Bit 后的值（一个字节 8 位），如图 2.72 所示。

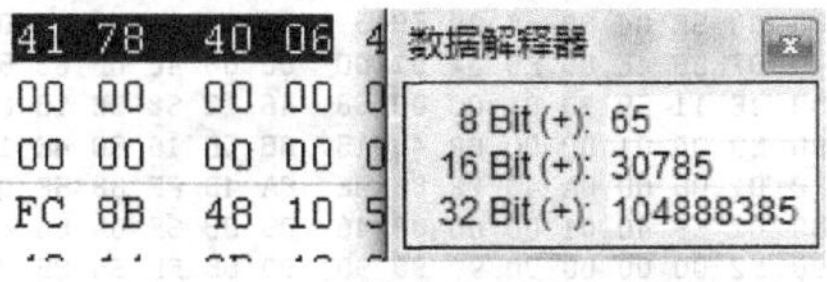

图 2.72　数据解释器的使用

在图 2.72 中，将光标放置于 41 上，此时 8 Bit 指的是将十六进制的 41 换成十进制后值为 65；16 Bit 指将“41 78”倒序（倒序后为：7841）后换成十进制的值为 30785；32 Bit 指的是将“41 78 40 06”倒序（倒序后为：06407841）后换成十进制的值为 104888385。

步骤 2：分析第一个逻辑分区的 EBR。

上一步骤最重要的就是得到扩展分区的起始扇区（因为扩展分区的起始位置就是第一个逻辑分区的 EBR 的位置），而扩展分区的总扇区数只要大于或等于其内部所有逻辑分区及其保留扇区的总数即可（扩展分区本身的大小没有意义，只要能够容纳下所有的逻辑分区即可）。也就是说，扩展分区的结尾与最后一个逻辑分区的结尾之间是可以存在一定的间隔的，而且这并不影响计算机系统正确地找到逻辑分区的位置（逻辑分区是通过第 1 个 EBR，然后依次通过链接方式相互寻址的）。如图 2.73 所示。

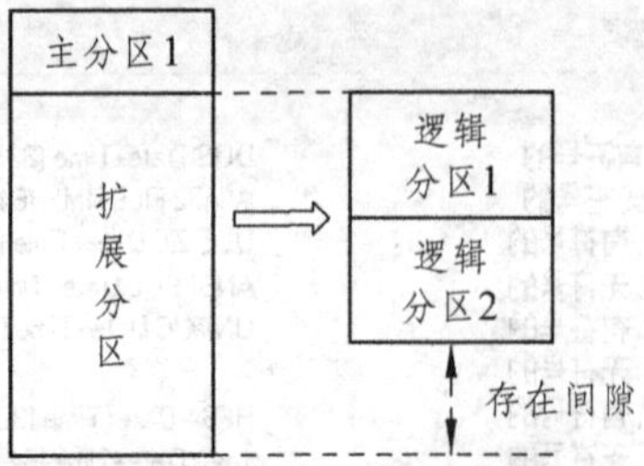

图 2.73 扩展分区尾部与最后一个逻辑分区存在间隔

从步骤 1 的结论可知扩展分区的起始扇区号是 62926605，此时单击“位置—跳至扇区”，如图 2.74 所示，然后在其逻辑扇区处输入起始扇区号就可以跳至此扇区，如图 2.75 所示。

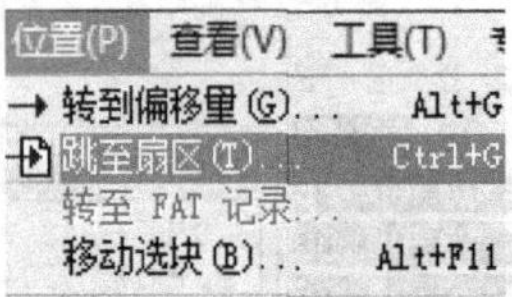

图 2.74 “位置”工具栏

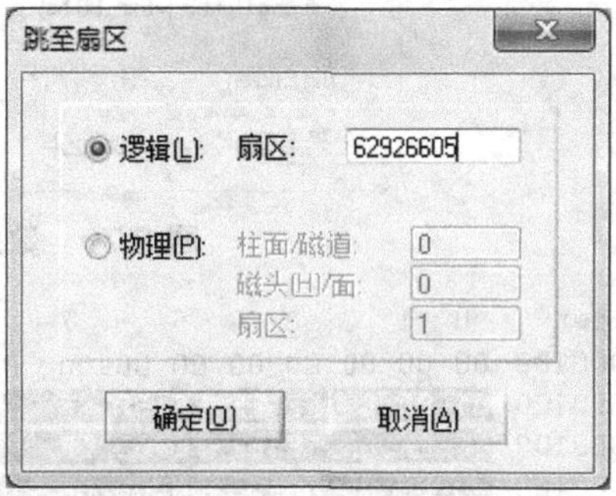

图 2.75 “跳至扇区”对话框

跳至扇区后，看到的就是扩展分区中的第 1 个逻辑分区前的 EBR，根据本机情况可知，此为 D：盘前的 EBR，如图 2.76 所示。

Offset	0	1	2	3	4	5	6	7	8	9	A	B	C	D	E	F
07805E1A00	4D	E8	72	C3	5F	89	46	0C	5E	C9	C2	0C	00	8A	45	28
07805E1A10	88	06	8A	45	FF	88	5E	01	88	46	02	E9	16	01	00	00
07805E1A20	88	06	88	5E	01	88	4E	02	E9	3E	01	00	00	88	46	03
07805E1A30	88	5E	04	88	4E	05	E9	39	01	00	00	88	46	06	88	5E
07805E1A40	07	88	4E	08	E9	34	01	00	00	88	46	0F	88	5E	10	88
07805E1A50	4E	11	E9	3D	01	00	00	88	46	12	88	5E	13	88	4E	14
07805E1A60	E9	38	01	00	00	88	46	15	88	5E	16	88	4E	17	E9	33
07805E1A70	01	00	00	8A	4D	28	88	0E	8A	4D	FF	88	5E	01	88	4E
07805E1A80	02	E9	40	01	00	00	88	46	09	88	5E	0A	88	4E	0B	E9
07805E1A90	F2	00	00	00	90	90	90	90	90	8B	FF	55	8B	EC	51	51
07805E1AA0	8B	45	28	8B	55	14	53	8B	D8	C1	E8	10	88	45	FF	8B
07805E1AB0	45	0C	8B	C8	83	E1	07	89	4D	F8	8B	4D	18	C1	F8	03
07805E1AC0	03	45	08	56	8D	34	4A	03	F1	89	45	0C	8B	45	1C	2B
07805E1AD0	C1	8B	4D	20	8B	D1	0F	AF	4D	24	57	8D	3C	40	2B	D7
07805E1AE0	03	CE	89	55	20	8B	55	F8	89	7D	14	8B	7D	10	89	4D
07805E1AF0	10	6A	08	8D	54	10	07	59	2B	4D	F8	C1	FA	03	C1	EB
07805E1B00	08	2B	FA	3B	C1	7C	02	8B	C1	8D	04	40	89	45	08	8B
07805E1B10	45	14	8B	4D	F8	03	C6	85	C9	89	45	18	74	21	8B	45
07805E1B20	0C	8A	10	8B	45	08	D2	E2	FF	45	0C	8D	0C	06	84	D2
07805E1B30	0F	88	D7	FE	FF	FF	83	C6	03	D0	E2	3B	F1	75	EF	8B
07805E1B40	45	18	2B	C6	6A	18	33	D2	59	F7	F1	8D	04	40	8D	04
07805E1B50	C6	3B	F0	89	45	1C	74	59	8B	45	0C	8A	10	84	D2	8A
07805E1B60	4D	FF	8A	45	28	0F	88	B5	FE	FF	FF	F6	C2	40	0F	85
07805E1B70	B9	FE	FF	FF	F6	C2	20	0F	85	BE	FE	FF	FF	F6	C2	10
07805E1B80	0F	85	00	FF	FF	FF	F6	C2	08	75	5B	F6	C2	04	0F	85
07805E1B90	B5	FE	FF	FF	F6	C2	02	0F	85	BA	FE	FF	FF	F6	C2	01
07805E1BA0	0F	85	BF	FE	FF	FF	FF	45	0C	83	C6	18	3B	75	1C	75
07805E1BB0	A7	3B	75	18	74	1A	8B	45	0C	8A	00	FF	45	0C	00	FE
07805E1BC0	FF	FF	07	FE	FF	FF	3F	00	00	00	02	78	40	06	00	FE
07805E1BD0	FF	FF	05	FE	FF	FF	41	78	40	06	41	78	40	06	00	00
07805E1BE0	00	00	00	00	00	00	00	00	00	00	00	00	00	00	00	00
07805E1BF0	00	00	00	00	00	00	00	00	00	00	00	00	00	00	55	AA

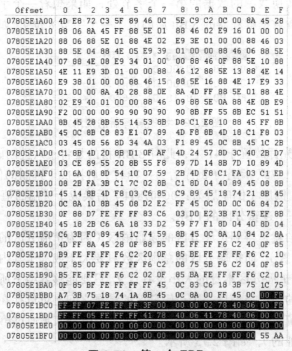

图 2.76 第一个 EBR

EBR 的结构与 MBR 的结构相似，但是因为 EBR 不需要引导系统，所以前 446 个字节默认为空。紧跟着的 64 个字节为逻辑分区表，其值一般只用到两个表项，第一项表示本分区（此时表示 D：盘），第二项表示下一分区（可以认为是 E：盘及后面的逻辑分区），第三和第四项取值为 0。同样，最后的"55 AA"是有效的结束标记。

思考：*作者的硬盘中的 EBR 前面 446 个字节为什么不是 0？*

提示：*作者的硬盘是经过重新分区的，以前曾经在那个地址存储过某些数据，而重新分区后，EBR 前 446 个字节暂时未使用，因此没有覆盖以前的数据。*

进一步思考：*这是不是隐藏数据的一种方法呢？*

如图 2.76 所示即是本磁盘的第一个逻辑分区前的 EBR。此时有底纹的部分即是逻辑分区表，其第一项值为：00 FE FF FF 07 FE FF FF 3F 00 00 00　02 78 40 06

在逻辑分区表中的第一项表示本分区信息（此时表示 D：盘），分析可得如下数据：

（1）分区类型：NTFS。

（2）起始扇区数（D：盘相对于 D：盘前的 EBR）：63。

（3）总扇区数（D：盘，不包括 D：盘前的 EBR 及保留扇区的总扇区数）：104888322。

第二项值为：00 FE FF FF 05 FE FF FF 41 78 40 06　41 78 40 06

在逻辑分区表中的第二项表示下一分区信息（指 D：盘之后的所有逻辑分区），分析可得如下数据：

（1）分区类型：05（表示此分区后面还有逻辑分区）。

（2）起始扇区数（E：盘的 EBR 相对于扩展分区的起始位置的扇区数）：104888385。

分析如上数据，可发现：

相对于扩展分区的起始位置，E：盘的 EBR 前一共有 104888385 个扇区，而 D：盘的 EBR 到 D：盘数据之间共 63 个扇区，D：盘占用 104888322 个扇区。很明显 104888322 + 63 = 104888385。由此可知 D：盘和 E：盘之间是紧密挨着的，如图 2.77 所示。

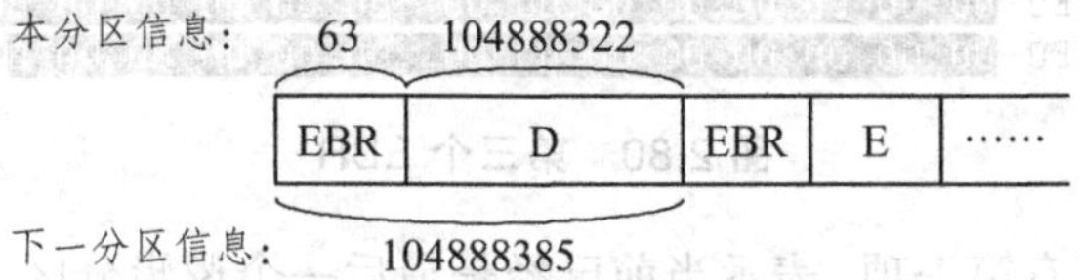

图 2.77　第一个 EBR 示意图

步骤 3：找到并分析第二个逻辑分区的 EBR。

由前述步骤分析得知 E：盘前的 EBR 距离扩展分区的起始位置有 104888385 个扇区，想要在当前硬盘中快速跳到 E：盘前的 EBR，必须得把这个数字加上扩展分区的起始扇区数，即：104888385 + 62926605 = 167814990。

再次通过"位置—跳至扇区"进行跳转。跳到的当前扇区即是 D：盘的下一分区（即 E：盘）前的 EBR，如图 2.78 所示，此时可以通过同样的方法分析其逻辑分区表。

```
14014E9DB0  4A 66 2B 27 B0 B1 AF BD  03 81 F1 7B D8 82 00 FE
14014E9DC0  FF FF 07 FE FF FF 3F 00  00 00 02 78 40 06 00 FE
14014E9DD0  FF FF 05 FE FF FF 82 F0  80 0C 41 78 40 06 00 00
14014E9DE0  00 00 00 00 00 00 00 00  00 00 00 00 00 00 00 00
14014E9DF0  00 00 00 00 00 00 00 00  00 00 00 00 00 00 55 AA
```

图 2.78　第二个 EBR

其中，第一项值为：00 FE FF FF 07 FE FF FF 3F 00 00 00　02 78 40 06

逻辑分区表中的第一项表示本分区信息（此时表示 D：盘），分析可得如下数据：

（1）分区类型：NTFS。

（2）起始扇区数（D：盘相对于 D：盘前的 EBR）：63。

（3）总扇区数（D：盘，不包括 D：盘前的 EBR 及保留扇区的总扇区数）：104888322。

第二项值为：00 FE FF FF 05 FE FF FF 82 F0 80 0C　41 78 40 06

逻辑分区表中的第二项表示下一分区信息（指 D：盘之后的所有逻辑分区），分析可得如下数据：

（1）分区类型：05（表示此分区后面还有逻辑分区）。

（2）起始扇区数（E：盘的 EBR 相对于扩展分区的起始位置的扇区数）：209776770，如图 2.79 所示。

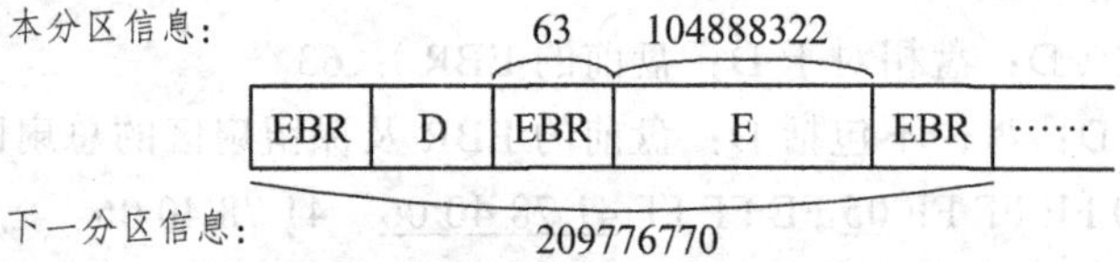

图 2.79　第二个 EBR

（3）用同样的方法可以分析 F：盘。

步骤 4：分析最后一个逻辑分区。

用同样的方法分析到 G：盘时，发现其 EBR 如图 2.80 所示。

Offset	0	1	2	3	4	5	6	7	8	9	A	B	C	D	E	F
2D032FA1B0	00	00	00	00	00	00	00	00	00	00	00	00	00	00	00	FE
2D032FA1C0	FF	FF	07	FE	FF	FF	3F	00	00	00	72	AD	9A	06	00	00
2D032FA1D0	00	00	00	00	00	00	00	00	00	00	00	00	00	00	00	00
2D032FA1E0	00	00	00	00	00	00	00	00	00	00	00	00	00	00	00	00
2D032FA1F0	00	00	00	00	00	00	00	00	00	00	00	00	00	00	55	AA

图 2.80　第三个 EBR

EBR 的逻辑分区只有第一项，表示当前已经是最后一个逻辑分区，没有下一逻辑分区了。而其第一项的分析方法和之前所有逻辑分区的第一项方法一样。至此，所有的逻辑分区都分析完毕。

经过整理，得出本磁盘的扩展分区情况如图 2.81 所示。

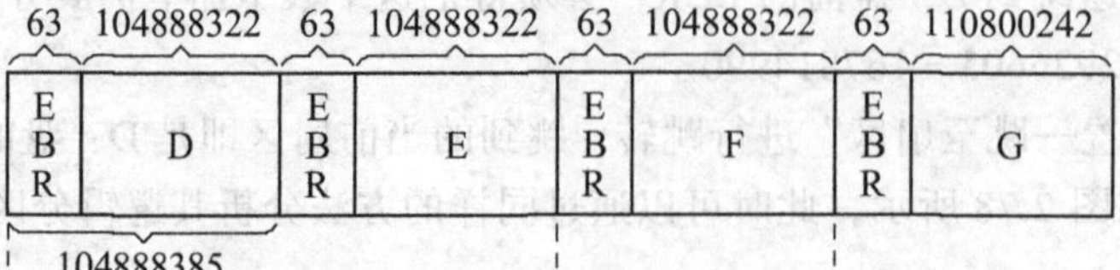

图 2.81　扩展分区情况

任务 2.6、任务 2.7 总结：

经过前面的两个项目，整个硬盘的所有分区都分析完了。由此可总结得知：

每一个主分区的分区信息存储在 MBR 中（MBR 位于硬盘的第一个扇区，它先于所有的分区，即先于操作系统）。

每一个逻辑分区都有一个自己的 EBR，EBR 里面共两项，一项表示本分区的信息，一项表示下一逻辑分区的起始位置等。

最容易遭到破坏的是 MBR，而 EBR 位于硬盘数据中间部分，遭受破坏的可能性较小，因此可以适当地增加逻辑分区的数据，减少主分区数据以便 MBR 遭到破坏后能快速恢复。

2.4.10 【任务 2.8】破坏主分区表并手工恢复

【目的】

MBR 位于硬盘的第一个扇区，是很多病毒或攻击的主要对象。MBR 中的引导程序可以通过一些软件修复，但是分区表却因每台计算机的具体情况不同而不能采用某种模式来完成。通过本任务，可以让大家掌握如何手工恢复分区表的方法，加快计算机数据恢复的速度。

【内容】

（1）手工破坏 MBR。

（2）恢复 MBR 中的引导程序。

（3）手工恢复 MBR 中的主分区表。

（4）测试数据。

【步骤】

步骤 1：新建虚拟硬盘。

新建如图 2.82 所示的虚拟硬盘，并在每个分区中复制一些文件，以待测试。

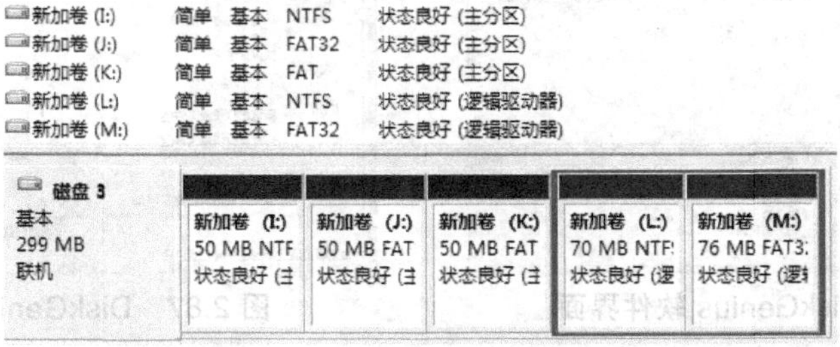

图 2.82　虚拟硬盘

步骤 2：手工破坏 MBR。

选中整个 MBR 扇区，右键单击后选择“编辑—填充选块”，用 00 填充整个 MBR 后保存（建议先将硬盘的 MBR 复制一份，以方便最后数据重写后对比）。然后在“计算机管理”界面将虚拟硬盘分离，如图 2.83 所示。分离后再在“计算机管理”界面选择“操作－附加 VHD”，附加进刚才分离的那个虚拟硬盘，如图 2.84 所示。

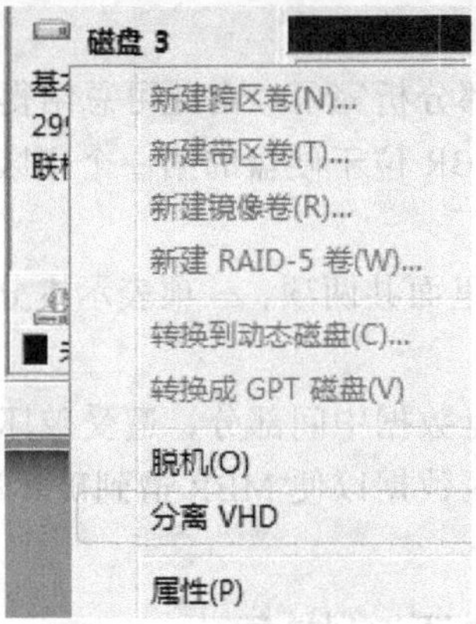

图 2.83　分享虚拟硬盘

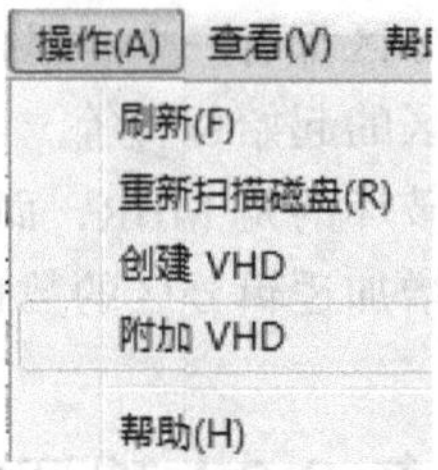

图 2.84　附加虚拟硬盘

虚拟硬盘分离后再附加，相当于一台计算机重启。重启完成后，整个硬盘的分区情况就变成了如图 2.85 所示。

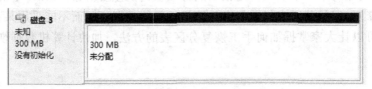

图 2.85　破坏 MBR 后的虚拟硬盘

步骤 3：恢复引导程序。

方法一：使用 DiskGenius 软件恢复 MBR 的引导程序，如图 2.86、2.87 所示。

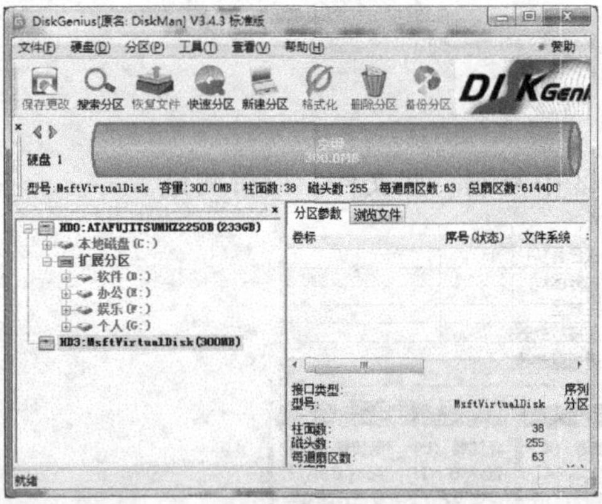

图 2.86　DiskGenius 软件界面

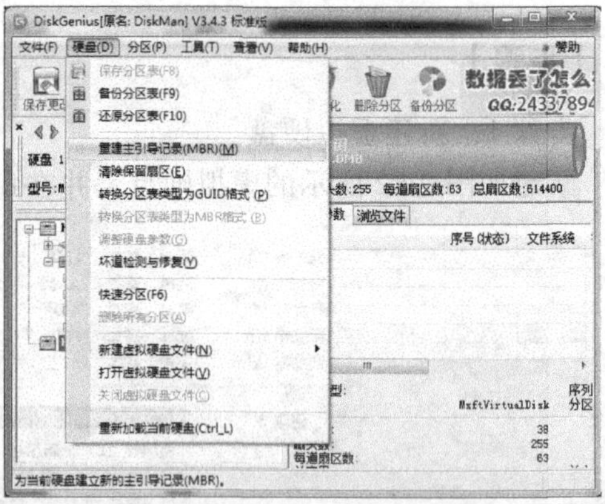

图 2.87　DiskGenius 恢复 MBR

方法二：复制同一型号硬盘的引导程序，直接粘贴到本硬盘中（将光标放置在 MBR 中的第一个字节处，再右键单击选择“编辑—剪贴板数据—写入”）。

引导程序恢复回来后，主分区表却仍然是空白的，接下来需要手工恢复主分区表。

步骤 4：搜索硬盘结构。

手工恢复主分区表的关键之处就在于分清楚哪些地方是 MBR，哪些地方是 EBR，哪些地方是文件系统的开始，哪些地方是文件系统的结尾。

所有的 MBR、EBR、DBR，还有部分的系统数据都会以“55 AA”为结束标记，因此要想手工恢复分区表，重点就是搜索“55 AA”的结束标记，并判断出其类型。

点击“搜索—查找十六进制数值”，如图 2.88 所示，然后在搜索对话框中设置为如图 2.89 所示数据。

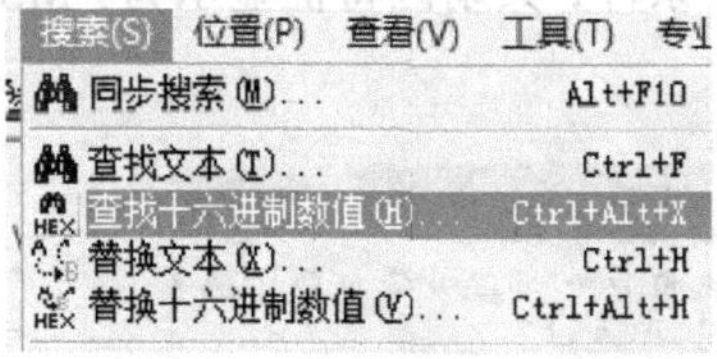

图 2.88　“搜索”工具栏

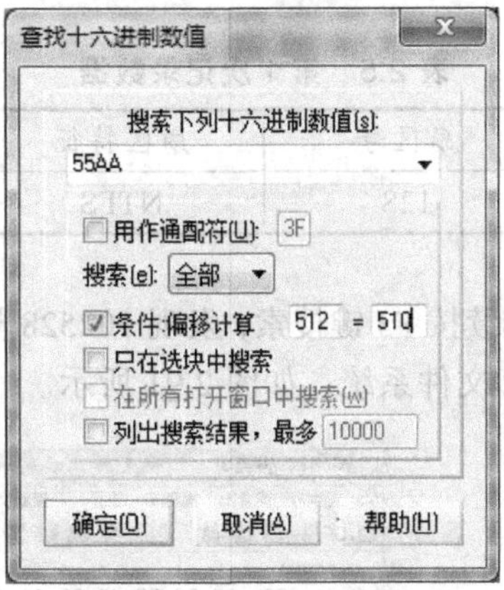

图 2.89　“搜索”对话框

第一次搜索的肯定是 0 扇区（MBR 以“55 AA”结束），想搜索下一个符合条件的，只需要按 F3 键。下一次找到如图 2.90 所示的扇区。

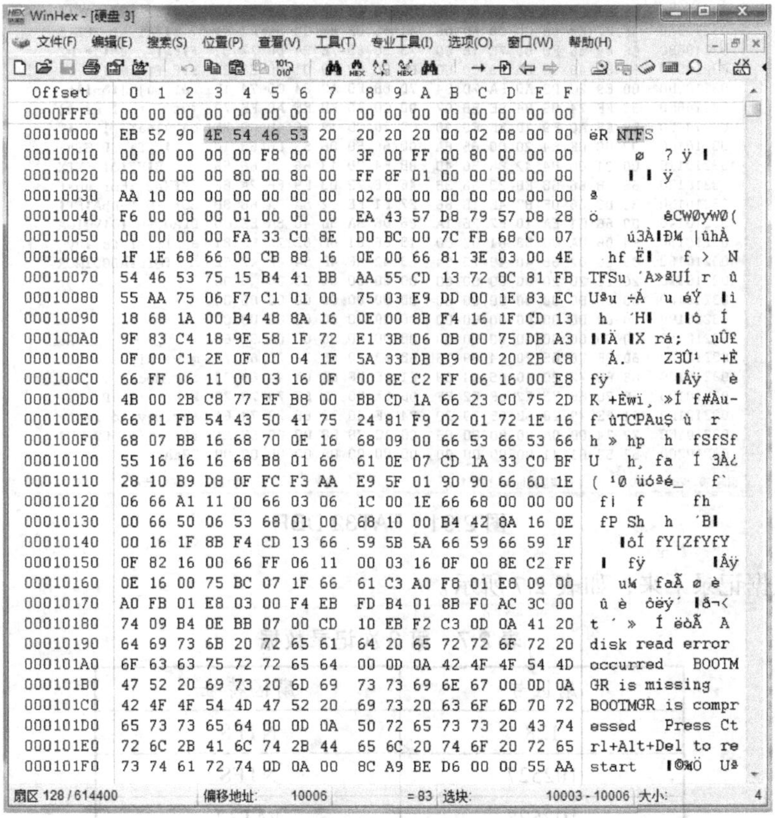

图 2.90　搜索结果

左下角表明当前为 128 号扇区，此扇区的头部数据说明此处是某 NTFS 文件系统 DBR。

此时，将搜索到的扇区数和扇区特征记录下来，如表 2.5 所示。

再按 F3 键，发现下一个符合条件的是 102527 号扇区，且从其性征上来看仍然是 NTFS 文件系统的 DBR。再次记录数据，如表 2.6 所示。

表 2.5　第 1 次记录数据

扇区号	扇区特征
128	NTFS

表 2.6　第 2 次记录数据

扇区号	扇区特征
128	NTFS
102527	NTFS

再继续按 F3 键搜索，发现 102528 号扇区符合搜索条件，其扇区特征显示为：MSDOS5.0，即 FAT32 文件系统，如图 2.91 所示。

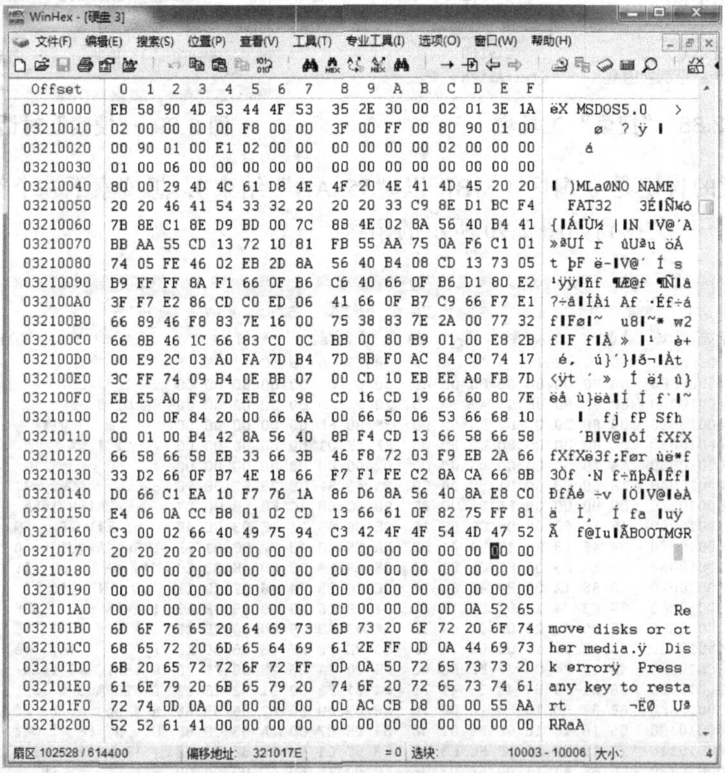

图 2.91　FAT32 DBR

再将此数据记录下来，如表 2.7 所示。

表 2.7　第 3 次记录数据

扇区号	扇区特征
128	NTFS
102527	NTFS
102528	FAT32

继续搜索，会发现如图 2.92 所示的扇区。此扇区不像是 EBR，因为 EBR 的特征是：

- 除了“55AA”最后 32 个字节为 0，逻辑分区表后两表项全为 0。
- 分区表的第一项一定有数据。
- 第二项可能有也可能没有数据。

也不像是 DBR（DBR 的头几个字节表示当前文件系统类型）。因此暂时跳过此扇区，继续搜索。

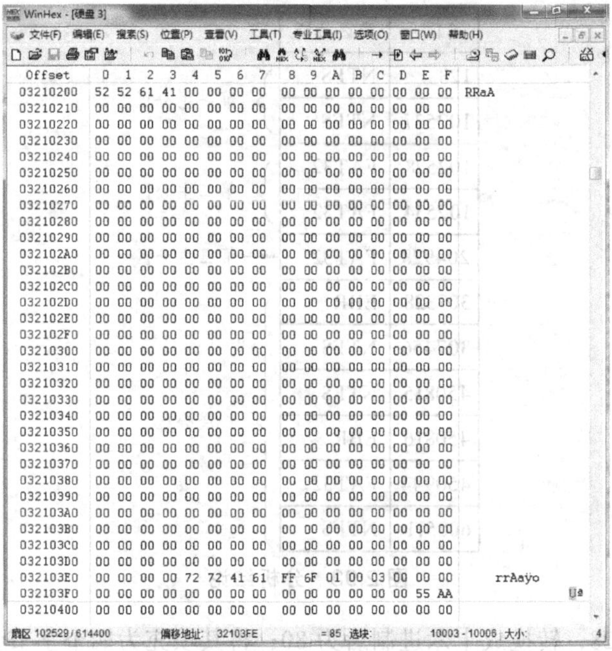

图 2.92　搜索结果

搜索完整个磁盘后，把搜索到的结果形成如表 2.8 所示的表格。

表 2.8　搜索结果表

扇区号	扇区特征
128	NTFS
102527	NTFS
102528	FAT32
102534	FAT32
204928	FAT32
307328	EBR
307456	NTFS
450815	NTFS
450816	EBR
450944	FAT32
608511	NTFS

步骤 5：分析硬盘数据。

（1）NTFS 文件系统的第一个和最后一个扇区是以“55 AA”结束（这是由 NTFS 文件系统的特性决定的，后面章节再具体说明）。

（2）FAT32 文件系统的第一个扇区以“55 AA”结束，第六个扇区可能也以“55 AA”结束（第六扇区是第一扇区的备份，具体内容后面章节再具体说明）。

经过分析后，可得出分区情况如图 2.93 所示。现在进行数据计算第一主分区：

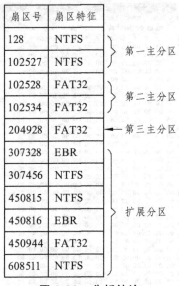

扇区号	扇区特征	
128	NTFS	第一主分区
102527	NTFS	
102528	FAT32	第二主分区
102534	FAT32	
204928	FAT32	← 第三主分区
307328	EBR	扩展分区
307456	NTFS	
450815	NTFS	
450816	EBR	
450944	FAT32	
608511	NTFS	

图 2.93　分析结论

其起始位置是 128，转换成十六进制后为 80；将其填充为四个字节为：00 00 00 80，然后高低字节换位为：80 00 00 00。

其结束扇区为：102527，所以本分区的总扇区数为 102527 - 128 + 1 = 102400。转换为十六进制为 19000，填充为四个字节为：00019000，高低字节换位为：00 90 01 00。

请读者使用相同的方法分析出后面几个分区的起始扇区和总扇区数。

步骤 6：向 MBR 的分区表中写入数据。

分区表的各字节中数据的填入方法如表 2.9 所示。

表 2.9　各分区数据的填入方式

偏移量	长　度	意　义	第一分区（主分区）	第二分区（主分区）	第三分区（主分区）	第四分区（扩展分区）
0	1 字节	活动标识	80	00	00	00
1～3	3 字节	起始 CHS	通用写法：01 01 00			
4	1 字节	分区类型	07	0B	0B	0F
5～7	3 字节	结束 CHS	通用写法：FF FF FE			
8～B	4 字节	起始 LBA	80 00 00 00			
C～F	4 字节	总扇区数	00 90 01 00			

请读者自行补充完整表 2.9。

步骤 7：恢复结束标记。

在 MBR 的最后两个字节处手工写入“55 AA”即可。

步骤 8：恢复后的数据验证。

恢复成功后，分别打开各个分区，看里面的数据有没有找回来。此时还可以对比来看破坏前的 MBR 和手工恢复后的 MBR，仔细看里面的数据，看哪些数据有改变？

思考：MBR 是否必须与原来的 MBR 一模一样才能恢复整个硬盘的分区？

任务总结：

____

____

____

____

____

____

第3章 FAT文件系统

在使用硬盘存储数据前，首先要对硬盘进行分区，即把整个硬盘分成多个区域，分别存储数据。分区之后还得对每一个分区进行格式化，即指定此分区的数据管理方式后才能存储数据。格式化的过程就是在分区内建立一定的文件系统的过程。

所谓的文件系统就是指对数据进行存储与管理的方式，是为了长久地存储和访问数据而为用户提供的一种基于文件和目录的存储机制。

可以这么说，一个文件系统是由系统结构和按一定规则存储的用户数据组成的。大多数情况下，文件系统并不依赖于特定的计算机。

3.1 FAT 文件系统

微软在 DOS/Windows 系列操作系统中共使用了六种不同的文件系统（包括即将在 Windows 的下一个版本中使用的 WINFS）。它们分别是：FAT12、FAT16、FAT32、NTFS、NTFS5.0 和 WINFS。其中 FAT12、FAT16、FAT32 均是 FAT 文件系统，是 File Allocation Table（文件分配表）的简称。

FAT12 主要用于软盘驱动器。FAT16 用于 MS-DOS、Windows 95 等系统。目前部分手机内存也仍然使用 FAT16 文件系统；而 FAT32 则多用于 MS-DOS、Windows 95、Windows 98 等“老”点的系统和应用软件，以及部分移动存储设备（如 U 盘、内存卡等）。

文件系统是由系统结构和一定规则存储的用户数据组成的，而 FAT 文件系统可以理解为如图 3.1 所示的结构。

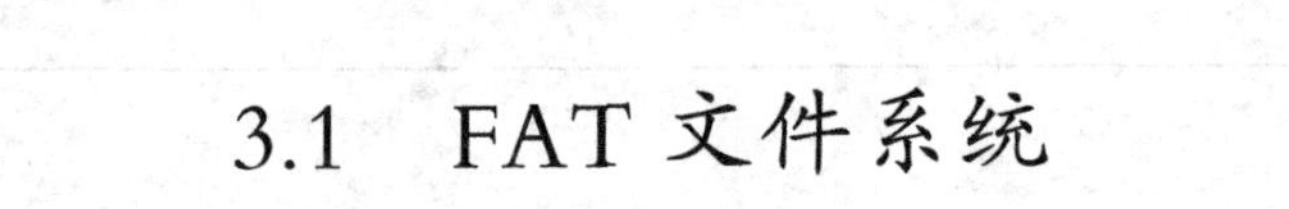

图 3.1　FAT 文件系统的数据结构

注： 数据单元是读写数据的最小单位。如在硬盘中，读写数据的最小单位（数据单元）是扇区，即在硬盘中每次写入一文件，不管此文件有没有一扇区（512 字节）大小，系统都会为其分配一扇区的空间，而以后每次数据的增加也会以扇区为单位为其分配后继空间。这样可能会浪费部分空间，但是方便了对数据的管理。

FAT 文件系统中的数据区（存储用户数据的区域）用“簇”作为数据单元。一个“簇”是由一组连续的扇区组成的，簇所含的扇区数必须是 2 的整数次幂（如 1 扇区、2 扇区、4 扇区、8 扇区），簇的最大值为 64 个扇区，即 32 KB。所有的簇从 2 开始编号，每个簇都有一个自己的地址编号。用户文件和目录都存储在簇中。而启动扇区（DBR）、FAT 表等系统数据则仍然以扇区为单位。FAT 文件系统的数据单元有两种：扇区 + 簇，如图 3.1 所示。

总体来讲，一个 FAT 文件系统可以分为三个部分：保留区（第一扇区为 DBR）、FAT 区和数据区，如图 3.2 所示。这三个区域在建立文件系统（即高级格式化）时被创建，且在文件系统存续期间不可被更改。

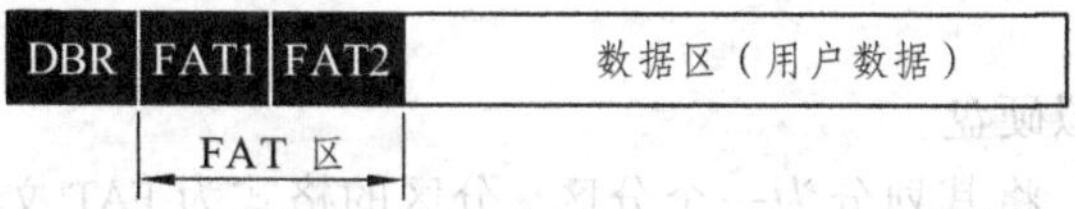

图 3.2　FAT 文件系统整体结构

3.1.1　DBR（DOS Boot Record）

DBR 即操作系统引导记录区，通常占用分区的第 0 扇区，共 512 个字节（特殊情况也要占用其他保留扇区，我们先说第 0 扇区）。在这 512 个字节中，其实是由跳转指令、厂商标志和操作系统版本号、BPB（BIOS Parameter Block）、扩展 BPB、OS 引导程序、结束标志几部分组成的。它的功能就是引导磁盘正常进入分区内部，读取分区内的数据。

3.1.2　FAT 区（File Allocation Table，文件分配表区）

FAT 区是由两个大小相等、内容相同的 FAT 表组成的，我们将其称为 FAT1 和 FAT2。FAT 表用以描述数据区中存储单元（即簇）的分配状态及为文件或目录内容分配的存储单元的前后连接关系。如图 3.3 所示，FAT 区（FAT1 和 FAT2 相同）以扇区为单位，每扇区又划分为很多小块（FAT32 是四字节，即 32 位一块。FAT16 则是二字节，即 16 位一块）。每一块都被标识了与之对应的簇号。FAT 区的标识号是从 0 簇开始，但是因为 0 簇和 1 簇被文件系统另做其他用途（如：坏簇的记录等），所以数据区就从 2 簇开始。

数据区的 2 簇若已装有数据，则在 FAT 区的 2 簇的位置写入“已占”标记。若数据区的 2 簇没有数据，则在 FAT 区的 2 簇位置写入 0。

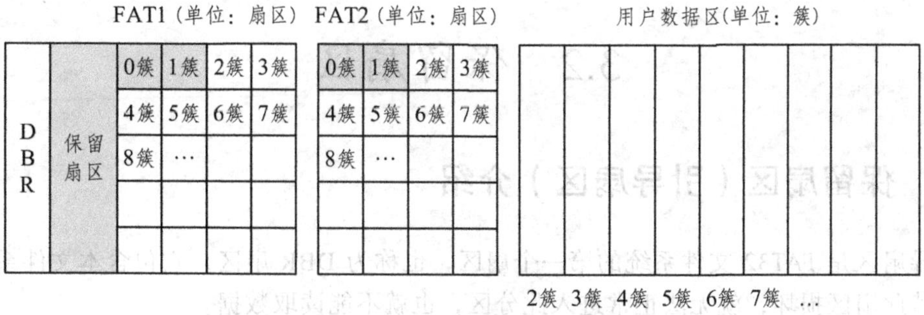

图 3.3　FAT 区与数据区的映射关系

3.1.3 数据区

数据区被划分为一个个的簇，用于存储用户数据，一簇为 2 的 N 次方个扇区。即是说在 FAT 文件系统中，写入用户的任何数据，都是先为其分一簇的大小，然后再以一簇为单位增加。

FAT 文件系统因为其本身结构比较简单，所以目前多用于 U 盘、手机内存卡、相机存储卡等移动设备上。

3.1.4 【任务 3.1】查看簇在 FAT 文件系统中的使用情况

步骤 1：创建一虚拟硬盘。

创建一个虚拟硬盘，将其划分为一个分区。分区的格式为 FAT 文件系统，如图 3.4 所示。

图 3.4　FAT 文件系统虚拟硬盘

步骤 2：在 FAT 文件系统格式的分区中创建一个空的记事本。

此时查看记事本的大小，如图 3.5 所示，将会显示其大小为 0 字节，所占用空间也为 0 字节。

步骤 3：在记事本文件中写入数据。

打开记事本，在文件中写入数字“123”，然后保存。

很明显数字“123”只占三个字节。但是此时再打开记事本文件的属性，如图 3.6 所示，看其大小仍然为 3 字节，但占用空间就成了 2 KB（此值就是一簇的大小，若一簇四个扇区，则一簇的大小为：4*512 字节 = 2 048 字节 = 2*1 024 字节 = 2 KB）。由此可知，系统并不是为一个文件分配其大小那么大的空间，而是以一簇为单位，为其分配空间。

读者可以再尝试，向里面不断地写入数据，再查看占用空间的值的改变情况。

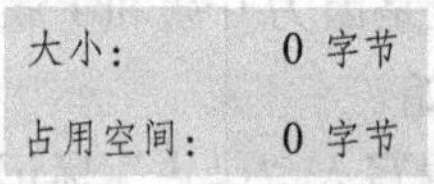

图 3.5　未写入数据前

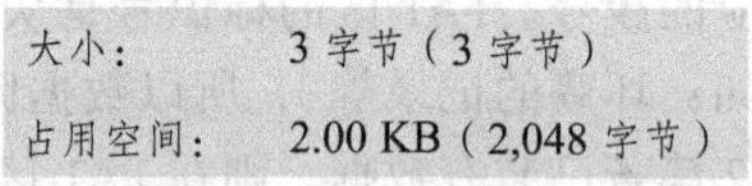

图 3.6　写入数据后

3.2 保留扇区

3.2.1 保留扇区（引导扇区）介绍

引导扇区是 FAT32 文件系统的第一个扇区，也称为 DBR 扇区，它包含本文件系统基本信息。若此扇区损坏，就无法正常进入此分区，也就不能读取数据。

从上节中可以知道，DBR 扇区的主要功能就是引导系统进入此分区，然后正确地识别分区中的各个文件，因此 DBR 中主要就有两种数据。

（1）引导代码。

（2）各种数据标记的位置记录。

其中记录文件系统参数的部分也称为 BPB（BIOS Parameter Block），其他的数据标识是诸如各个组成部分的起始位置和大小等信息。

通过在 WinHex 软件界面单击“工具－打开磁盘”，然后在“打开 编辑磁盘”对话框中选择相应的逻辑磁盘（逻辑磁盘可以理解为是某个分区），就可以查看到当前 FAT 分区的具体信息。DBR 中每个字节的具体意义如图 3.7、表 3.1 所示。

```
Offset     0  1  2  3  4  5  6  7   8  9  A  B  C  D  E  F
00000000  EB 3C 90 4D 53 44 4F 53  35 2E 30 00 02 08 08 00  ë<▮MSDOS5.0
00000010  02 00 02 00 00 F8 CC 00  3F 00 FF 00 3F 00 00 00       øÌ ? ÿ ?
00000020  5B 5F 06 00 80 00 29 E9  9F 23 C8 4E 4F 20 4E 41  [_  ▮ )é▮#ÈNO NA
00000030  4D 45 20 20 20 20 46 41  54 31 36 20 20 20 33 C9  ME    FAT16   3É
00000040  8E D1 BC F0 7B 8E D9 B8  00 20 8E C0 FC BD 00 7C  ▮Ñ¼ð{▮Ù¸  ▮Àü½ |
00000050  38 4E 24 7D 24 8B C1 99  E8 3C 01 72 1C 83 EB 3A  8N$}$▮Á▮è< r ▮ë:
00000060  66 A1 1C 7C 26 66 3B 07  26 8A 57 FC 75 06 80 CA  f¡ |&f; &▮Wüu ▮Ê
00000070  02 88 56 02 80 C3 10 73  EB 33 C9 8A 46 10 98 F7   ▮V ▮Ã së3É▮F ▮÷
00000080  66 16 03 46 1C 13 56 1E  03 46 0E 13 D1 8B 76 11  f  F  V  F  Ñ▮v
00000090  60 89 46 FC 89 56 FE B8  20 00 F7 E6 8B 5E 0B 03  `▮Fü▮Vþ¸  ÷æ▮^
000000A0  C3 48 F7 F3 01 46 FC 11  4E FE 61 BF 00 00 E8 E6  ÃH÷ó Fü Nþa¿  èæ
000000B0  00 72 39 26 38 2D 74 17  60 B1 0B BE A1 7D F3 A6   r9&8-t `± ¾¡}ó¦
000000C0  61 74 32 4E 74 09 83 C7  20 3B FB 72 E6 EB DC A0  at2Nt ▮Ç ;ûræëÜ
000000D0  FB 7D B4 7D 8B F0 AC 98  40 74 0C 48 74 13 B4 0E  û}´}▮ð¬▮@t Ht ´
000000E0  BB 07 00 CD 10 EB EF A0  FD 7D EB E6 A0 FC 7D EB  »  Í ëï ý}ëæ ü}ë
000000F0  E1 CD 16 CD 19 26 8B 55  1A 52 B0 01 BB 00 00 E8  áÍ Í &▮U R° »  è
00000100  3B 00 72 E8 5B 8A 56 24  BE 0B 7C 8B FC C7 46 F0  ; rè[▮V$¾ |▮üÇFð
00000110  3D 7D C7 46 F4 29 7D 8C  D9 89 4E F2 89 4E F6 C6  =}ÇFô)}▮Ù▮Nò▮NöÆ
00000120  06 96 7D CB EA 03 00 00  20 0F B6 C8 66 8B 46 F8   ▮}Ëê    ¶Èf▮Fø
00000130  66 03 46 1C 66 8B D0 66  C1 EA 10 EB 5E 0F B6 C8  f F f▮ÐfÁê ë^ ¶È
00000140  4A 4A 8A 46 0D 32 E4 F7  E2 03 46 FC 13 56 FE EB  JJ▮F 2ä÷â Fü Vþë
00000150  4A 52 50 06 53 6A 01 6A  10 91 8B 46 18 96 92 33  JRP Sj j ´▮F ▮´3
00000160  D2 F7 F6 91 F7 F6 42 87  CA F7 76 1A 8A F2 8A E8  Ò÷ö´÷öB▮Ê÷v ▮ò▮è
00000170  C0 CC 02 0A CC B8 01 02  80 7E 02 0E 75 04 B4 42  ÀÌ  Ì¸  ▮~  u ´B
00000180  8B F4 8A 56 24 CD 13 61  61 72 0B 40 75 01 42 03  ▮ô▮V$Í aar @u B
00000190  5E 0B 49 75 06 F8 C3 41  BB 00 00 60 66 6A 00 EB  ^ Iu øÃA»  `fj ë
000001A0  B0 4E 54 4C 44 52 20 20  20 20 20 20 0D 0A 52 65  °NTLDR        Re
000001B0  6D 6F 76 65 20 64 69 73  6B 73 20 6F 72 20 6F 74  move disks or ot
000001C0  68 65 72 20 6D 65 64 69  61 2E FF 0D 0A 44 69 73  her media.ÿ  Dis
000001D0  6B 20 65 72 72 6F 72 FF  0D 0A 50 72 65 73 73 20  k errorÿ  Press
000001E0  61 6E 79 20 6B 65 79 20  74 6F 20 72 65 73 74 61  any key to resta
000001F0  72 74 0D 0A 00 00 00 00  00 00 00 AC CB D8 55 AA  rt         ¬ËØUª
```

图 3.7 DBR

表 3.1 引导扇区数据结构及其含义

偏移量	长 度	含 义
00 ~ 02	3	汇编指令，跳转到引导代码处
03 ~ 0A	8	文件系统标志（ASCII 码），拖选图 3.7 中 03 ~ 0A 数值后右侧显示其对应的字符是“MSDOS5.0”
0B ~ 0C	2	每扇区字节数，“00 02”高低换位后为 0200，转换成十进制后为 512

续表 3.1

偏移量	长　度	含　义
0D	1	每簇扇区数，上图为 8
0E～0F	2	保留扇区数（DBR 扇区数）“24 00”转换成十进制为 36
10	1	FAT 表个数，通常为 2，但是对于一些较小的存储介质允许只有一个 FAT 表
11～12	2	根目录最多可容纳的目录项数，FAT12/16 通常为 512，FAT32 不使用此处值，设置为 0
13～14	2	扇区总数，小于 32 MB 时使用此处存放，超过 32 MB 时使用偏移 20～23 字节处的四个字节存放值
15	1	介质描述符
16～17	2	每个 FAT 表的大小扇区数（FAT12/16 使用，FAT32 不使用此处，设置为 0）
18～19	2	每磁道扇区数
1A～1B	2	磁头数，目前 CHS 寻址方式不怎么使用，此处一般设置为 255
1C～1F	4	分区前已用扇区数，也称为隐藏扇区数，指 DBR 扇区相对于磁盘 0 号扇区的扇区偏移
20～23	4	文件系统扇区总数
24～27	4	每个 FAT 表大小扇区数（FAT32 使用，FAT12/16 不使用）
28～29	2	标记，确定 FAT 表的工作方式，如果 bit7 设置为 1，则表示只有一份 FAT 表是活动的，同时由 bit0～bit3 对其进行描述。否则，两份 FAT 互为镜像
2A～2B	2	版本号
2C～2F	4	根目录起始簇号，通常为 2 号簇
30～31	2	FSINFO（文件系统信息，其中包含有关下一个可用簇及空闲簇总数的信息，这些数据只是为操作系统提供一个参考，并不总是能够保证它们的准确性）所在的扇区为 1 号扇区
32～33	2	备份引导扇区的位置，通常为 6 号扇区
40	1	BIOS int 13H 设备号
42	1	扩展引导标识，如果后面的三个值是有效的，则此处的值设置为 29
43～46	4	卷序列号，某些版本的 Windows 会根据文件系统的建立日期和时间计算该值
47～51	11	卷标（ASCII 码），建立文件系统时由用户指定
5A～1FD	410	操作系统引导代码
1FE～1FF	2	签名值“55 AA”（DBR 有效标志，如果是其他的取值，系统将不会执行 DBR 相关指令）

注： DBR 一般位于 0 号扇区。但是为了防止发生某些意外从而损坏 DBR，使得系统无法正常进入，需要我们经常在 6 号扇区保存一份 DBR 的备份，此备份与 DBR 完全一样。在 DBR 发生某些损坏的情况下，我们可以快速地进入 6 号扇区，复制其值到 0 号扇区，即可修改整个系统。

如果参照表 3.1 查看 DBR 的各个部分的值，任务量其实也挺大的。WinHex 软件鉴于每一种文件系统的 DBR 都有相同的结构，因此设置了模板功能。此时在打开的“逻辑磁盘”的右侧，有一个▼按钮，此按钮可以以不同的方式打开此分区的某些组成部分，如图 3.8 所示。

此时，选中“引导扇区（模板）”就可以查看 WinHex 软件为我们解释的 DBR 的各字节含义了。如图 3.9 所示，此分区的每个扇区大小为 512 个字节，每簇大小为 8 个扇区，36 个保留扇区，2 个 FAT 表，每磁道 63 个扇区，隐藏扇区数 63 个，总扇区数 417 627 个。

读者可参考表 3.1，对图 3.9 继续做解释。

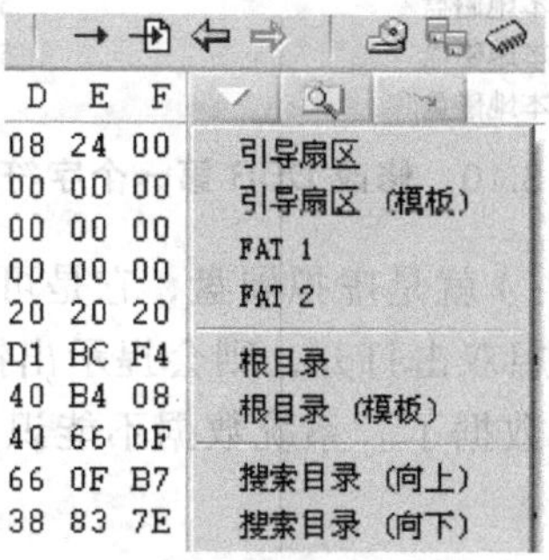

图 3.8 “打开”按钮

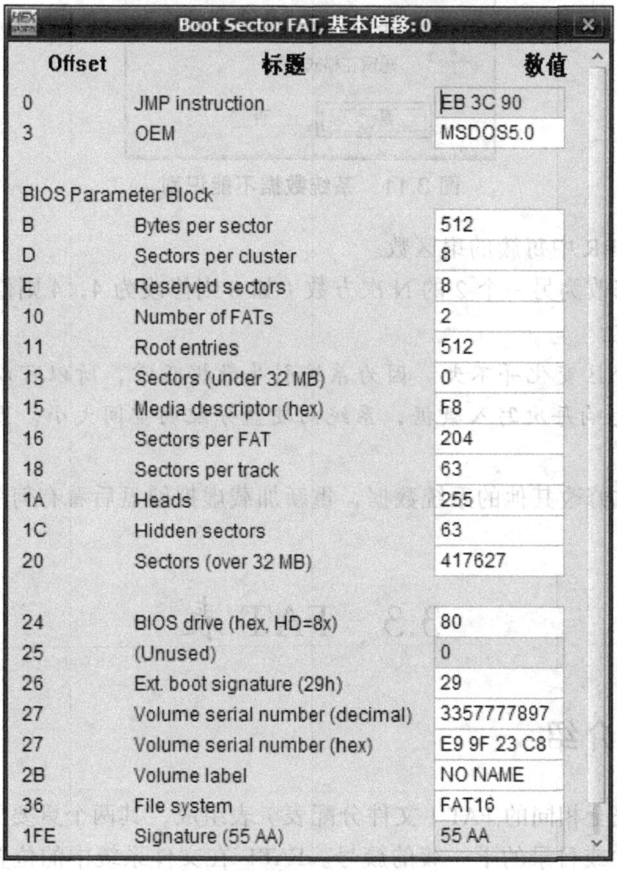
Boot Sector FAT, 基本偏移: 0
Offset 标题 数值
0 JMP instruction EB 3C 90
3 OEM MSDOS5.0
BIOS Parameter Block
B Bytes per sector 512
D Sectors per cluster 8
E Reserved sectors 8
10 Number of FATs 2
11 Root entries 512
13 Sectors (under 32 MB) 0
15 Media descriptor (hex) F8
16 Sectors per FAT 204
18 Sectors per track 63
1A Heads 255
1C Hidden sectors 63
20 Sectors (over 32 MB) 417627
24 BIOS drive (hex, HD=8x) 80
25 (Unused) 0
26 Ext. boot signature (29h) 29
27 Volume serial number (decimal) 3357777897
27 Volume serial number (hex) E9 9F 23 C8
2B Volume label NO NAME
36 File system FAT16
1FE Signature (55 AA) 55 AA

图 3.9 引导扇区（模板）

3.2.2 【任务 3.2】修改 FAT 文件系统的 DBR，查看其改变的值

步骤 1：修改 DBR 中的系统引导数据。

尝试将 DBR 中的第一个字符改为 00，重新加载虚拟硬盘后看有何变化，如图 3.10 所示。

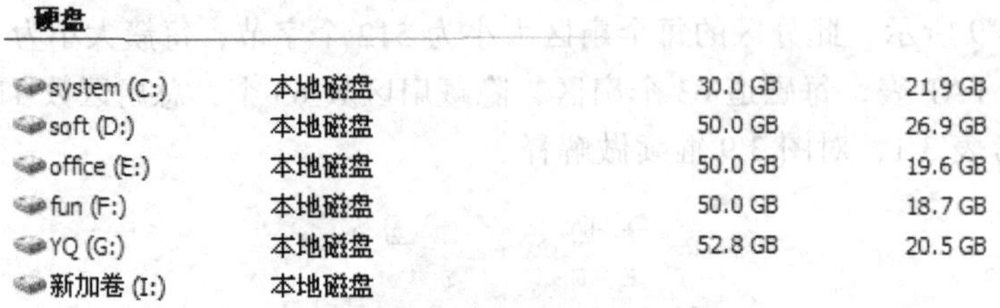
硬盘
system (C:) 本地磁盘 30.0 GB 21.9 GB
soft (D:) 本地磁盘 50.0 GB 26.9 GB
office (E:) 本地磁盘 50.0 GB 19.6 GB
fun (F:) 本地磁盘 50.0 GB 18.7 GB
YQ (G:) 本地磁盘 52.8 GB 20.5 GB
新加卷 (I:) 本地磁盘

图 3.10　修改 DBR 第一个字符后

可以明显地发现，新加卷（I：）就是虚拟硬盘，它是可以在“我的电脑”中看到，但是其大小等属性已经丢失。此时若想双击打开，则会提示出错，如图 3.11 所示。即是说此时系统并不能识别此分区中的系统数据了。系统数据不能识别，里面的文件自然也是不能读取的。

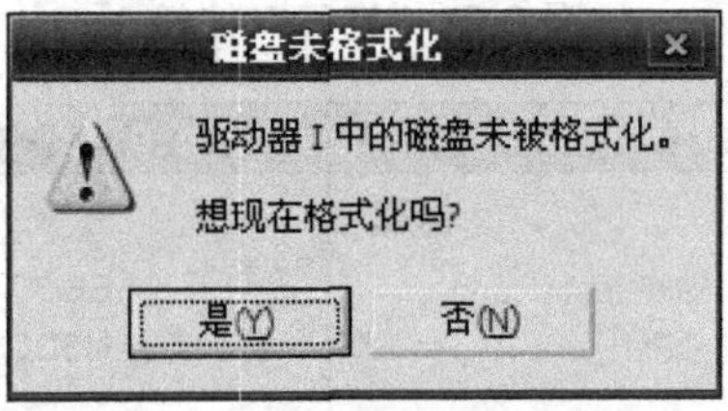

图 3.11　系统数据不能识别

步骤 2：修改 DBR 中每簇的扇区数。

将每簇扇区数修改为另一个 2 的 N 次方数（如 8 则修改为 4，4 则修改为 2），重新加载虚拟硬盘后有何变化?

提示：此时本分区变化并不大。因为系统引导数据正常，所以可以进入分区，每簇扇区数的变化也只是影响每次写入数据，系统向硬盘分配的空间大小。因此里面的文件影响也不大。

读者可以再尝试修改其他的系统数据，重新加载虚拟硬盘后看有何变化 。

3.3　FAT 表

3.3.1　FAT 表介绍

FAT 区由两个完全相同的 FAT（文件分配表）表组成，其两个重要的作用是：描述簇的分配状态及标明文件或目录的下一簇的簇号。FAT1 在文件系统中的位置可以通过引导记录

（DBR）中偏移 0E～0F 字节处的“保留扇区”数得到。FAT2 紧跟在 FAT1 之后，它的位置可以通过 FAT1 的位置加上每 FAT 表的大小扇区数计算出来，也可以直接在本分区的右侧“打开”按钮处选择点击“FAT1”或者“FAT2”直接进入。

FAT 表是一张磁盘空间分配情况登记表，它以簇号的方式记录了簇的分配情况，对于 FAT32 文件系统来讲，其核心就是使用 4 个字节来标记簇号分配的链表。FAT32 文件系统的命名就源自系统采用 32 位的 FAT 表结构。目前 FAT32 文件系统用得比较多，因此本章节以后的所有内容都基于 FAT32 文件系统。读者可以自行在 FAT16 文件系统（某些手机内存卡）上完成相同的操作。

当一个分区刚被高级格式化为 FAT32 后，跳入到此分区的 FAT1 扇区，会出现如图 3.12 所示的结构。

Offset	0	1	2	3	4	5	6	7	8	9	A	B	C	D	E	F	
00004C00	F8	FF	FF	0F	FF	FF	FF	FF	FF	FF	FF	0F	00	00	00	00	øÿÿ ÿÿÿÿÿÿÿ
00004C10	00	00	00	00	00	00	00	00	00	00	00	00	00	00	00	00	

图 3.12　刚格式化后的 FAT 表

FAT32 文件系统中的 FAT 表，每 4 个字节就表示一项，对应着数据区中的一簇。FAT 表中的 0 簇和 1 簇是保留簇，有特殊的用途，故 FAT 表的前 8 个字节为保留值。

FAT32 文件系统的数据是从 2 簇开始的。2 簇是整个分区的根目录项，里面装的是 FAT32 文件系统中根目录下每一个文件的属性（最起始处装的是本分区的卷标等信息，因此即使本分区没有任何用户数据，2 簇也仍然是显示被占用），而真正的用户文件则从 3 簇开始。若 3 簇后某一簇被一文件占用，则在此簇对应的 FAT 表项中做相应的标识（若某文件不止占一个簇的空间，则这个表项中装着下一簇的簇号，若文件到此簇结尾了，则装入结束标志 FF FF FF 0F）。

3.3.2 【任务 3.3】查看 FAT32 文件系统中 FAT 表的变化

步骤 1：将一虚拟硬盘格式化为 FAT32 文件系统。

查看刚格式化后的原始 FAT 表，如图 3.12 所示。原始根目录，如图 3.13 所示。

Offset	0	1	2	3	4	5	6	7	8	9	A	B	C	D	E	F
00400000	D0	C2	BC	D3	BE	ED	20	20	20	20	20	08	00	00	00	00
00400010	00	00	00	00	00	00	33	6E	3B	41	00	00	00	00	00	00

图 3.13　原始根目录

在如图 3.12 所示的原始 FAT 表中前 3 个 FAT 表项（4 个字节）的值为“FF FF FF 0F”，表明前 3 个簇已经被占用，而后面的其他值全为 0，表示目前未被占用，可写入其他文件。

此时的根目录（2 簇）中只有两行数据，而这两行一般就是此分区的卷标。根目录（DIR）从字面上去理解，就可以知道，此簇主要记录的是本文件系统根目录下的文件或文件夹的属性。若是文件有内容或者文件夹里面还有其他文件，那么这些数据就不能放在根目录中，而是另外为其分配数据空间，然后在文件或文件夹的属性中记录下其空间位置。

从图 3.13 中可以看出此时的分区中只有两行根目录属性，无任何其他的数据，即根目录下没有其他文件或文件夹。

步骤 2：在本分区的根目录下新建一空记事本文件，如图 3.14 所示。

图 3.14　新建空白文件

在 WinHex 中查看此时的 FAT 表，可以发现，FAT 表没有任何变化。我们可以来分析一下原因。如图 3.5 所示显示了一空白文件的属性，空白文件因为没有内容，所以其大小为 0KB，所占的空间也是 0KB。而 FAT 表是反映数据区数据所占空间的情况，所以此时 FAT 表没有改变。但是因为此时的文件位于根目录下，所以在根目录中应该记录其属性。而根目录是 2 簇，我们打开 2 簇，明显发现多了几行数据。因为多出的这几行数据都位于 2 簇内，而在 FAT 表中，2 簇对应的 FAT 项本来就显示为“被占用”状态，看上去没有任何变化。

但是，此时若查看根目录（2 簇），可以明显发现图 3.15 比图 3.12 多了六行数据。在图 3.15 倒数第 2 行的右侧解释说明窗口中可以看到“YQ　TXT”字样，说明此两行表示的是 YQ.txt 这个文本文件。

Offset	0	1	2	3	4	5	6	7	8	9	A	B	C	D	E	F	
000D0000	D0	C2	BC	D3	BE	ED	20	20	20	20	20	08	00	00	00	00	ÐÂ¼Ó¾í
000D0010	00	00	00	00	00	00	07	5E	9E	41	00	00	00	00	00	00	^▌A
000D0020	E5	B0	65	FA	5E	20	00	87	65	2C	67	0F	00	D2	87	65	å°eú^ ▌e,g Ò▌e
000D0030	63	68	2E	00	74	00	78	00	74	00	00	00	00	00	FF	FF	ch. t x t ÿÿ
000D0040	E5	C2	BD	A8	CE	C4	7E	31	54	58	54	20	00	6A	5B	5E	åÂ½¨ÎÄ~1TXT j[^
000D0050	9E	41	9E	41	00	00	5C	5E	9E	41	00	00	00	00	00	00	▌A▌A \^▌A
000D0060	59	51	20	20	20	20	20	20	54	58	54	20	10	6A	5B	5E	YQ TXT j[^
000D0070	9E	41	9E	41	00	00	5C	5E	9E	41	00	00	00	00	00	00	▌A▌A \^▌A

图 3.15　新建文件后的根目录

步骤 3：向空记事本文件中写入少量数据。

向 YQ.txt 文件中写入数据“123”，然后保存。再通过 WinHex 来查看当前文件系统的 FAT 表及根目录，分别如图 3.16、3.17 所示。

Offset	0	1	2	3	4	5	6	7	8	9	A	B	C	D	E	F
00004C00	F8	FF	FF	0F	FF	FF	FF	FF	FF	FF	FF	0F	FF	FF	FF	0F
00004C10	00	00	00	00	00	00	00	00	00	00	00	00	00	00	00	00

图 3.16　写入文件内容后的 FAT 表

Offset	0	1	2	3	4	5	6	7	8	9	A	B	C	D	E	F
000D0000	D0	C2	BC	D3	BE	ED	20	20	20	20	20	08	00	00	00	00
000D0010	00	00	00	00	00	00	07	5E	9E	41	00	00	00	00	00	00
000D0020	E5	B0	65	FA	5E	20	00	87	65	2C	67	0F	00	D2	87	65
000D0030	63	68	2E	00	74	00	78	00	74	00	00	00	00	00	FF	FF
000D0040	E5	C2	BD	A8	CE	C4	7E	31	54	58	54	20	00	6A	5B	5E
000D0050	9E	41	9E	41	00	00	5C	5E	9E	41	00	00	00	00	00	00
000D0060	59	51	20	20	20	20	20	20	54	58	54	20	10	6A	5B	5E
000D0070	9E	41	24	42	00	00	00	7F	24	42	03	00	03	00	00	00

图 3.17　写入文件内容后的根目录

此时的 FAT 表在 3 簇的位置上值变成了“FF FF FF 0F”即表示当前簇已经被占用，且当前簇是当前簇所在的文件的尾部。意思就是说本分区 3 簇位置已经被某一文件占用了。

再看图 3.17，与图 3.15 比较可以发现图 3.16 中框选出来的部分的值发生了改变。框选部分前两个字节的值为“03 00”，转换成十进制（WinHex 中的值若多于一位，则全部得高低换位）为 3；此值表明当前文件的头部在 3 簇。后面四个字节的值为“03 00 00 00”，转换成十进制为 3，意思是说当前文件总共有 3 个字节的长度。

跳到 3 簇，如图 3.18 所示，就可以看到此簇只有 3 个字节，分别是“31 32 33”，再看右侧的解释说明窗口，显示的“123”正好是 YQ.txt 文件的内容。

Offset	0	1	2	3	4	5	6	7	8	9	A	B	C	D	E	F	
000D0800	31	32	33	00	00	00	00	00	00	00	00	00	00	00	00	00	123

图 3.18　3 簇

步骤 4：继续向文件中写入大量内容。

继续在文件中不断地复制，粘贴，或者直接复制其他的某些数据，直到文件大小到 10KB 以上，如图 3.19 所示。

大小:	34.8 KB (35,640 字节)
占用空间:	36.0 KB (36,864 字节)

图 3.19　修改后文本文件属性

再查看其 FAT 表，就可以看到 3 簇所对的 FAT 表项后有了很多的新数据。3 簇所对的 FAT 表的值为“04 00 00 00”，因为其值不为 0，所以此簇已经被占用。将它的值转换成十进制后为 4，就是说这一簇所在的文件的下一部分在 4 簇。跳到 4 簇所对的 FAT 表项，其值为“05 00 00 00”，表示 4 簇已经被占用，且 4 簇所在的文件的下一部分在 5 簇。一直往后跳转，直到 20 簇所对应的 FAT 表项值为“FF FF FF 0F”，才表示此文件到此结束。

整理一下，就可以得出结论：本文件依次占用 3 ~ 20 簇，共 18 簇的空间，如图 3.20 所示。

Offset	0	1	2	3	4	5	6	7	8	9	A	B	C	D	E	F
00004C00	F8	FF	FF	0F	FF	FF	FF	FF	FF	FF	FF	0F	04	00	00	00
00004C10	05	00	00	00	06	00	00	00	07	00	00	00	08	00	00	00
00004C20	09	00	00	00	0A	00	00	00	0B	00	00	00	0C	00	00	00
00004C30	0D	00	00	00	0E	00	00	00	0F	00	00	00	10	00	00	00
00004C40	11	00	00	00	12	00	00	00	13	00	00	00	14	00	00	00
00004C50	FF	FF	FF	0F	00	00	00	00	00	00	00	00	00	00	00	00

图 3.20　修改后 FAT 表

再跳到根目录项，查看本文件所对应的属性。在图 3.21 框选部分的后 4 个字节的值发生了改变，若将其数转换成十进制，就可以发现此时的数值刚好是 356 400。

Offset	0	1	2	3	4	5	6	7	8	9	A	B	C	D	E	F
000D0000	D0	C2	BC	D3	BE	ED	20	20	20	20	20	08	00	00	00	00
000D0010	00	00	00	00	00	00	07	5E	9E	41	00	00	00	00	00	00
000D0020	E5	B0	65	FA	5E	20	00	87	65	2C	67	0F	00	D2	87	65
000D0030	63	68	2E	00	74	00	78	00	74	00	00	00	00	00	FF	FF
000D0040	E5	C2	BD	A8	CE	C4	7E	31	54	58	54	20	00	6A	5B	5E
000D0050	9E	41	9E	41	00	00	5C	5E	9E	41	00	00	00	00	00	00
000D0060	59	51	20	20	20	20	20	20	54	58	54	20	10	6A	5B	5E
000D0070	9E	41	24	42	00	00	8A	81	24	42	03	00	38	8B	00	00

图 3.21　修改后根目录

18 簇，每簇 4 个扇区，每扇区 512 个字节，18*4*512 = 36 864。再与图 3.19 进行对比，我们可以得出结论：文件属性中的大小值是根目录中文件实际属性的大小。而文件属性中的占用空间，指的是文件所占簇的总大小。

FAT 表的大小和数据区的簇的数量有直接关系。一个 FAT32 文件系统在第一次被格式化时就会指定每簇扇区数。相同扇区总数的文件系统设置其簇的扇区数越大，则 FAT 表越小。

FAT 表只能表明当前簇是否被占用及本簇所属文件的各簇之间的链接关系，而不能描述当前文件的文件名、文件具体大小、创建时间等信息。

所以需要用到一种数据来存储各种文件的属性，然后指向本文件的第 1 个簇。再根据 FAT 表中的链接关系找到本文件的其他簇。这种数据就是根目录数据的作用。

任务总结：

（1）FAT 表中记录的是簇被占用的情况及文件所占簇的链表。

（2）根目录中记录的是文件的属性及文件起始簇和大小（以字节为单位）。

（3）真实的簇中记录的是文件的具体内容。

3.4　根目录区（DIR）

FAT32 文件系统中所有用户数据都存储在从 3 簇开始的数据区，而 2 簇则是所有文件的根目录区，它由多个目录项组成。

在根目录区中每 32 个字节（两行）是一个目录项，目录项的作用是记录文件的主名、扩展名、日期、属性、起始簇号和长度等信息。

3.4.1　短文件名目录

如图 3.22 所示为【任务 3.3】的 YQ.txt 文件的目录项。

```
000D0060  59 51 20 20 20 20 20 20  54 58 54 20 10 6A 5B 5E  YQ      TXT  j[^
000D0070  9E 41 24 42 00 00 8A 81  24 42 03 00 38 8B 00 00  ▌A$B ▌▌$B  8▌
```

图 3.22　短文件名目录项

因为此文件的文件名为 YQ，只有 2 个字母（在 ASCII 码中，1 个汉字占 2 个字符，1 个数字或字母占 1 个字符），即 2 个字符，所以可以称其目录项为短文件名目录项。其各个字节的意义按图 3.23 的方式解释后可得如下结果：

<table>
<tr><td>0</td><td>1</td><td>2</td><td>3</td><td>4</td><td>5</td><td>6</td><td>7</td><td>8</td><td>9</td><td>A</td><td>B</td><td>C</td><td>D</td><td>E</td><td>F</td></tr>
<tr><td colspan="8">文件名</td><td colspan="3">扩展名</td><td>属性</td><td colspan="2">保留</td><td colspan="2">创建时间</td></tr>
<tr><td colspan="2">最后访问日期</td><td colspan="2">创建日期</td><td colspan="2">起始簇号高 16 位</td><td colspan="2">修改时间</td><td colspan="2">修改日期</td><td colspan="2">起始簇号低 16 位</td><td colspan="4">文件长度（单位：字节）</td></tr>
</table>

图 3.23　短文件名目录项中各字节的意义

（1）文件名为：59 51（YQ），20 表示空格。

（2）扩展名为：54 58 54（txt）。

（3）属性：20（归档），20（十六进制）转换成二进制后为：100000，意为归档，如表 3.2 所示。

表 3.2　属性取值意义

二进制值	十六进制值	意义
00000000	0	读写
00000001	1	只读
00000010	2	隐藏
00000100	4	系统
00001000	8	卷标
00010000	10	子目录
00100000	20	归档
00001111	0F	长文件名目录

（4）创建时间：5B 5E，按图 3.24 换算后为 11 点 50 分钟 27 秒。

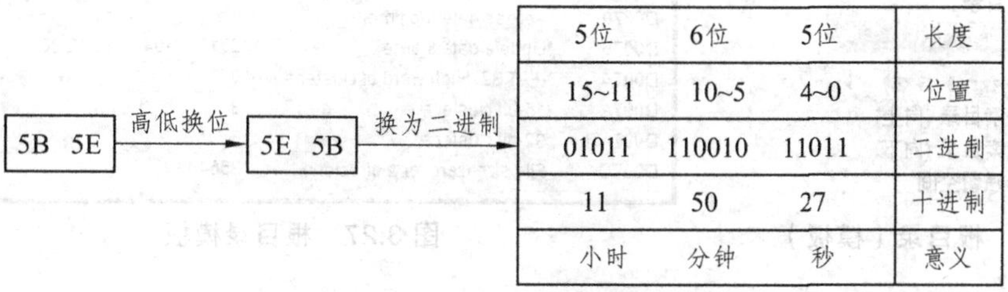
5B 5E
高低换位
5E 5B
换为二进制
5位 6位 5位 长度
15~11 10~5 4~0 位置
01011 110010 11011 二进制
11 50 27 十进制
小时 分钟 秒 意义

图 3.24　时间换算

（5）最后访问日期：9E 41，按图 3.25 换算后为 2012 年 12 月 30 日。

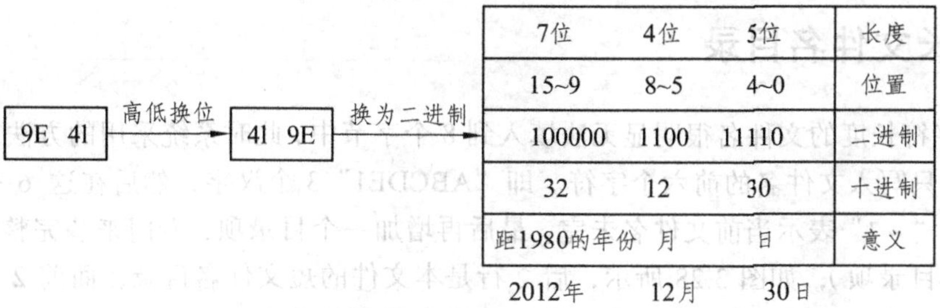

图 3.25　年月日换算

（6）创建日期：24 42，请读者自己换算日期。

高低换位：______，转换为二进制：________ ________ ________

7 位（年） 4 位（月） 5 位（日）

（7）修改时间：8A 81，请读者自己换算时间。

高低换位：______，转换为二进制：________ ________ ________

5 位（小时） 4 位（分） 5 位（秒）

（8）修改日期：24 42，请读者自己换算日期。

高低换位：______，转换为二进制：________ ________ ________

7 位（年） 4 位（月） 5 位（日）

（9）起始簇：03 00 00 00，文件的第 1 个簇在 3 号簇。

（10）文件长度：38 8B 00 00，文件总大小为 35 640 个字节。

除了具有按照上面的方式自己换算得出目录项的意义外，WinHex 还提供了一套专门用于解释目录项的模板。单击 WinHex 右侧解释窗口的顶部的 按钮，然后选择如图 3.26 所示的“根目录（模板）”，接着会出现如图 3.27 所示的根目录解释窗口。上方的记录表明此时是根目录的第几个目录项。

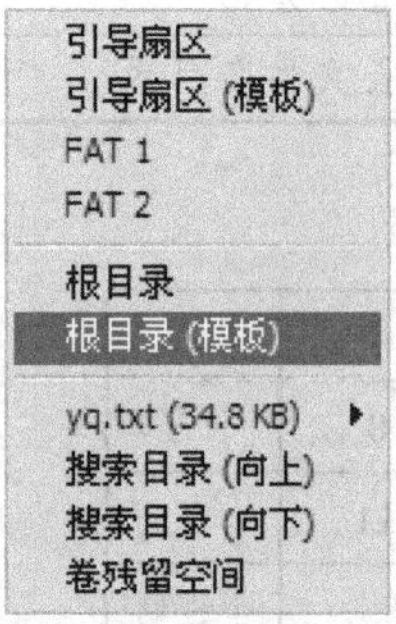

图 3.26 根目录（模板）

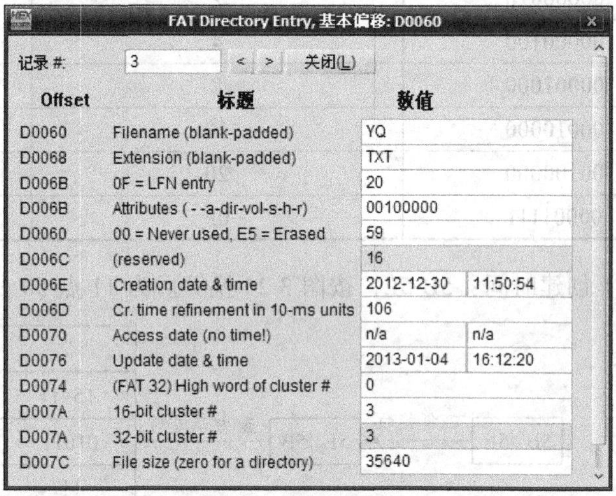

图 3.27 根目录模板

思考：若一文件的文件名为“ABCDE12345.txt”，还能否用短文件名目录表示其属性？

提示：短文件名目录只用 0～7 字节表示文件名，而本文件共有 10 个字符。

3.4.2 长文件名目录

10 个字符长度的文件名很明显无法填入到 8 个字节中，此时系统采用的方法就是在短文件名目录中只写入文件名的前六个字符。即“ABCDE1”3 个汉字，然后在这 6 个字符后面加 2 个符号“～1”表示当前文件名未完。最后再增加一个目录项，专门来装完整文件名（就叫长文件名目录项），如图 3.28 所示，后 2 行是本文件的短文件名目录，而前 2 行则是相应的长文件名目录（一般长文件名目录都在短文件名目录的前面）。

在长文件名目录中，使用 Unicode 编码来记录文件名和扩展名（Unicode 编码中，不管是汉字还是字母数字，都占 2 个字符）。

长文件名目录中每个字节的含义如图 3.29 所示。若将本文件的长文件名目录按照如图 3.29 所示的方式解释，则为：

文件名的第一部分：41 00 42 00 43 00 44 00 45 00（ABCDE）。

文件名的第二部分：31 00 32 0033 00 34 00 35 00 2E 00（12345.）。unicode 编码中 2E 00 表示“.”

文件名的第三部分：74 00 78 00（tx）。很明显扩展名还差一个字母 t，此时再在此长文件名目录前方增加一个目录项，按照如图 3.29 所示的结构继续解释其意思为：

文件名的第四部分：74 00 00 00 FF FF FF...（t）。后面的 00 表示空格，FF 则表示结束。

将上面 4 个部分相互连接起来后形成完整的文件名：“ABCDE12345.txt”

```
000D0100  42 74 00 00 00 FF FF FF  FF FF FF 0F 00 EE FF FF  Bt   ÿÿÿÿÿÿ  îÿÿ
000D0110  FF FF FF FF FF FF FF FF  FF FF 00 00 FF FF FF FF  ÿÿÿÿÿÿÿÿÿÿ  ÿÿÿÿ
000D0120  01 41 00 42 00 43 00 44  00 45 00 0F 00 EE 31 00   A B C D E   î1
000D0130  32 00 33 00 34 00 35 00  2E 00 00 00 74 00 78 00  2 3 4 5 .   t x
000D0140  41 42 43 44 45 31 7E 31  54 58 54 20 00 6A 67 87  ABCDE1~1TXT  jg
000D0150  24 42 24 42 00 00 68 87  24 42 00 00 00 00 00 00  $B$B  h $B
```

图 3.28　长文件名目录

<table>
<tr><td>0</td><td>1</td><td>2</td><td>3</td><td>4</td><td>5</td><td>6</td><td>7</td><td>8</td><td>9</td><td>A</td><td>B</td><td>C</td><td>D</td><td>E</td><td>F</td></tr>
<tr><td></td><td colspan="10">文件名①</td><td>属性</td><td>种类</td><td>校验和</td><td colspan="2">文件名②</td></tr>
<tr><td colspan="10">文件名②</td><td colspan="2">0000（起始簇号）</td><td colspan="4">文件名③</td></tr>
</table>

图 3.29　长文件名各字节的意义

3.4.3 【任务 3.4】查看长文件名目录和短文件名的不同

【目的】

观察一个文件名多长时会出现长文件名目录。

【内容】

通过创建不同长度文件名的文件，观察不同长度文件名的表示方法。

【步骤】

格式化一虚拟硬盘的分区为 FAT32，然后依次创建 a.txt，ab.txt，abc.txt，abcd.txt，abcde.txt，abcdef.txt，abcdefg.txt，abcdefgh.txt，abcdefghi.txt 9 个文件，里面的内容为空。

观察 WinHex 中的目录项，请描述它们的相同与不同：

任务总结：

____

____

____

____

____

____

3.4.4 卷标目录

一个新格式化的FAT32文件系统在根目录中是没有任何数据的，但是因为一般一个新的分区会默认其卷标为“新加卷”，所以一般情况下就会存在两行数据，这两行数据就是此分区的卷标信息，也叫卷标目录。图3.12表示默认卷标（新加卷），若将本分区的卷标改为TEST，则其卷目录如图3.30所示。

Offset	0	1	2	3	4	5	6	7	8	9	A	B	C	D	E	F	
000D0000	54	45	53	54	20	20	20	20	20	20	20	08	00	00	00	00	TEST
000D0010	00	00	00	00	00	00	E3	89	24	42	00	00	00	00	00	00	ã‰$B

图3.30　卷标目录

卷标目录项与短文件名目录项的结构完全相同，但没有创建时间和最后访问时间，只有一个最后修改时间。卷标名最多允许占用长度为11个字节（即短文件名的文件名长度），卷标目录项没有起始簇号和大小。这些字节全部被设置为0，偏移量0B处的属性值为08。

3.4.5 “.”目录项和“..”目录项

在分区中，除了文件，还有一个重要的内容就是文件夹。文件夹和文件最直接的区别就是文件里面装的是数据内容，而文件夹里面装的是文件或其他的文件夹。即是说文件主要内容是数据，而文件夹的主要意义在于文件与文件夹或文件夹与文件夹之间的链接关系（如：此文件夹在哪个文件夹里面，此文件夹里面又有哪些文件和文件夹）

3.4.6 【任务3.5】分析FAT32分区中“.”目录项和“..”目录项

步骤1：在FAT32分区中新建一文件夹，名为“新建文件夹”。

步骤2：打开WinHex软件，进入此分区的根目录。

步骤3：查找“新建文件夹”这5个汉字所对应的ASCII编码。

在桌面，或者任意位置新建一记事本文件（采用默认文件名即可），打开此文件，写入“新建文件夹”，然后保存。

在 WinHex 软件中打开此文件，查看其十六进制内容，即为 ASCII 编码。

注：记事本文件一般默认保存的编码为 ASCII 码。

步骤 4：搜索刚才新建的文件夹所对应的短文件名目录。

步骤 5：跳到此文件夹的起始簇，查看其“.”目录项和“..”目录项，如图 3.31 所示。

```
Offset     0  1  2  3  4  5  6  7   8  9  A  B  C  D  E  F
000D9800  2E 20 20 20 20 20 20 20  20 20 20 10 00 75 99 66  .            u f
000D9810  26 42 26 42 00 00 9A 66  26 42 15 00 00 00 00 00  &B&B   f&B
000D9820  2E 2E 20 20 20 20 20 20  20 20 20 10 00 75 99 66  ..           u f
000D9830  26 42 26 42 00 00 9A 66  26 42 00 00 00 00 00 00  &B&B   f&B
```

图 3.31 “.”目录项和“..”目录项

“.”目录项和“..”目录项的结构与短文件名目录项基本一致，所不同的只是它们描述的对象不一样。

（1）“.”目录项指的是本文件夹。它描述了本文件夹的时间信息、起始簇号等。其记录的起始簇号就是此时所在的位置（图 3.31 为 21 簇）。

特别提醒：图 3.31 中，偏移量为 D981A—D981B 的值虽然为“15”，但是它指的是十六进制中的 15，转换为十进制为 21。

（2）“..”目录项指的是本文件夹的父目录的相关信息。如【任务 3.5】中“新建文件夹”的父目录就是根目录（图 3.31 的第 2 个目录项的起始簇为 0，即表示是根目录）。

一般说来，一个新建的文件夹只有“.”目录项和“..”目录项，但是若向文件夹里面写入内容，则会继续在“.”目录项所在簇（即文件夹当前簇），接着“.”目录项和“..”目录项继续写入其他文件或文件夹的目录项。

3.4.7 【任务 3.6】在文件夹中写入文件，查看文件的目录项

步骤 1：接着【任务 3.5】，在“新建文件夹”中创建一新文件“a.txt”。

步骤 2：打开 WinHex 软件，进入文件夹所在簇（21 簇），分析其目录项。

```
Offset     0  1  2  3  4  5  6  7   8  9  A  B  C  D  E  F
000D9800  2E 20 20 20 20 20 20 20  20 20 20 10 00 75 99 66  .            u f
000D9810  26 42 26 42 00 00 9A 66  26 42 15 00 00 00 00 00  &B&B   f&B
000D9820  2E 2E 20 20 20 20 20 20  20 20 20 10 00 75 99 66  ..           u f
000D9830  26 42 26 42 00 00 9A 66  26 42 00 00 00 00 00 00  &B&B   f&B
000D9840  E5 B0 65 FA 5E 20 00 87  65 2C 67 0F 00 D2 87 65  å°eú^   e,g  Ò e
000D9850  63 68 2E 00 74 00 78 00  74 00 00 00 00 00 FF FF  ch. t x t     ÿÿ
000D9860  E5 C2 BD A8 CE C4 7E 31  54 58 54 20 00 68 19 6A  åÂ½¨ÎÄ~1TXT  h j
000D9870  26 42 26 42 00 00 1A 6A  26 42 00 00 00 00 00 00  &B&B   j&B
000D9880  41 20 20 20 20 20 20 20  54 58 54 20 18 68 19 6A  A       TXT  h j
000D9890  26 42 26 42 00 00 1A 6A  26 42 00 00 00 00 00 00  &B&B   j&B
```

图 3.32 新建文件后的文件夹

在图 3.32 中框选部分多了 4 行，它们都是以“E5”开头，表示当前文件已经被删除。框选部分的第 1 行，偏移量为 D984B 处的值为“0F”，表明最前面两行是长文件名目录。长文件名目录的文件名是从第 2 个字节处开始的，因此将第 1 个字节改为“E5”并不会影响文件名。此时先将光标放置在第 1 个 E5 处，然后点击“查看—模板管理器”，弹出如图 3.33 所示的界面，选择该图选中部分的下一个选项（即长文件名目录模板），可直观地看到当前被删除文件的完整文件名，如图 3.34 所示。

可能有读者有疑问，我明明只是在这个文件夹中创建了一个 a.txt 的文件，什么时候多出来了这么个“新建文本文档.txt”呢？ 细心的读者仔细回想，在新建 a.txt 文件的时候，先在空白处点击“新建”，然后选择“文本文档”，出来了一个文本文档图标，默认文件名就是“新建文本文档.txt”。然后选择的是修改文档的名字为“a.txt”。看上去好像只创建了一个文档，但是其实系统认为之前的“新建文本文档.txt”已经创建成功了，只是后来又被删除了而已。

图 3.32 中框选部分的后两行的偏移量为 D9860B 处的属性值为“20”，表示此时为短文件名目录。再利用如图 3.33 所示的方式，查看其短文件名目录模板，如图 3.35 所示。因为短文件名目录的文件是从第 1 个字节处开始的，将第 1 个字节改为“E5”明显会影响模板的文件名显示。从图 3.35 就可以看出，第 1 个字变为了“迓”，而后面 2 个字则是“建文”，因为短文件名最多只能是 8 个字符，所以短文件名只能显示 3 个汉字，后面跟“～1”。

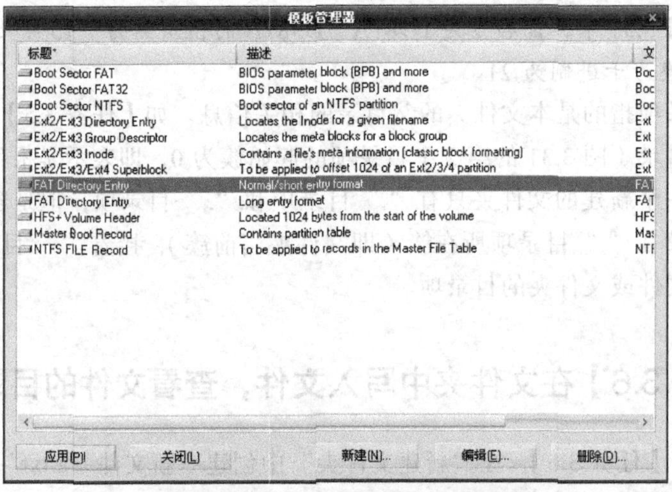

图 3.33 “模板管理器”对话框

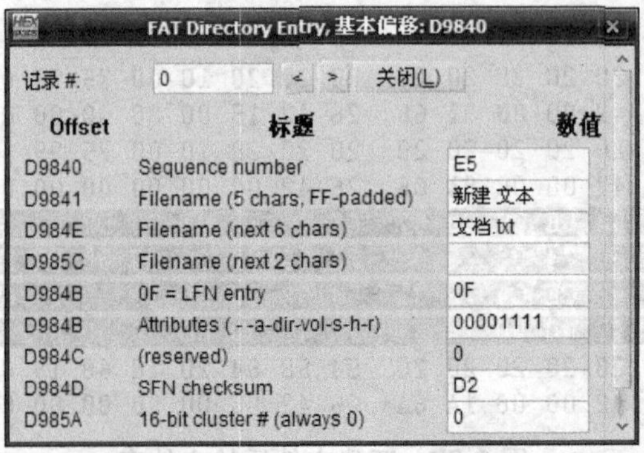

图 3.34 “长文件名目录”模板

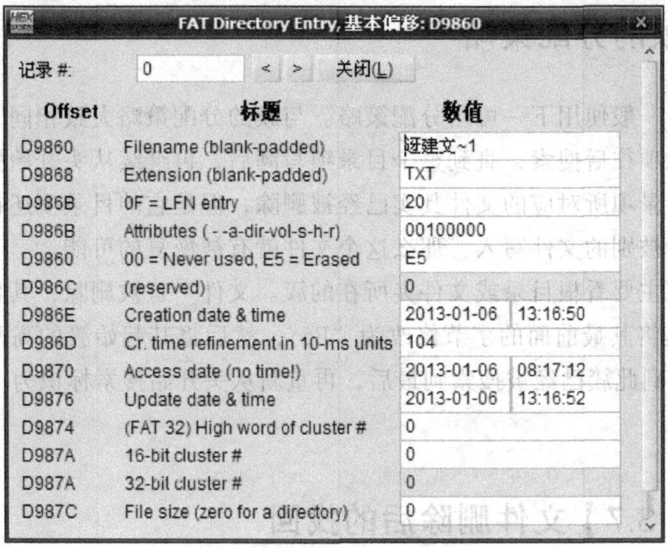
FAT Directory Entry, 基本偏移: D9860
记录 #:
0
< >
关闭(L)
Offset
标题
数值
D9860
Filename (blank-padded)
短建文~1
D9868
Extension (blank-padded)
TXT
D986B
0F = LFN entry
20
D986B
Attributes (- -a-dir-vol-s-h-r)
00100000
D9860
00 = Never used, E5 = Erased
E5
D986C
(reserved)
0
D986E
Creation date & time
2013-01-06
13:16:50
D986D
Cr. time refinement in 10-ms units
104
D9870
Access date (no time!)
2013-01-06
08:17:12
D9876
Update date & time
2013-01-06
13:16:52
D9874
(FAT 32) High word of cluster #
0
D987A
16-bit cluster #
0
D987A
32-bit cluster #
0
D987C
File size (zero for a directory)
0

图 3.35 "短文件名目录"模板

任务总结：

根目录下的文件的目录项位于根目录（2 簇）中，某一文件夹中的文件的目录项则位于此文件夹所在的簇中。

思考：若某文件夹中还有文件夹，在最里层文件夹中有一个文件。请问：如何正确地找到这个文件？

提示：文件夹内的文件的目录项位于文件夹所在的簇。

3.5　分配策略

不同的操作系统在为文件分配存储空间（扇区或簇）时，可能会使用不同的分配方法。

3.5.1　簇的分配策略

一般操作系统都采用下一可用分配策略，即是说当一个文件已经分配了一个簇后，直接从此簇的位置往后搜索下一个可用簇（FAT 表项为非 0），继续为其分配，而不会从文件系统的开始处进行重新搜索。

例如：新建某文件，系统会从起始位置开始搜索可用簇，此时刚好发现前面的 7 簇都是"已占"状态。而 8 簇是空闲的，于是文件先"占用"8 簇，再从 8 簇之后搜索空闲可用簇。哪怕此时 6 簇所在的文件被删除了，6 簇所对应的 FAT 表项也是"可用"状态（全为 0），它仍然会从 8 簇之后寻找可用簇，而不用 6 簇的空间。

簇的分配状态主要从 FAT 表可以看出。文件一旦被删除，FAT 表会立即将此文件所在的簇的数据设为全 0。

3.5.2 目录项的分配策略

Windows XP 一般使用下一可用分配策略。与簇的分配策略大致相同，即是说从被分配了的最后一个目录项往后搜索，直到整个目录项写满后，再继续从头开始搜索可用位置。这样就导致很多的目录项所对应的文件其实已经被删除，但是它的目录项还在，若此时数据内容所在簇刚好没有被别的文件写入，那么这个文件就有被恢复的可能。

目录项的分配主要看根目录或文件夹所在的簇。文件一旦被删除，其目录项一般都不会立即被覆盖。只是将其最前面的字节修改为“E5”，然后将其起始簇的高两个字节的数值修改为“00 00”。直到此簇已经被搜索到最后，再重新从头开始搜索标识为“E5”的目录项，然后覆盖它。

3.5.3 【任务 3.7】文件删除后的找回

步骤 1：在 FAT32 分区的根目录中，创建一个文件，名为“TEST07.txt”，在里面写入一些内容。

步骤 2：彻底删除此文件。

步骤 3：从文件名的长度上分析此文件所对应的目录项有无长文件名目录项。

由于文件名一共 6 个字符，因此完全可以用一个短文件名目录记录，此文件所对应的目录项应该只有 1 个短文件名。

步骤 4：然后利用【任务 3.5】步骤 3 的方法找到“TEST07”所对应的 ASCII 码，如下：

54 45 53 54 30 37

短文件名的文件名编码为 ASCII 码，且其文件名从目录项的第 1 个字节处开始。删除此文件后，会将其 ASCII 码的第 1 个字节修改为“E5”，即“E5 45 53 54 30 37”。

步骤 5：在 WinHex 中进入到本分区的根目录，搜索特征值。

首先进入根目录，然后点击“搜索—搜索十六进制数值”，会出现“搜索”对话框。在对话框中写入如图 3.36 所示的值。点击“确定”按钮，WinHex 主界面中的光标就会自动跳到搜索到的数值处。此时如图 3.37 所示框选部分的起始簇为：26。总字节数为：500。

步骤 6：跳至文件头部，标记“选块开始”。

通过“位置—跳至扇区”，然后在“跳至扇区”对话框中输入簇为 26，如图 3.38 所示，就可以直接跳到 26 簇的第 1 个字节处，即此文件的头部。在此处右键单击，选择“选块起始位置”，如图 3.39 所示。

步骤 7：通过总字节数，跳至文件尾部。

由图 3.37 已知本文件的总字节数。此时光标仍然位于文件头部，点击“位置—转到偏移量”，在“转到偏移量”对话框中设置如图 3.40 所示的值。点击“确定”后，光标会跳入到本扇区某个位置，再将光标向该位置的前一个字节处移动（思考：为什么？），然后右键单击，选择“选块尾部”，文件的所有内容就会自动地被选中。

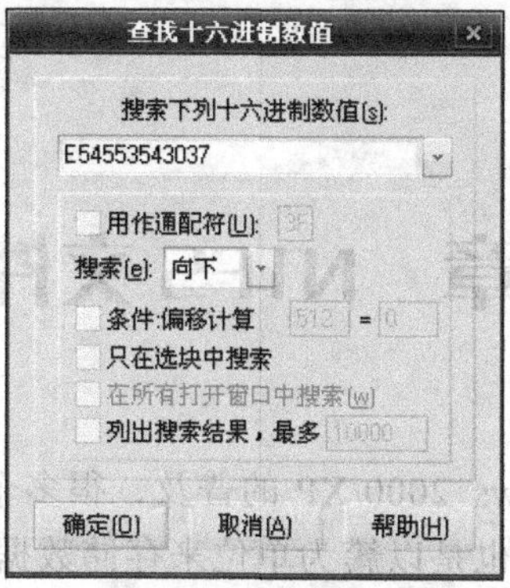

图 3.36 “查找十六进制数值”对话框

```
000D0220  54 45 53 54 30 37 20 20  54 58 54 20 10 15 4F BE  TEST07  TXT   O¾
000D0230  26 42 26 42 00 00 61 DE  26 42 1A 00 F4 01 00 00  &B&B  a¾&B  ô
                      起始簇                  总字节数
```

图 3.37　查找到的目录项

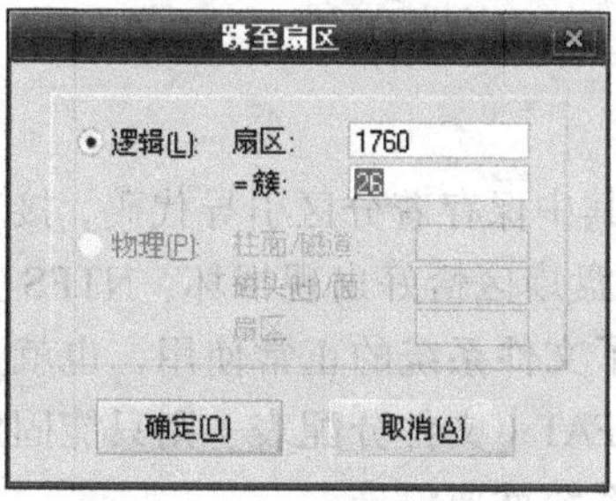

图 3.38　“跳至扇区”对话框

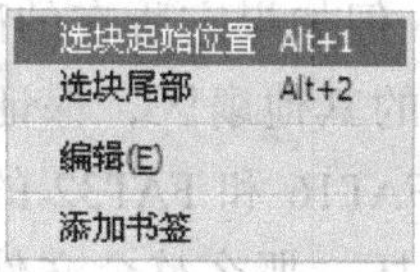

图 3.39　右键菜单

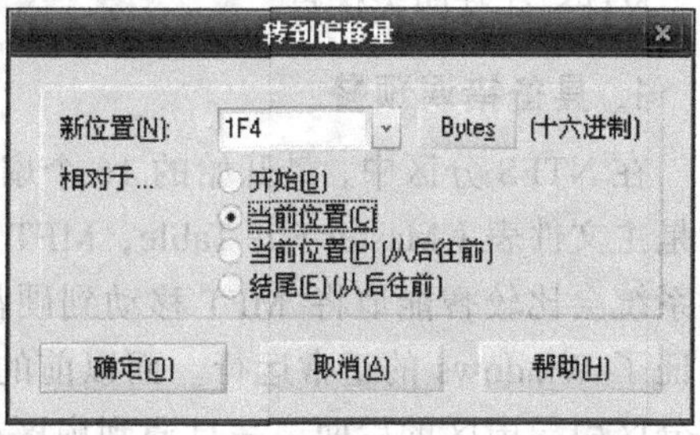

图 3.40　“转到偏移量”对话框

步骤 8：恢复文件。

在被选中的数据部分右键单击，然后选择“编辑—复制选块—至新文件”，如图 3.41 所示，然后将其存储到除被恢复分区之外的分区中。保存的文件名即为此文件的原始文件名。

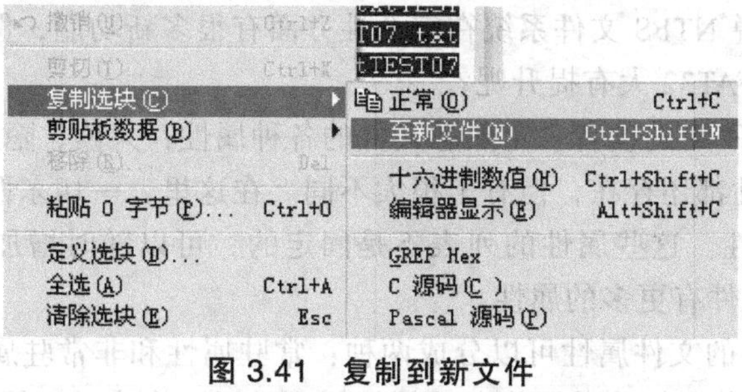

图 3.41　复制到新文件

任务总结：

删除某文件底层数据的改变：

（1）文件数据所在簇对应的 FAT 表项被清零。

（2）本文件在根目录中记录的第 1 个字节被设为 E5，且文件起始簇的高 2 个字节为清零。

（3）只要不被新的数据覆盖，数据区中的数据仍然存在。

第4章 NTFS文件系统

随着以 NT 为内核的 Windows 2000/XP 的普及，很多个人用户开始用到了 NTFS（New Technology File System）。NTFS 也是以簇为单位来存储数据文件的，但 NTFS 中簇的大小并不依赖于磁盘或分区的大小。簇尺寸的缩小不但降低了磁盘空间的浪费，还减少了产生磁盘碎片的可能。NTFS 支持文件加密管理功能，可为用户提供更高层次的安全保证。

Windows NT/2000/XP/2003 以上的 Windows 版本能识别 NTFS 系统，Windows 9x/Me 以及 DOS 等操作系统都不能直接支持、识别 NTFS 格式的磁盘，访问 NTFS 文件系统时需要依靠特殊工具。

NTFS 具有四大优点：

1. 具备错误预警

在 NTFS 分区中，最开始的 16 个扇区是分区引导扇区，其中保存着分区引导代码，接着就是主文件表（Master File Table，MFT），但如果它所在的磁盘扇区恰好出现损坏，NTFS 文件系统会比较智能地将 MFT 移动到硬盘的其他扇区，保证了文件系统的正常使用，也就是保证了 Windows 的正常运行。而以前的 FAT16 和 FAT32 的 FAT（文件分配表）则只能固定在分区引导扇区的后面，一旦遇到扇区损坏，那么整个文件系统就要瘫痪。

当然这种智能移动 MFT 的做法并非十全十美，如果分区引导代码中指向 MFT 的部分出现错误，那么 NTFS 文件系统便会不知道到哪里寻找 MFT，从而会报告“磁盘没有格式化”这样的错误信息。为了避免这样的问题发生，分区引导代码中会包含一段校验程序，专门负责侦错。

2. 文件读取速度更高效

可能很多人都听说 NTFS 文件系统在安全性方面有很多新功能，但多少人知道 NTFS 在文件处理速度上也比 FAT32 大有提升呢？

对 DOS 系统略知一二的读者一定熟悉文件的各种属性：只读、隐藏、系统等。在 NTFS 文件系统中，这些属性都还存在，但有了很大不同。在这里，一切东西都是一种属性，就连文件内容也是一种属性。这些属性的列表不是固定的，可以随时增加，这也就是为什么在 NTFS 分区上看到的文件有更多的属性。

NTFS 文件系统中的文件属性可以分成两种：常驻属性和非常驻属性，常驻属性直接保存在 MFT 中，像文件名和相关时间信息（例如创建时间、修改时间等）永远属于常驻属性，非常驻属性则保存在 MFT 之外，但会使用一种复杂的索引方式来进行指示。如果文件或文件夹小于 1 500 字节（其实我们的计算机中有相当多这样大小的文件或文件夹），那么它们的所有属性，包括内容都会常驻在 MFT 中，而 MFT 是 Windows 一启动就会载入到内存中的，这样当查看这些文件或文件夹时，其实它们的内容早已在缓存中了，自然大大提高了对文件和文件夹的访问速度。

为什么 FAT 的效率不如 NTFS 高？FAT 文件系统的文件分配表只能列出每个文件的名称及起始簇，并没有说明这个文件是否存在，而需要通过其所在文件夹的记录来判断，而文件夹入口又包含在文件分配表的索引中。因此在访问文件时，首先要读取文件分配表来确定文件已经存在，然后再次读取文件分配表找到文件的首簇，接着通过链式的检索找到文件所有的存放簇，最终确定后才可以访问。

3. 磁盘自我修复功能

NTFS 利用一种“自我疗伤”的系统，可以对硬盘上的逻辑错误和物理错误进行自动侦测和修复。在 FAT16 和 FAT32 时代，我们需要借助 Scandisk 这个程序来标记磁盘上的坏扇区，但当发现错误时，数据往往已经被写在坏的扇区上了，已经造成损失。

NTFS 文件系统则不然，每次读写时，它都会检查扇区正确与否。当读取时发现错误，NTFS 会报告这个错误；当向磁盘写文件时发现错误，NTFS 将会十分智能地换一个完好位置存储数据，操作不会受到任何影响。在这两种情况下，NTFS 都会在坏扇区上作标记，以防今后被使用。这种工作模式可以使磁盘错误较早地被发现，避免灾难性的事故发生。

4.“防灾赈灾”的事件日志功能

在 NTFS 文件系统中，任何操作都可以被看成是一个“事件”。比如将一个文件从 C：盘复制到 D：盘，整个复制过程就是一个事件。事件日志一直监督着整个操作，当它在目标地——D：盘发现了完整文件，就会记录下一个“已完成”的标记。假如复制中途断电，事件日志中就不会记录“已完成”，NTFS 可以在来电后重新完成刚才的事件。事件日志的作用不在于它能挽回损失，而在于它能监督所有事件，从而让系统永远知道哪些任务完成了，哪些任务还没有完成，保证系统不会因为断电等突发事件发生紊乱，从最大程度上降低了破坏性。

5. 附加功能

除了上述介绍的功能外，NTFS 还提供了磁盘压缩、数据加密、磁盘配额（在“我的电脑”中右击分区选择“属性”，进入“配额”选项卡即可设置）、动态磁盘管理等功能，这些功能在很多报刊杂志上介绍得比较多了，这里不再详细介绍。

NTFS 还提供了为不同用户设置不同访问控制、隐私和安全管理功能。但如果系统处于一种单机环境，比如家用计算机，那么这些功能的意义就不是很大。

需要注意的是，如果分区是从 FAT32 转换为 NTFS 文件系统的（使用命令为“CONVERT 驱动器盘符/FS：NTFS”），不仅 MFT 会很容易出现磁盘碎片，更糟糕的是，磁盘碎片整理工具往往不能整理这个分区中的 MFT，严重影响系统性能。因此，建议将分区直接格式化为 NTFS 文件系统。

4.1　数据组织方式

NTFS 文件系统中数据仍然是以扇区为单位在磁盘上进行读取写的，只是在文件系统内部，基本的数据单位是簇。

4.1.1 数据单元的分配方式

簇是 NTFS 文件系统中基本的存储单位，簇的大小必须是物理扇区的整数倍，而且总是 2 的 n 次幂。簇的缺省大小受当前磁盘大小的影响，但一般来说不管驱动器多大，NTFS 簇的大小都不会超过 4 KB，如表 4.1 所示。当在 Windows 中对分区进行格式化时，也可以手动选择簇的大小，如图 4.1 所示。

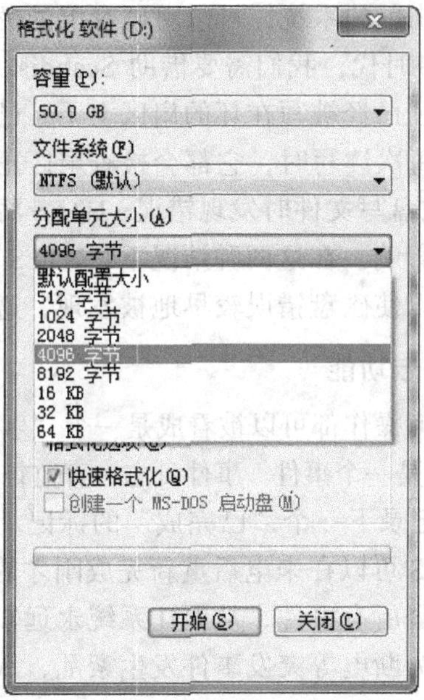

图 4.1　格式化时簇的大小分配

表 4.1　簇的缺省大小与卷大小的关系

卷大小	每簇的扇区	缺省的簇大小
小于等于 512 MB	1	512 字节
513 MB ~ 1 024 MB（1GB）	2	1 024 字节（1KB）
1 025 MB ~ 2 048 MB（2GB）	4	2 048 字节（2KB）
大于等于 2 049 MB	8	4 KB

在使用计算机系统的过程中，如果使用者没有特殊要求，可以尽量将簇设置为缺省大小。因为如果设置的值比较大，那么文件保存时占用的簇就会少，从而文件读取性能就越高。打个比方，簇就像仓库中的箱子，而数据则像装在箱子里面的货物，同一批的货物则好比一个文件。如果选择的是小号箱子，那么同一批货物可能一个箱子装不满，还得用三到四个，如果是大号箱子，那么可能只用一个或两个就装下了。在存取货物的时候，箱子数量当然是越少管理越轻松。但是，如果用大号箱子，每次存少量东西的话，又有可能每次都空出很多的空间，积少成多，会浪费不少箱子。到底应该选择多少更合适呢？

一个简单的办法就是，首先确定分区主要用来保存什么样的文件，如果是体积很大的视频和多媒体文件，那么最好将簇设置得大一些，这样可以提高性能。如果分区主要存储网页或文本文件等，建议簇小一些，推荐使用 Windows 的“默认值”，这样会减少空间浪费。

提示： 如果想更改当前分区的簇的大小，同时又不想重新格式化，可以使用 PQMagic 来完成（“高级→调整簇的大小”）。

4.1.2 数据的管理方式

NTFS 分区内全部由文件组成，也就是说管理分区的单元（类似 FAT 文件系统中的 FAT 表、DBR 等）也是由文件组成的，整个 NTFS 分区利用若干文件（系统文件）来管理全部文件（用户文件和系统文件自身）。

将一个分区格式化为 NTFS 文件系统后，不写入任何用户数据就已经可以看见有某些数据存在，如图 4.2 所示。

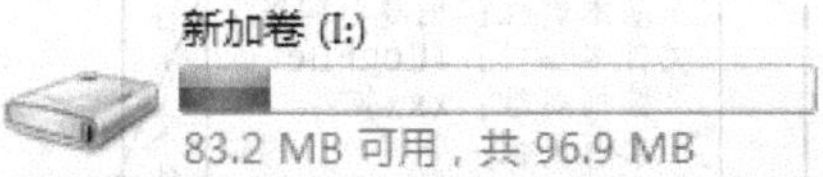

图 4.2 新格式化的 NTFS 文件系统

可以利用 WinHex 软件来查看 NTFS 卷中的文件结构。从图 4.3、4.4 中就可以看出刚格式化的 NTFS 文件系统中有很多以“$”为前缀的文件，它们被称为元文件（或叫元数据，Metadata），是在文件系统被创建时同时建立的一些重要的系统信息，用来管理整个分区。“$”表示其为隐藏的系统文件，用户一般不可直接访问。

驱动器 D:

\

文件名称	扩展名	文件大小	创建时间	修改时间	访问时间	文件属	内部上级目录号
System Vo...		408 B	2012-05-09 11...	2012-05-09 11...	2012-05-09 11...	SH	733,070
(根目录)		4.1 KB	2012-05-09 11...	2012-05-09 11...	2012-05-09 11...	SH	1,099,608
$Extend		344 B	2012-05-09 11...	2012-05-09 11...	2012-05-09 11...	SH	733,038
$Volume		0 B	2012-05-09 11...	2012-05-09 11...	2012-05-09 11...	ISH	
$UpCase		128 KB	2012-05-09 11...	2012-05-09 11...	2012-05-09 11...	SH	1,099,704
$Secure		0 B	2012-05-09 11...	2012-05-09 11...	2012-05-09 11...	SH	
$MFTMirr		4.0 KB	2012-05-09 11...	2012-05-09 11...	2012-05-09 11...	SH	1,099,528
$MFT		32.0 KB	2012-05-09 11...	2012-05-09 11...	2012-05-09 11...	SH	733,016
$LogFile		7.4 MB	2012-05-09 11...	2012-05-09 11...	2012-05-09 11...	SH	717,896
$Boot		8.0 KB	2012-05-09 11...	2012-05-09 11...	2012-05-09 11...	SH	0
$Bitmap		33.6 KB	2012-05-09 11...	2012-05-09 11...	2012-05-09 11...	SH	1,099,632
$BadClus		0 B	2012-05-09 11...	2012-05-09 11...	2012-05-09 11...	SH	
$AttrDef		2.5 KB	2012-05-09 11...	2012-05-09 11...	2012-05-09 11...	SH	1,008,648

图 4.3 刚格式化的 NTFS 文件系统的“目录浏览器”界面

驱动器 D:

\$Extend

文件名称	扩展名	文件大小	创建时间	修改时间	访问时间	文件属	内部上级目录号
..							
$Reparse		0 B	2012-05-09 11...	2012-05-09 11...	2012-05-09 11...	SHA	
$Quota		0 B	2012-05-09 11...	2012-05-09 11...	2012-05-09 11...	SHA	
$ObjId		0 B	2012-05-09 11...	2012-05-09 11...	2012-05-09 11...	SHA	

图 4.4 双击$Extend 文件夹后的文件列表

刚格式化的文件系统暂时没有任何用户数据，因此此时没有用户文件。

在 NTFS 中，文件是通过主文件表（MFT，Main File Table）确定其在磁盘上的位置的，如图 4.5 所示。MFT 是一个数据库，由一系列文件记录组成，每一个文件记录固定 2 KB，物理上是连续的，且从 0 开始编号。卷中每一个文件都有一个文件记录，用来记录本文件的所有属性，主文件表也有自己的文件记录。

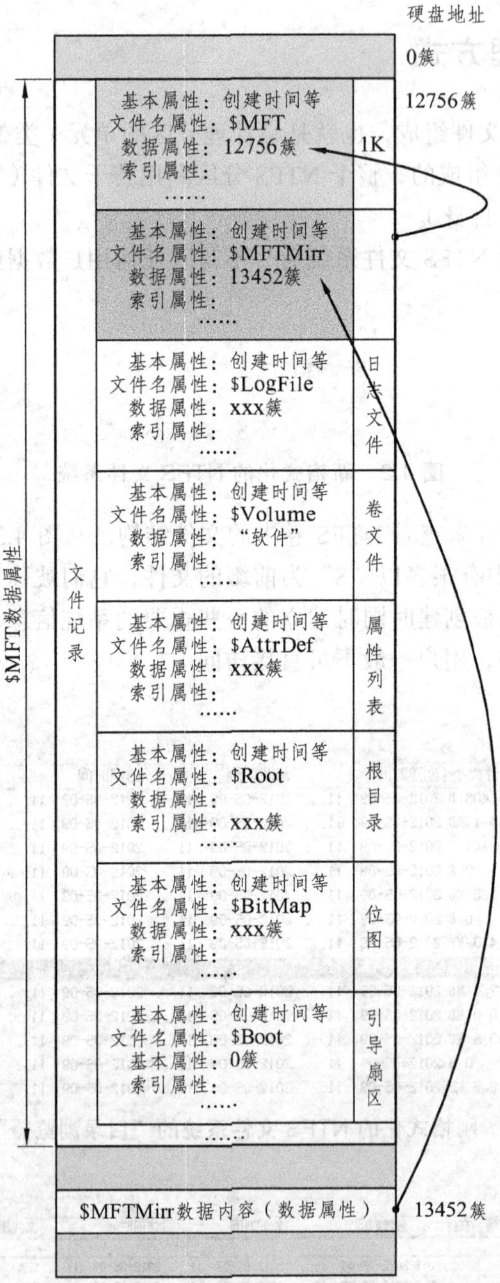

图 4.5　MFT 内容演示

在 NTFS 文件系统中，文件的一切东西都是一种属性，就连文件内容也是一种属性。如图 4.5 所示，由 DBR 得知，此分区的 MFT 的起始位置是 12 756 簇，MFT 里的第 1 个文件记录就是$MFT 文件本身，它显示的文件名属性为$MFT，数据属性为 12 756 簇，即是当前簇。而第 2 个文件记录一般都是$MFTMirr 文件，在此文件的文件记录中显示的数据属性为 13 452 簇，跳到 13 452 簇后就可以看到$MFTMirr 文件的数据属性内容了。而第 4 个文件记录，其文件名属性为$Volume，它的数据属性为软件，即是说此文件的数据属性内容就只有这几个汉字而已，能够在当前文件记录（1 KB 大小）中装入，因此就直接装在此文件记录中，不为其分配另外的簇。

$MFT 和$MFTMirr 文件的数据属性因为数据量太大，无法放置在只有 1 KB 大小的文件记录中，所以只能单独为其分配数据簇，然后将数据簇记录在本文件的文件记录中。这种属性叫做“非常驻属性”，即是说这两个文件的数据属性是非常驻属性。

$Volume 文件是卷文件，一般内容为此分区的卷标，其内容较少，完全能够放入文件记录中，因此就直接将其文件的内容放在文件记录中。这样，此分区一加载就会自动将所有的文件记录放入缓存，当读到这个文件时，就可以直接从缓存中取出其内容，而不是像 FAT32 一样，只是找到文件内容的起始簇，再跳到数据所在的簇取出数据内容。

如果文件或文件夹小于 1 500 字节（其实我们的计算机中有相当多这样大小的文件或文件夹），那么它们的所有属性，包括内容都会常驻在 MFT 中。而 MFT 是 Windows 一启动就会载入到内存中的，这样当用户查看这些文件或文件夹时，其实它们的内容早已在缓存中了，自然大大提高了文件和文件夹的访问速度。

如果您还不能够了解，那么我们来打个比喻。假设一个班有 30 个人，老师那里有一本花名册，记录了每个人的名字、年龄、每天出勤的情况和科目成绩等。把每个人看做一个文件，那么那本花名册就是这里的 MFT。

当然，事实往往是复杂而多变的，MFT 中包含文件的哪些信息？这些信息又是如何关联的？这些问题，我们会一个个解决。现在首先对 MFT 做几点必要的说明：

（1）实际上，MFT 自身也是一个文件，因此，主文件列表的第一个记录就是它自身。因此，刚才的例子其实不太贴切，因为事实上，花名册也是人，那么我们假设这本花名册在老师的脑子里。这样就可以知道，既然老师也是人，那么其实老师也是一个文件。

（2）MFT 的每个记录都有一个编号，这里我们称它为 ID 号，这个 ID 从 0 开始。我们知道 MFT 自身是 NTFS 系统的第 1 个文件，因此文件$MFT 的 ID 号为 0。

（3）$MFT 与其他 23 个文件一起（共 24 个），组成所谓的“Metafiles”（元文件，也是之前提到的 System files，即系统文件）。这 24 个文件中，前 16（ID 为 0 ~ 15）个文件是固定的，剩下的 8 个文件为保留文件。我们可以假设，这 16 个系统文件为此班的任课老师，因为虽然他们也是人，但是属性跟普通的同学不一样，他们管理着整个卷的活动方式，正如老师们管理着整个班级一样。

（4）用户的文件（也包括目录）的 MFT 中的 ID 号从 24 开始排。

（5）用户每添加一个文件，ID 号加 1。当某文件被删除时，与之对应的 MFT 记录将被空出来，如果此时再次添加文件，系统会优先填充 ID 小的空位。正如，大家上课的时候都会抢前排的位子坐，但是坐定之后就不能换位子了。

（6）无论簇的大小，文件记录大小都是 1 KB，老师脑中的花名册对每个人都是公平的。

（7）理论上，$MFT 在卷中的分配空间占 12%。

（8）逻辑上，$MFT 在卷中会占用一块连续的空间，但实际情况是 $MFT 可能会被分散在磁盘的几个不同的区域。甚至，可能在元文件的部分就被拆分开。据分析，这些情况的发生可能由于卷上的文件不断增加，最先开辟的$MFT 文件已经用完，系统会再次开辟空间以存放文件记录。另一种情况是，卷是由 FAT 或者其他格式转化而来的，当卷空间不足的时候，也可能将 MFT 分散存储。

4.1.3 文件系统结构

为了查看 NTFS 文件系统的具体数据结构，打开一 NTFS 分区，然后点击“访问”按钮后可看见如图 4.6 所示界面，可知 NTFS 文件系统中主要有两大部分：引导扇区和$MFT。

图 4.6 NTFS 文件系统的结构

NTFS 将所有的数据都视为文件（包括系统数据、属性等），理论上除引导扇区必须位于第一个扇区外，NTFS 卷可以在任意位置存放任意文件，但是通常情况下会遵循一定的习惯布局。如图 4.7 所示就是在 Windows XP 下创建的 NTFS 卷的大致布局情况。

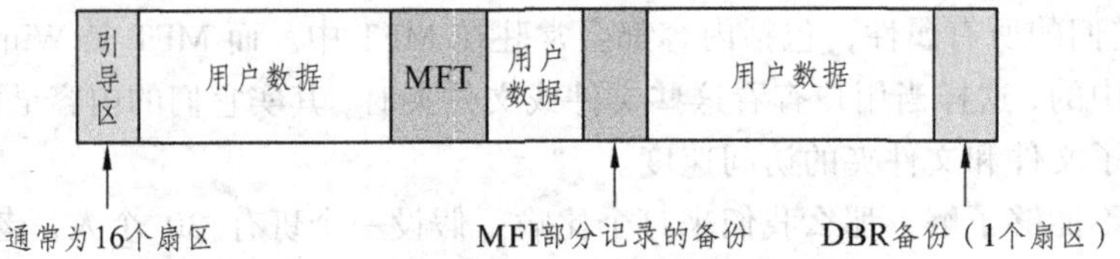

图 4.7 NTFS 卷在 Windows XP 中的布局

注意：在 MBR 的分区表中，会认为从引导区头到 DBR 备份全部属于一个分区。而 NTFS 文件系统会认为从引导区头到 DBR 备份前面是一个分区。在 MBR 中看到的某 NTFS 分区的大小比在本分区的 DBR 中看到的分区大小大一个扇区（在 NTFS 的 DBR 中 28～2F，表示本分区的扇区总数）。

在系统中也可以直观地看见 MFT 的位置，如图 4.8 所示。其中“无法移动的文件”，实际上指的就是 MFT。

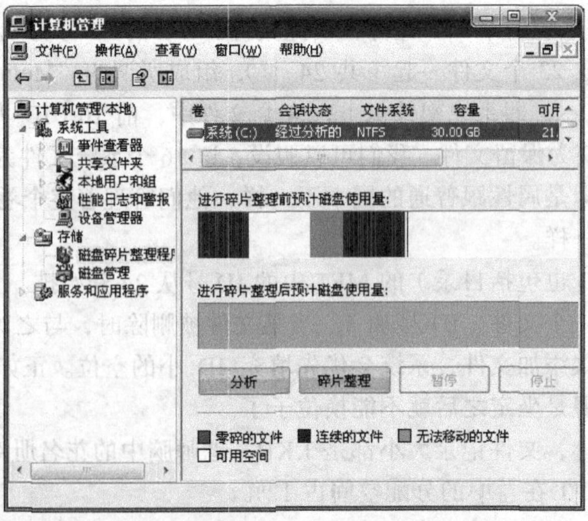

图 4.8 XP 下的碎片整理程序

1. MFT 备份区

由于 MFT 的重要性，在文件系统的中间为其保存了一个备份（有时也会位于文件系统的前部）。这个备份 MFT 很小，只是 MFT 前几个项的备份。

2. 引导扇区（DBR）

NTFS 文件系统中的所有数据都被看做是文件，自然第 1 个扇区中的引导代码也遵守这个规定。它就是$ROOT 文件，其元数据记录在$MFT 文件中的第 8 项，第 1 扇区则是其数据文件所在地。

系统通过 DBR 找到$MFT，然后由$MFT 定位和确定$ROOT。在所有的 NTFS 分区中，$BOOT 占用前 16 个扇区。引导分区中$BOOT 的代码量一般占用 7 个扇区（0 ~ 6 扇区），后面为空，这些代码是系统引导代码。引导分区和非引导分区的 1 ~ 6 号扇区内容一致，区别是 0 号扇区。如果启动分区的$BOOT 文件损坏，可以用其他分区的$BOOT 文件恢复。关于 DBR 说明如表 4.2 所示。

表 4.2 DBR 说明

偏移量	字节数	含 义	本例数据含义
00 ~ 02	3	跳转指令	
03 ~ 0A	8	OEM 名（明文“NTFS”）	
0B ~ 0C	2	每扇区字节数	
0D	1	每簇扇区数	
0E ~ 0F	2	保留扇区数（Microsoft 要求置为 0）	
28 ~ 2F	8	文件系统扇区总数（此值比分区表描述的扇区数小 1）	
30 ~ 37	8	MFT 起始簇号	
38 ~ 3F	8	MFT 备份的起始簇号	
40	1	每 MFT 项（即文件记录）大小	
44	1	每个索引的大小簇数	
48 ~ 4F	8	序列号	
54 ~ 1FD	426	引导代码	
1FE ~ 1FF	2	结束标记“55 AA”	

在 NTFS 中，除了 DBR 本身是预设的，其他文件信息都存储在$MFT 中。

3. DBR 备份

在卷的最后一个扇区，保存了一份 DBR 扇区的备份。这个扇区虽然包含在分区表内描述的该分区大小，但却不在 DBR 描述的文件系统大小范围之内，DBR 描述文件系统大小时，总是比分区表描述的扇区数小 1 个扇区。因此严格来讲，这个扇区属于该 NTFS 卷，但却不属于该文件系统。

4.1.4 【任务 4.1】修复 NTFS 文件系统中的 DBR

任务前提：NTFS 分析的 DBR 和备份 DBR 都被破坏的修复。

修复思路：我们可以把一个正常的 NTFS 分区的正常 DBR 拷贝到 0 号扇区，然后再对其中的参数进行修改。

我们需要修改的参数也就是：

每簇扇区数——在 DBR 的偏移地址（0x0D）。

扇区总数——在 DBR 的偏移地址（0x28——0x2F）。

$MFT 起始簇号——在 DBR 的偏移地址（0x30——0x37）。

$MFTMirr 起始簇号——在 DBR 的偏移地址（0x38——0x3F）。

下面分别来找这几个参数。

搜索$MFTMirr 的起始扇区，因为$MFTMirr 一般处于卷的中间位置，所以找起来比较方便。先转到卷的中间偏上一些位置，这里就是 305 172/2 = 152 586，也就是转到 152 586 号扇区。

这里全是零。下面开始搜索$MFTMirr 的开始标志 46 49 4C 45，如图 4.9 所示。

```
 0  1  2  3  4  5  6  7   8  9  A  B  C  D  E  F
4A DA E9 68 1F DF C9 01  4A DA E9 68 1F DF C9 01  JÚéh.ßÉ.JÚéh.ßÉ.
4A DA E9 68 1F DF C9 01  4A DA E9 68 1F DF C9 01  JÚéh.ßÉ.JÚéh.ßÉ.
06 00 00 00 00 00 00 00  00 00 00 00 00 00 00 00  ................
00 00 00 00 00 01 00 00  00 00 00 00 00 00 00 00  ................
00 00 00 00 00 00 00 00  30 00 00 00 68 00 00 00  ........0...h...
00 00 18 00 00 00 03 00  4A 00 00 00 18 00 01 00  ........J.......
05 00 00 00 00 00 05 00  4A DA E9 68 1F DF C9 01  ........JÚéh.ßÉ.
4A DA E9 68 1F DF C9 01  4A DA E9 68 1F DF C9 01  JÚéh.ßÉ.JÚéh.ßÉ.
4A DA E9 68 1F DF C9 01  00 40 00 00 00 00 00 00  JÚéh.ßÉ..@......
00 40 00 00 00 00 00 00  06 00 00 00 00 00 00 00  .@..............
04 03 24 00 4D 00 46 00  54 00 00 00 00 00 00 00  ..$.M.F.T.......
80 00 00 00 48 00 00 00  01 00 40 00 00 00 01 00  ▌...H.....@.....
00 00 00 00 00 00 00 00  5F 00 00 00 00 00 00 00  ........_.......
40 00 00 00 00 00 00 00  00 C0 00 00 00 00 00 00  @........À......
00 C0 00 00 00 00 00 00  00 C0 00 00 00 00 00 00  .À.......À......
31 60 5C 8D 01 00 01 00  B0 00 00 00 48 00 00 00  1`\▌....°...H...
01 00 40 00 00 00 05 00  00 00 00 00 00 00 00 00  ..@.............
00 00 00 00 00 00 00 00  40 00 00 00 00 00 00 00  ........@.......
00 02 00 00 00 00 00 00  08 00 00 00 00 00 00 00  ................
08 00 00 00 00 00 00 00  31 01 5B 8D 01 00 00 00  ........1.[▌....
FF FF FF FF 00 00 00 00  00 80 00 00 00 00 00 00  ÿÿÿÿ.....▌......
00 80 00 00 00 00 00 00  31 40 5C 8D 01 00 01 00  .▌......1@\▌....
B0 00 00 00 48 00 00 00  01 00 40 00 00 00 05 00  °...H.....@.....
00 00 00 00 00 00 00 00  00 00 00 00 00 00 00 00  ................
40 00 00 00 00 00 00 00  00 02 00 00 00 00 00 00  @...............
08 00 00 00 00 00 00 00  08 00 00 00 00 00 00 00  ................
31 01 5B 8D 01 00 00 00  FF FF FF FF 00 00 03 00  1.[▌....ÿÿÿÿ....
```

图 4.9 搜索到的$MFTMirr

很快在 152 648 号扇区找到了$MFTMirr。在查找$MFTMirr 时，可以在卷的中间位置上下查找。下面进行分析：我们都知道$MFTMirr 是$MFT 的前几个记录项的备份，第 1 个备份当然就是备份的$MFT 本身了。要重构 DBR 就需要在$MFT 中找到 80 属性，这就是$MFT 的数据属性。我们看到它的起始 VCN 是 00 00 00 00 00 00 00 00，结束 VCN 是 5F 00 00 00 00 00 00 00，那么所占的簇数为 96 个簇。我们看到分配给它的空间是 00 C0 00 00 00 00 00 00，也就是 49 152

个字节，把它转化为扇区：49 152/512 = 96（扇区）。它的运行处也表明了它占用 96 个簇。96 个扇区刚好分给它 96 个簇，96（扇区）/96（簇）= 1 扇区/簇。这时一个参数已经出来了，就是每簇扇区数为 1。

还有$MFTMirr 起始扇区数是 152 648 号扇区，换算成簇也就是 152 648 号簇（还可以去看$MFTMirr 的 MFT 记录项的数据运行）。

现在我们已经知道了$MFTMirr 起始簇号、每簇扇区数，那么扇区总数又可以很容易找到，下面就只需要知道$MFT 的起始簇号了。

怎么找呢，很简单，上面就有了。看到运行处，31 60 5C 8D 01 说明$MFT 的起始簇号就是 5C 8D 01，也就是 101 724 号簇。下面的工作就是把这些参数填回去了。

4.2 基本的系统文件

MFT 仅供系统本身组织、架构文件系统使用，这在 NTFS 中称为元文件或元数据（MetaData，是存储在卷上支持文件系统格式管理的数据。它不能被应用程序访问，只能为系统提供服务）。其中最基本的前 16 个记录是操作系统使用的非常重要的元数据文件。这些元数据文件的名字都以“$”开始，因此是隐藏文件，在 Windows 2000/XP 中不能使用 dir 命令（甚至加上/ah 参数）像普通文件一样列出。

4.2.1 元文件

1. $MFT（Master File Table）

$MFT 其实就是整个主文件表，本分区中的每一个文件都在这个表中存在，类似于 FAT 系统中的目录项。FAT 系统中的目录项是以 2 行或 4 行表示一个文件或文件夹，但是在 NTFS 中，MFT 中 1 024 字节（2 扇区）表示一个文件或文件夹。

2. $MFTMirr

$MFTMirr 是 MFT 前几个 MFT 项的备份（一般是前 4 个），NTFS 也将其作为一个文件看待，可以比喻为班上的副班长。

3. $LogFile 文件

$LogFile 文件即事务型日志文件，使用 2 号 MFT 项。它具有标准文件属性，使用数据属性存储日志数据。该文件是 NTFS 为实现可恢复性和安全性而设计的。当系统运行时，NTFS 就会在日志文件中记录所有影响 NTFS 卷结构的操作，如文件的创建、目录结构的改变等，从而使其能够在系统失败时恢复 NTFS 卷。

4. $Volume 文件

$Volume 文件即卷文件，包含卷标和版本信息，使用 3 号 MFT 项。它有两个属性：一个是卷名属性（$VOLUME_NAME），另一个是卷信息属性（$VOLUME_INFORMATION），这两个属性是$Volume 文件所特有的。卷名属性包含主 Unicode 字符的卷名，卷信息属性则包含 NTFS 版本信息。

5. $AttrDef 文件

$AttrDef 文件即属性定义表（Attribute Denifition Table），使用 4 号 MFT 项，用以定义文件系统的属性名和标识。其中存放了文件系统所支持的所有文件属性类型，并说明它们是否可以被索引和恢复等。

6. $Root 文件

$Root 文件即根目录文件，它使用 5 号 MFT 项。$Root 文件的索引属性中保存了存放在该卷根目录下的所有文件和目录的索引。在第一次访问一个文件后，NTFS 可以保留该文件的 MFT 引用，这样，以后就可以直接对该文件进行访问了。

7. $Bitmap 文件

$Bitmap 文件即位图文件，使用 6 号 MFT 项，它的数据属性用于描述文件系统中所有簇的分配情况。其中每一个 bit 对应卷中的一个簇，并说明该簇是否已被分配使用。它以字节为单位，每个字节的最低位对应的簇跟在前一个字节的最高位所对应的簇之后。

8. $Boot 文件

$Boot 文件即引导文件，存放着系统的引导代码。它是 NTFS 文件系统中唯一要求必须位于特定位置的文件，它的$DATA 属性总是起始于文件系统的第 1 个扇区，也就是起始于文件系统的 0 号扇区，0 号扇区的引导扇区就是这个文件的起始扇区。

9. $Secure 文件

$Secure 文件即安全文件。安全描述符用来定义文件或目录的访问控制策略，NTFS 3.0 以后版本将安全描述符存储在一个文件系统元数据文件中，这个文件就是安全文件，它占用 9 号 MFT 项。

10. $Usnjrnl 文件

$Usnjrnl 文件即变更日志文件，用于记录文件的改变。当文件发生改变时，这种变化将被记录进\$Extend\$Usnjrnl 文件的一个名字为$J 的数据属性中。$J 数据属性具有稀疏属性，它由变更日志项组成，每个变更日志项的大小有可能不同。还有一个称为$Max 的数据属性，其中记录着有关用户日志的最大设置等信息。

11. $Quota 文件

$Quota 文件用于用户磁盘配额管理，位于\$Extend\目录下。它有两个索引，即$O 和$Q，都使用标准的索引根属性和索引分配属性来存储它们的索引项。$O 索引关联一个宿主 ID 的 SID，$Q 索引将宿主信息关联至配额信息。

默认情况下，Microsoft 将文件系统的 12.5% 的存储空间保留给 MFT，除非其他的空间已全部被分配使用，否则不会在此空间中存储用户文件或目录。因此图 4.10 中$MFT 的初始数据文件大小一般为整个卷（分区）大小的 12.5%，而$MFT 元文件的文件记录只占$MFT 数据文件中的前 2 个扇区。

注：在 NTFS 中，文件夹（目录）也是被作为一个文件看待。

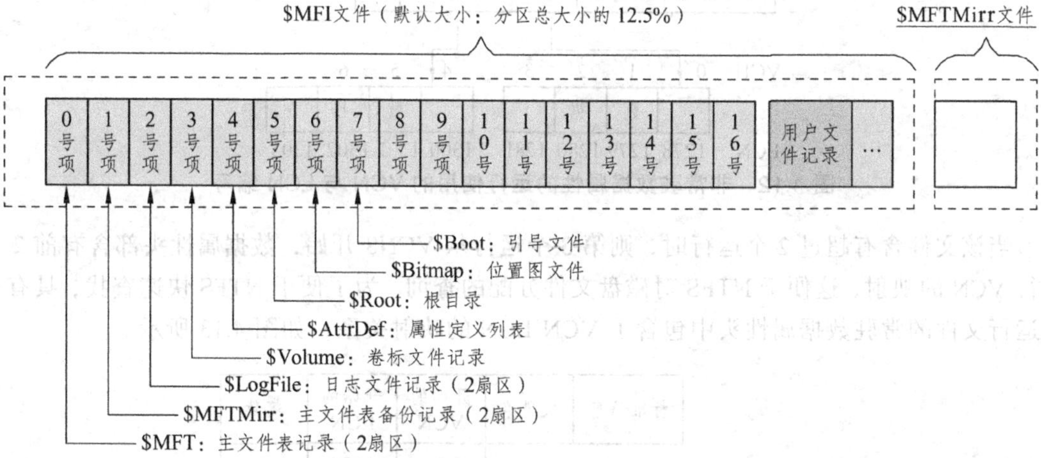

图 4.10　元文件的分配

4.2.2　文件记录

MFT 中的文件记录大小一般是固定的，不管簇的大小是多少，均为 1 KB。文件记录在 MFT 文件记录数组中物理上是连续的，且从 0 开始编号，因此 NTFS 是预定义文件系统。

文件相关的一切数据都是属性，如果某文件的某个属性（如文件数据属性）太大而不能存放在只有 1 KB 的 MFT 文件记录中，那么 NTFS 将从 MFT 之外分配区域。这些区域通常称为一个运行（Run）或一个盘区（Extent），它们可用来存储属性值，如文件数据。如果以后属性值又增加，那么 NTFS 将会再分配一个运行，以便用来存储额外的数据。值存储在运行中而不是在 MFT 文件记录中的属性称为非常驻属性（Nonresident Attribute）。NTFS 决定了一个属性是常驻还是非常驻的，而属性值的位置对访问它的进程而言是透明的。

当一个属性为非常驻时，如大文件的数据，它的头部包含了 NTFS 需要在磁盘上定位该属性值的有关信息。图 4.11 显示了一个存储在两个运行中的非常驻属性。

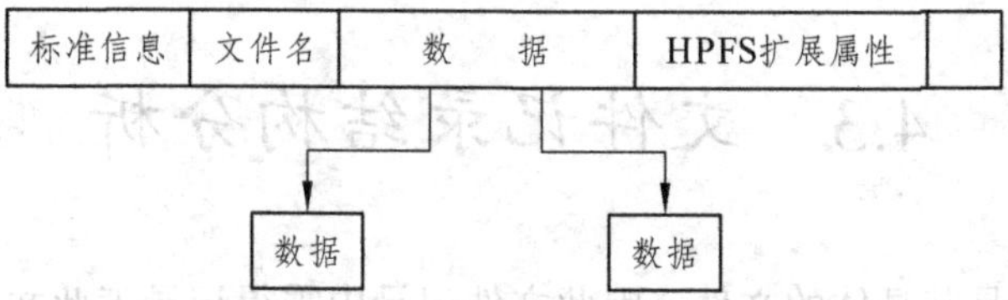

图 4.11　存储在运行中的非常驻属性

在标准属性中，只有可以增长的属性才是非常驻的。对文件来说，可增长的属性有数据、属性列表等。标准信息和文件名属性总是常驻的。

当一个文件（或目录）的属性不能放在一个 MFT 文件记录中，而需要分开分配时，NTFS 通过 VCN-LCN 之间的映射关系来记录运行（Run）或盘区情况。LCN 用来为整个卷中的簇按顺序从 0 到 n 进行编号，而 VCN 则用来对特定文件所用的簇按逻辑顺序从 0 到 m 进行编号。图 4.12 显示了一个非常驻数据属性的运行所使用的 VCN 与 LCN 编号。

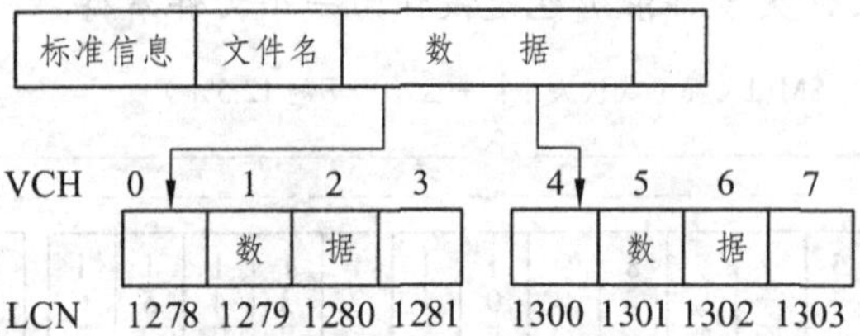

图 4.12　非常驻数据属性的运行使用的 VCN 与 LCN 编号

当该文件含有超过 2 个运行时，则第 3 个运行从 VCN8 开始，数据属性头部含有前 2 个运行 VCN 的映射，这便于 NTFS 对磁盘文件分配的查询。为了便于 NTFS 快速查找，具有多个运行文件的常驻数据属性头中包含了 VCN-LCN 的映射关系，如图 4.13 所示。

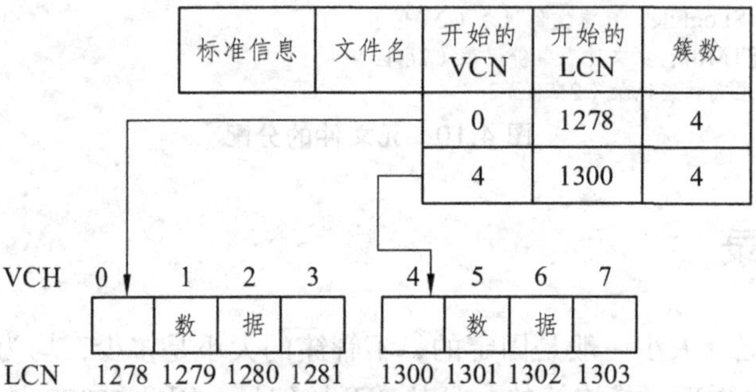

图 4.13　非常驻数据属性的 VCN–LCN 映射

虽然数据属性常常因太大而存储在运行中，但是其他属性也可能因 MFT 文件记录没有足够空间而需要存储在运行中。另外，如果一个文件有太多的属性而不能存放在 MFT 记录中，那么第 2 个 MFT 文件记录就可用来容纳这些额外的属性（或非常驻属性的头）。在这种情况下，一个叫做“属性列表”（Attribute List）的属性就加进来。属性列表包括文件属性的名称和类型代码以及属性所在 MFT 的文件引用。属性列表通常用于太大或太零散的文件，这种文件因 VCN-LCN 映射关系太大而需要多个 MFT 文件记录，具有超过 200 个运行的文件通常需要属性列表。

4.3　文件记录结构分析

文件记录针对的是某具体的文件，因此文件记录中需得记录下此文件的基本信息及这个文件相关的多种属性。文件记录从整体上看，一般被分为两部分：文件头、属性列表，如图 4.14 所示。属性列表指的是本文件的所有属性，而每一个属性又被分成：属性头和属性内容，如图 4.15 所示。

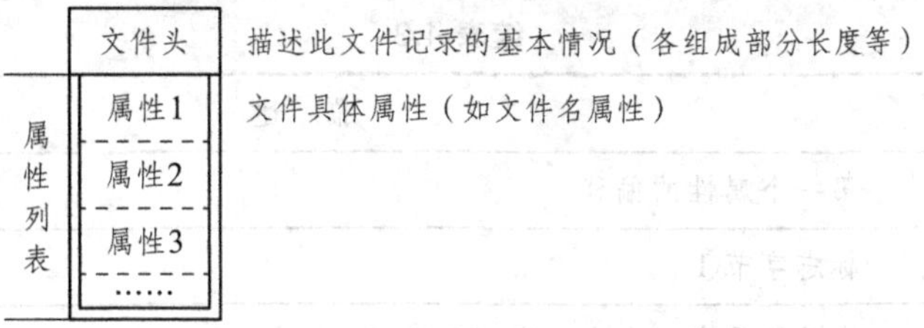

图 4.14 文件记录结构

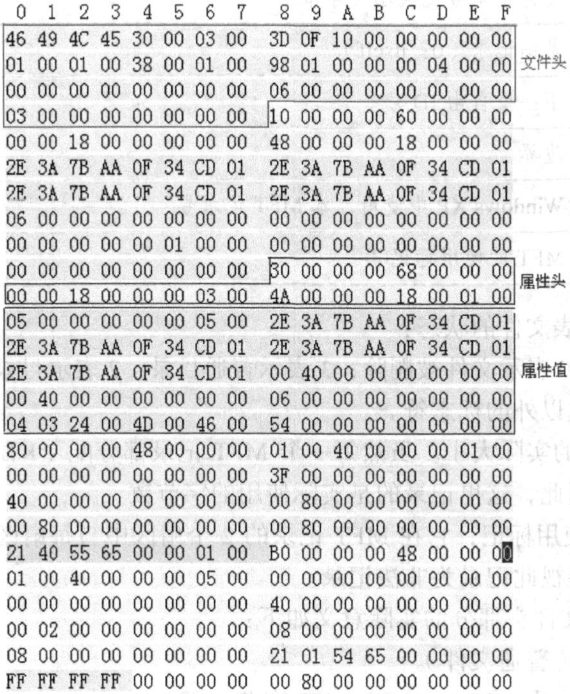

0 1 2 3 4 5 6 7 8 9 A B C D E F
46 49 4C 45 30 00 03 00 3D 0F 10 00 00 00 00 00
01 00 01 00 38 00 01 00 98 01 00 00 00 04 00 00
00 00 00 00 00 00 00 00 06 00 00 00 00 00 00 00
03 00 00 00 00 00 00 00 10 00 00 00 60 00 00 00
00 00 18 00 00 00 00 00 48 00 00 00 18 00 00 00
2E 3A 7B AA 0F 34 CD 01 2E 3A 7B AA 0F 34 CD 01
2E 3A 7B AA 0F 34 CD 01 2E 3A 7B AA 0F 34 CD 01
06 00 00 00 00 00 00 00 00 00 00 00 00 00 00 00
00 00 00 00 00 01 00 00 00 00 00 00 00 00 00 00
00 00 00 00 00 00 00 00 30 00 00 00 68 00 00 00
00 00 18 00 00 00 03 00 4A 00 00 00 18 00 01 00
05 00 00 00 00 00 05 00 2E 3A 7B AA 0F 34 CD 01
2E 3A 7B AA 0F 34 CD 01 2E 3A 7B AA 0F 34 CD 01
2E 3A 7B AA 0F 34 CD 01 00 40 00 00 00 00 00 00
00 40 00 00 00 00 00 00 06 00 00 00 00 00 00 00
04 03 24 00 4D 00 46 00 54 00 00 00 00 00 00 00
80 00 00 00 48 00 00 00 01 00 40 00 00 00 01 00
00 00 00 00 00 00 00 00 3F 00 00 00 00 00 00 00
40 00 00 00 00 00 00 00 00 80 00 00 00 00 00 00
00 80 00 00 00 00 00 00 00 80 00 00 00 00 00 00
21 40 55 65 00 00 01 00 B0 00 00 00 48 00 00 00
01 00 40 00 00 00 05 00 00 00 00 00 00 00 00 00
00 00 00 00 00 00 00 00 40 00 00 00 00 00 00 00
00 02 00 00 00 00 00 00 08 00 00 00 00 00 00 00
08 00 00 00 00 00 00 00 21 01 54 65 00 00 00 00
FF FF FF FF 00 00 00 00 00 80 00 00 00 00 00 00
文件头
属性头
属性值

图 4.15 属性列表

4.3.1 文件头

$MFT 文件记录头部结构如表 4.3 所示。

表 4.3 文件记录头结构

偏移	长度	描　述
0X00	4	固定值“FILE”
0X04	2	更新序列号偏移，与操作系统有关
0X06	2	固定列表大小
0X08	8	日志文件序列号
0X10	2	序列号（用于记录文件被反复使用的次数）
0X12	2	硬连接数，与目录中的项目关联，非常重要的参数

续表 4.3

偏移	长度	描　述
0X14	2	第一个属性的偏移
0X16	2	标志字节①
0X18	4	文件记录实际大小（字节）②
0X1C	4	文件记录分配大小（字节）
0C20	8	基础记录（0：itself）
0X28	2	下一个自由 ID 号
0X2A	2	边界
0X2C	4	Windows XP 中使用，本 MFT 记录号
0X30	4	MFT 的使用标记③

其中，表中 ① 代表文件的状态：

1 表示普通文件；0 表示文件被删除；3 表示普通目录；2 表示目录被删除。当然，对于系统的文件可能有除此以外的标志符。

② 代表文件记录的实际大小。虽然每一个 MFT 记录都分配 1 KB 的空间，但实际使用的字节数并不相同。因此，这里记录的是实际使用的字节数。

③ 代表 MFT 的使用标记，它在 MFT 记录的 2 个扇区中与每扇区的最末 4 个字节相对应，如若不然，系统将视此记录为非法记录。

因此图 4.15 中的文件头部分的实际意义如下：

- 文件类型：01（普通文件）。
- 文件记录实际大小：98 01 00 00（408 字节）。
- 文件记录分配大小：00 04 00 00（1 024 字节）。

4.3.2 属性列表

每个 MFT 文件记录的大小为 1 024 个字节，分为两部分：一部分为文件记录头，另一部分为属性列表。MFT 头的结构很小，其他空间都属于列表区域，用于存储各种特定类型的属性。

属性有很多类型，每种类型的属性都有自己的内部结构，但是其大体结构都可以分成两部分：属性头和属性内容。

由于属性有常驻和非常驻属性之分，因此属性头的结构也有所差别，但是不管是常驻属性还是非常驻属性，它们的属性头的前 16 个字节的结构是相同的。

1. 属性头

属性头用以说明该属性的类型、大小及名字，同时还包含压缩和加密标志，属性头的结构如表 4.4 所示。属性类型使用一个基于数据类型的数字表示。一个文件记录可以同时存在几个同一类型的属性，属性类型如表 4.5 所示。

表 4.4　属性头结构

偏移	长度	值	描　述
0X00	4	0X10	属性类型（10H，标准属性）
0X04	4	0X60	总长度（包括标准属性头头部本身）
0X08	1	0X00	非常驻标志
0X09	1	0X00	属性名的名称长度
0X0A	2	0X18	属性名的名称偏移
0X0C	2	0X00	标志（似乎已经不再使用，统一放在文件属性中）
0X0E	2	0X00	标识
0X10	4	L	属性长度（L）
0X14	2	0X18	属性内容起始偏移
0X16	1	0X00	索引标志
0X17	1	0X00	填充
0X18	L	0XE0…	从此处开始，共 L 字节为属性值

表 4.5　属性类型说明

属性号	属性名	属性描述
0X10	$STAKDRB_INFOIRMATION（标准属性）	包括基本文件属性，如只读、存档；时间标记，如文件的创建时间和最近一次修改的时间；有多少目录指向本文件
0X20	$ATTRIBUTE_LIST（属性列表）	当一个文件需要使用多个 MFT 文件记录时，用来表示该文件的属性列表
0X30	$FILE_NAME（文件名属性）	这是以 Unicode 字符表示的，由于 MS-DOS 不能正确识别 Win32 子系统创建的文件名，当 Win32 子系统创建一个文件名时，MTFS 会自动生成一个备用的 MS-DOS 文件名，所以一个文件可以有多种文件名属性
0X40	$VOLUME_VERSION（卷版本）	卷版本号
0X50	$SECURITY_DEscriptoR（安全描述符）	这是为了向后兼容而被保留的，主要用于保护文件以防止未授权访问
0X60	$VOLUME_NAME（卷名）	卷名称或卷标识
0X70	$VOLUME_INFORMATION（卷信息）	卷信息

续表 4.5

属性号	属性名	屋性描述
0X80	$BATA（数据属性）	这是文件的内容
0X90	$INDEX_ROOT（索引根属性）	索引根
0XA0	$INDEX_ALLOCATION（索引分配）	索引分配
0XB0	$BITMAP（位图属性）	位图
OXCO	$SYMBOLIC_LINK（符号链接）	符号链接
0XD0	$EA—INFORMATION（EA 信息）	扩充属性信息：主要为与 0S/2 兼容
0XE0	$EA（扩充属性）	主要为与 0S/2 兼容
0X100	$OBJECT_ID（对象 ID）	一个具有 64 个字节的标识符，其中量低的 16 个字节对卷来说是唯一的

2. 标准属性

标准属性的结构如表 4.6 所示。

表 4.6 标准属性的属性结构

偏移	大小	操作系统	描述
			标准属性头（已经分析过）
0X00	8		CTIME——文件创建时间
0X08	8		ATIME——文件修改时间
0XL0	8		MTIME——MFT 变化时间
0XL8	8		RTIME——文件访问时间
0X20	4		文件属性（按照 DOS 术语来称呼，都是文件属性）
0X24	4		文件所允许的最大版本号（0 表示未使用）
0X28	4		文件的版本号。若最大版本号为 0，则此值也为 0
0X2C	4		类 ID（一个双向的类索引）
0X30	4	Windows 2000	所有者 ID（表示文件的所有者，是文件配额$QUOTA 中$O 和$Q 索引的关键字，为 0 表示未使用磁盘配额）
0X34	4	Windows 2000	安全 ID 是文件$SECURE 中$SⅡ 索引和$SDS 数据流的关键字，注意不要与安全标识相混淆
0X38	8	Windows 2000	本文件所占用的字节数，它是文件所有流占用的总字节数，为 0 表示未使用磁盘配额
0X40	8	Windows 2000	更新系列号（USN），是到文件$USNJRNL 的一个直接的索引，为 0 表示 USN 日志未使用

3. 文件名属性

文件名属性的结构如表 4.7 所示，常见命名空间如表 4.8 所示。

表 4.7 文件名属性结构

偏移	大小	值	描述
0X00	4	0X30	属性类型
0X04	4	0X68	总长度
0X08	1	0X00	非常驻标志（0X00：常驻属性；0X01：非常驻属性）
0X09	1	0X00	属性名的名称长度
0X0A	2	0X18	属性名的名称偏移
0X0C	2	0X00	标志
0X0E	2	0X03	标识
0X10	4	0X4A	属性长度（L）
0X14	2	0X18	属性内容起始偏移
0X16	1	0X01	索引标志
0X17	1	0X00	填充
0X18	8		父目录记录号（前 6 个字节）+序列号（与目录相关）
0X20	8		文件创建时间
0X28	8		文件修改时间
0X30	8		最后一次 MFT 更新的时间
0X38	8		最后一次访问时间
0X40	8		文件分配大小
0X48	8		文件实际大小
0X50	4		标志，如目录、压缩、隐藏等
0X54	4		用于 EAS 和重解析点
0X58	1	04	以字符计的文件名长度⑤，每字节占用字节数由下一字节命名空间确定，一个字节长度，所以文件名最大为 255 字节长（L）
0X59	1	03	文件名命名空间，见表 4.8
0X60	2L		以 Unicode 方式标识的文件名

表 4.8 常见命名空间

标志	意义	描 述
O	POSIX	这是最大的命名空间。它大小写敏感，并允许使用除 NULL(0)和左斜框(/)以外的所有 Unicode 字符作为文件名，文件名量大长度为 255 个字符。有一些字符，如冒号(:)，在 NTFS 下有效，但 Windows 不让使用
1	Win32	Win32 和 POSIX 命名空间的一个子集，不区分大小写，可以使用除“*/: <≥? \? |”以外的所有 Unicode 字符。另外，文件不能以句点和空格结束
2	DOS	DOS 是 Win32 命名空间的一个子集，要求比空格的 ASCII 码要大，且不能使用* + / ,:; <≥? \ |等字符，另外其格式是 1~8 个字符的文件名，然后是句点分隔，然后是 1~3 个字符的扩展名
3	Win32 & DOS	该命名空间要求文件名对 Win32 和 DOS 命名空间都有效，这样，文件名就可以在文件记录中只保存一个文件名

4. 数据属性

数据属性的说明如表 4.9 所示。

表 4.9 数据流属性说明

偏移	大小	示例值	意 义
0X00	4	0X80	属性类型（0X80，数据流属性）
0X04	4	0X48	属性长度（包括本头部的总大小）
0X08	1	0X01	非常驻标志（0X00：常驻属性；0X01：非常驻属性）
0X09	1	0X00	名称长度，在$AttrDef 中定义，因此名称长度为 0
0XOA	2	0X0040	名称偏移
0XOC	2	0X00	标志，0X0001 为压缩标志，0X4000 为加密标志，0X8000 为系数文件标志
0XOE	2	0X0001	标识
0X10	8	0X00	起始 VCN
0X18	8	0X1FF1	结束 VCN
0X20	2	0X40	数据运行的偏移
0X22	2	0X00	压缩引擎
0X24	4	0X00	填充
0X28	8	0X1FF2000	为属性值分配大小（按分配的簇的字节数计算）
0X30	8	0X1FF1C00	属性值实际大小
0X38	8	0X1FF1C00	属性压缩大小
0X40	8	2148062431	数据运行④

请参照表 4.9 来解释如图 4.16 所示的文件的 80 属性的意义。

```
0C0000100 | 80 00 00 00 48 00 00 00  01 00 40 00 00 00 01 00
0C0000110 | 00 00 00 00 00 00 00 00  7F 11 00 00 00 00 00 00
0C0000120 | 40 00 00 00 00 00 00 00  00 00 18 01 00 00 00 00
0C0000130 | 00 00 18 01 00 00 00 00  00 00 18 01 00 00 00 00
0C0000140 | 32 80 11 00 00 0C 00 B6  B0 00 00 00 50 00 00 00
```

图 4.16　某文件的 80 属性

5. 位图属性

位图属性在 NTFS 的属性中是一个很灵活的属性，当它位于不同的文件下有不同的含义。比如：例中的 MFT 是文件$MFT 自身的记录。这里的位图属性有特殊的含义，此处为非常驻属性，标志 MFT 文件的使用情况（类似$BITMAP 的作用）。例中 31 01 40 4B 0F 为数据运行，起始簇为 0X0F4B40，占用一个簇。该簇中以每一位代表一个 MFT 记录的使用情况（占用为 1，未使用为 0）。实际操作中，可以根据文件的 ID 号查找与该文件的 MFT 对应的位。具体方法为，首先在$MFT 的记录中读取 0XB0 属性运行，根据运行找到$MFT：Bitmap 位置。对于文件 File，根据 MFT 记录的顺序记录文件 File 位于第几个，假设记录号为 ID，ID/8 = A，ID%8 = B。表明该文件的 MFT 记录的位图位从$MFT：Bitmap 的首字节偏移 A 个字节之后的第 B 个位。

4.3.3　目录文件

对 NTFS 系统来说，目录也是文件，目录以文件的形式存在。

1. 目录文件的属性

举个例子，对于一个班级来说，虽然大家都是平等的，但是班级里面有小组长，小组长和组员一样都是人，但是，所行使的职能不同。因此，目录虽然是文件，但是目录包含的属性不同。一般来说，目录包括头属性、标准属性（0X10）、文件名属性（0X30）、索引根属性（0X90），大多数时候还会包含索引分配属性（0XA0）。

对于真实的文档来说，它的内容是其中的文字。那么对于目录来说，它的内容应该是什么呢？

相信您可以猜到，当然是目录中包含的保存在该目录下的所有文件的信息（如果您了解 FAT 的格式，那么对这一点将会深信不疑）。事实当然应该如此，不然目录与文件如何联系呢？目录的数据区（与文件的数据区相似）中，保存在该目录下的每一个文件都有一个项目。这个项目我们把它称作索引项，因为目录通过它索引到文件。因此，与文件的数据属性一样，目录的“数据属性”有一个新的名字叫做“索引根属性”（0X90 属性）。索引根属性包括 2 个方面的内容。一个是该属性的头，叫做索引头。还有一个部分是索引部分。索引部分又包括“索引项”和“索引项尾”。如表 4.10 所示就是一个目录典型的 MFT。

表 4.10 小目录典型 MFT 记录

属性头
10 属性头
10 属性
30 属性头
30 属性
90 属性头（索引头）
90 属性（索引项）
索引项 1
索引项 2
……
00 00 00 00 00 00 00 00 10 00 00 00 02 00 00 00 （索引尾）
FF FF FF FF 82 79 47 11

现在大家可以阅读表 4.11，详细了解 0X90 属性中的索引头和索引部分。

表 4.11 索引根属性中索引头部分结构

偏移	大小	意 义
0X00	4	属性号
0X04	4	属性长度
0X08	1	常驻标志
0X09	1	名称长度
0X0A	2	名称偏移
0X0C	2	标志（常驻属性不能压缩）
0X0E	2	属性 ID
0X10	4	属性长度（不含头）
0X14	2	属性偏移
0X16	1	索引标志
0X17	1	填充
0X18	8	属性名
0X20	4	索引属性类型
0X24	4	排序规则
0X28	4	索引项分配大小
0X2C	1	每索引记录的簇数
0X2D	3	填充
0X30	4	每索引的偏移
0X34	4	索引项的总大小
0X38	4	索引项的分配
0X3C	1	标志，（0X01 大索引）
0X3C	3	填充

索引根属性就是由索引头和这一个个的索引项组成的。每个索引项对应一个文件。当文件被删除时，索引项也会随之消失。

前面已经介绍过，索引根属性是在 MFT 记录里的。当索引项越来越多，1 KB 的空间当然无法存储该属性。那么这个时候，NTFS 系统是如何处理的呢？

也许，您会想到，它可能与数据流的方法一样，通过数据运行索引到外部的数据区。如果能想到这一层，说明您已经开始熟悉 NTFS 系统了，NTFS 的确是这么做的。但是，与数据属性（0X80）有一点小小的区别，即它并非简单的在 0X90 属性中添加一个运行，原因在于目录可能很大，而通过目录查找文件需要一个有效的算法。在 NTFS 中，系统利用 B＋树的方法查找文件（这是一个较为复杂的问题，后面有详细介绍）。于是，当索引项太大，不能全部存储在 MFT 记录中时，就会有 2 个附加的属性出现：索引分配属性（0XA0），用于描述 B＋树目录的子节点；索引位图属性（0XB0），用于描述索引分配属性使用的虚拟簇号。需要保存在 MFT 外部的索引称作“外部索引”。0XA0 属性的结构与 0X80 属性完全一致，如表 4.12 所示。我们把这种有 0XA0 属性的目录称作大目录。大目录的 MFT 记录可能如下（在此只提出重要的属性，真实的 MFT 记录可能还包含别的属性），如表 4.13 所示。

表 4.12　索引项结构

偏移	大小	意　义
0X00	8	文件的 MFT 记录号
0X08	2	索引项大小
0X0A	2	名称偏移
0X0C	4	索引标志＋填充
0X10	8	父目录的 MFT 文件参考号
0X18	8	文件创建时间
OX20	8	文件修改时间
0X28	8	文件最后修改时间
0X30	8	文件最后访问时间
0X38	8	文件分配大小
0X40	8	文件实际大小
0X48	8	文件标志
0X50	1	文件名长度（F）
0X51	1	文件名命名空间
0X52	2F	文件名（填充到 8 字节）
0X52＋2F＋P		
0X52＋P＋2F　8 子节点索引缓存的 VCL		

表 4.13　大目录典型 MFT 记录

属性头
0X10 属性头
0X10 属性
0X30 属性头
0X30 属性
0X90 属性头（索引头）
0X90 属性（可能为空，也可能含有子项目。为 1 级节点）
0XA0 属性头
0XA0 属性
0XB0 属性头
0XB0 属性
FF FF FF FF 82 79 47 11

注意：90H 属性的最后 8 位是它的子节点 VCN，可以根据该簇号和运行定位它的子节点。

0XA0 属性的运行记录了外部索引分配的空间。目录的外部索引是以一个索引块为单位分配的（与簇的概念类似）。一般来说，一个索引块占 4 KB 的空间。索引块以“INDEX”开头，其头部的固定结构如表 4.14 所示。

表 4.14　索引区头部结构

偏移	大小	意　义
0X00	4	INDEX
0X04	2	更新序列号的偏移
0X06	2	更新序列号与更新数组（以字节为单位）
0X08	8	日志文件序列号
0X10	8	本索引缓存在索引分配中的 VCN
0X18	4	索引项的偏移（以字节为单位，相对 0X18 偏移到索引项）
0X1C	4	总的索引项的大小（相对 0X18 偏移到结尾）
0X20	4	索引项分配大小
0X24	1	如果不是叶节点，置 1，表示还有子节点
0X25	3	用 0 填充
0X28	2	更新序列（重要：与每扇区最后 2 个字节的值一致）
0X2A	2S-1	更新序列数组

索引块头部之后，连接的是索引目录项，其结构与前面介绍的索引项目是一致的，这里不再重复介绍。

2. 文件的查找方式

文件的索引延展到外部是分层次的。其层级结构如下。

理论上说，三级目录可以容纳几千个文件，已经足够满足现在的需求。

目录一定是从小目录到大目录（因为文件需要一个个的拷贝）。小目录的结构很简单，前面也已经做了详细的分析。此时再不断增加文件，目录会有以下几个步骤的变化。

（1）一级大目录（仅有一个索引块）。

索引块即是叶节点。它的 VCL 为 0。一个索引块只能存放 20 ~ 30 个文件。索引块中的索引项，以文件名按照字母大小排列。

（2）二级大目录（有多个索引块）。

当文件继续增加，一个索引块不能满足要求时，若再增加一个索引块，VCL 为 1，并在 0X90 属性中增加一个索引项目，为了描述方便，我们把这个项目叫做基点。仍然对所有的项目按字母大小排序，其字母比基点小的排在 VCL 为 0 的索引块中，否则排在 VCL 为 1 的索引块中。当文件继续增加，会再次开辟一个 VCL 为 2 的索引块，工作方式同上。

（3）三级大目录。

二级目录有一个限制，那就是，每增加一个索引块，0X90 属性就要增加一个项目。而 0X90 属性是在 MFT 中，其大小有限制，因此，不能无限的扩大二级目录。此时，系统很聪明地把一个外部的索引块当做基点。索引块的头部 0X24 的值置 1，表示不是叶节点。

NTFS 的目录结构是一个很复杂的部分，总的说来是利用平衡 B + 树的方式来安排每一个目录项的，但是，也不是标准的。我们可以借助 WinHex 来进一步分析 NTFS 的目录结构。

4.4 用户数据操作

4.4.1 【任务 4.2】创建新的空白文件

步骤 1：新建一虚拟磁盘，大小为 200 MB，如图 4.17 所示。使用“DiskLoader”加载虚拟磁盘，如图 4.18 所示，然后在“我的电脑”上右键单击，选择“管理”，进入“磁盘管理”，将此磁盘分成一个分区，分区为 NTFS 文件系统，如图 4.19 所示。

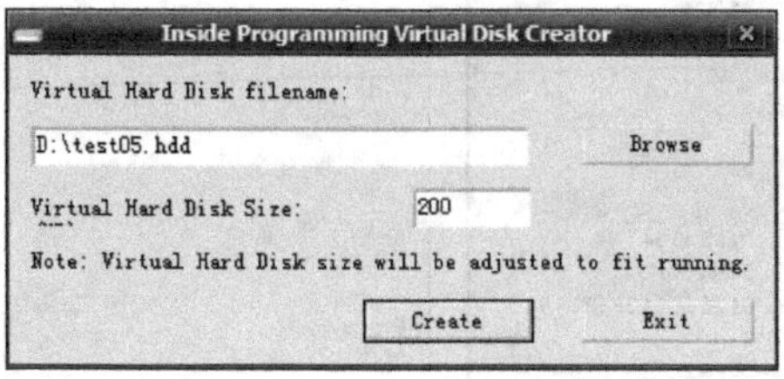

图 4.17 新建虚拟磁盘

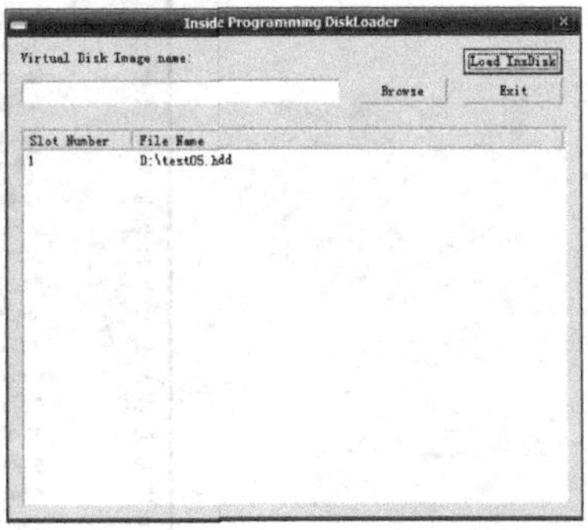

图 4.18 在“DiskLoader”中加载虚拟磁盘

步骤 2：在此分区中，新建一空白文档文件，名为“YQ.txt”，内容为空，如图 4.20 所示。

图 4.19　新建分区

图 4.20　新建空白文件

步骤 3：使用 WinHex 查看该磁盘的结构，可通过 DBR 查询本分区一簇的扇区数，如图 4.21、4.22 所示。

```
Offset     0  1  2  3  4  5  6  7   8  9  A  B  C  D  E  F
00000000  EB 52 90 4E 54 46 53 20  20 20 20 00 02 01 00 00   ëR NTFS
00000010  00 00 00 00 00 F8 00 00  3F 00 FF 00 3F 00 00 00        ø  ? ÿ ?
00000020  00 00 00 00 80 00 80 00  5A 5F 06 00 00 00 00 00            Z_
00000030  C9 1F 02 00 00 00 00 00  AD 2F 03 00 00 00 00 00   É         -/
00000040  02 00 00 00 08 00 00 00  01 2B 68 34 39 68 34 8A           +h49h4
00000050  00 00 00 00 FA 33 C0 8E  D0 BC 00 7C FB B8 C0 07       ú3À Ð¼ |û¸À
00000060  8E D8 E8 16 00 B8 00 0D  8E C0 33 DB C6 06 0E 00    Øè  ¸   À3ÛÆ
00000070  10 E8 53 00 68 00 0D 68  6A 02 CB 8A 16 24 00 B4    èS h  hj Ë $ ´
00000080  08 CD 13 73 05 B9 FF FF  8A F1 66 0F B6 C6 40 66    Í s ¹ÿÿ ñf ¶Æ@f
00000090  0F B6 D1 80 E2 3F F7 E2  86 CD C0 ED 06 41 66 0F    ¶Ñ â?÷â ÍÀí Af
000000A0  B7 C9 66 F7 E1 66 A3 20  00 C3 B4 41 BB AA 55 8A   ·Éf÷áf£  Ã´A»ªU
000000B0  16 24 00 CD 13 72 0F 81  FB 55 AA 75 09 F6 C1 01    $ Í r  ûUªu öÁ
000000C0  74 04 FE 06 14 00 C3 66  60 1E 06 66 A1 10 00 66   t þ   Ãf`  f¡  f
000000D0  03 06 1C 00 66 3B 06 20  00 0F 82 3A 00 1E 66 6A      f;     :  fj
000000E0  00 66 50 06 53 66 68 10  00 01 00 80 3E 14 00 00    fP Sfh     >
000000F0  0F 85 0C 00 E8 B3 FF 80  3E 14 00 00 0F 84 61 00      è³ÿ >     a
00000100  B4 42 8A 16 24 00 16 1F  8B F4 CD 13 66 58 5B 07   ´B  $    ôÍ fX[
00000110  66 58 66 58 1F EB 2D 66  33 D2 66 0F B7 0E 18 00   fXfX ë-f3Òf ·
00000120  66 F7 F1 FE C2 8A CA 66  8B D0 66 C1 EA 10 F7 36   f÷ñþÂ Êf Ðfáê ÷6
00000130  1A 00 86 D6 8A 16 24 00  8A E8 C0 E4 06 0A CC B8     Ö  $  èÀä  Ì¸
00000140  01 02 CD 13 0F 82 19 00  8C C0 05 20 00 8E C0 66     Í       À    Àf
00000150  FF 06 10 00 FF 0E 0E 00  0F 85 6F FF 07 1F 66 61   ÿ   ÿ     oÿ  fa
00000160  C3 A0 F8 01 E8 09 00 A0  FB 01 E8 03 00 FB EB FE   Ã ø è   û è  ûëþ
00000170  B4 01 8B F0 AC 3C 00 74  09 B4 0E BB 07 00 CD 10   ´  ð¬< t ´ »  Í
00000180  EB F2 C3 0D 0A 41 20 64  69 73 6B 20 72 65 61 64   ëòÃ  A disk read
00000190  20 65 72 72 6F 72 20 6F  63 63 75 72 72 65 64 00    error occurred
000001A0  0D 0A 4E 54 4C 44 52 20  69 73 20 6D 69 73 73 69     NTLDR is missi
000001B0  6E 67 00 0D 0A 4E 54 4C  44 52 20 69 73 20 63 6F   ng   NTLDR is co
000001C0  6D 70 72 65 73 73 65 64  00 0D 0A 50 72 65 73 73   mpressed   Press
000001D0  20 43 74 72 6C 2B 41 6C  74 2B 44 65 6C 20 74 6F    Ctrl+Alt+Del to
000001E0  20 72 65 73 74 61 72 74  0D 0A 00 00 00 00 00 00    restart
000001F0  00 00 00 00 00 00 00 00  83 A0 B3 C9 00 00 55 AA        ³É  Uª
```

图 4.21　NTFS 文件系统的 DBR

Boot Sector NTFS, 基本偏移: 0

Offset	标题	数值
0	JMP instruction	EB 52 90
3	File system ID	NTFS
B	Bytes per sector	512
D	Sectors per cluster	1
E	Reserved sectors	0
10	(always zero)	00 00 00
13	(unused)	00 00
15	Media descriptor	F8
16	(unused)	00 00
18	Sectors per track	63
1A	Heads	255
1C	Hidden sectors	63
20	(unused)	00 00 00 00
24	(always 80 00 80 00)	80 00 80 00
28	Total sectors	417626
30	Start C# $MFT	139209
38	Start C# $MFTMirr	208813
40	FILE record size indicator	2
41	(unused)	0
44	INDX buffer size indicator	8
45	(unused)	0
48	32-bit serial number (hex)	01 2B 68 34
48	32-bit SN (hex, reversed)	34682B01
48	64-bit serial number (hex)	01 2B 68 34 39 68 34 8A
50	Checksum	0
1FE	Signature (55 AA)	55 AA

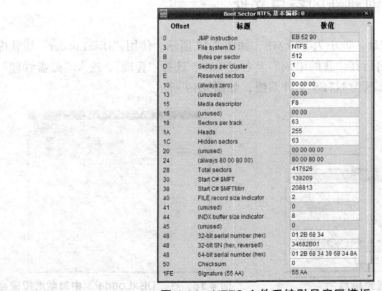

图 4.22　NTFS 文件系统引导扇区模板

进入本文件系统的 MFT 中，首先看到的就是 MFT 中，MFT 文件本身所对应的文件记录（见图 4.23）和当前已使用的簇号（见图 4.24）。

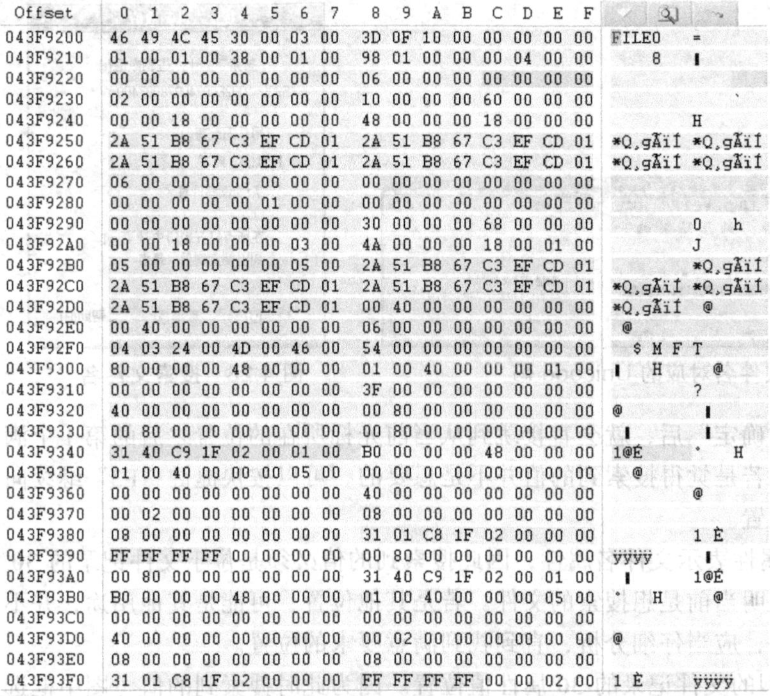

图 4.23　MFT 文件记录

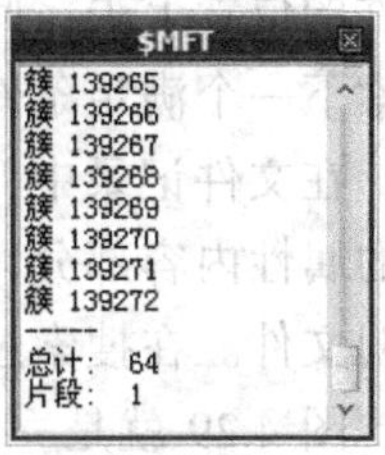

图 4.24　已使用簇的统计

步骤 4：搜索新建的文件所对应的文件记录。

NTFS 文件记录中的字符都是以 Unicode 码存储的，因此利用记事本文档，然后将其转存为 Unicode 码。

（1）新建一文本文档，写入新建文件的文件名（不要在虚拟磁盘中），如图 4.25 所示，然后将其另存为编码格式为 Unicode 码，如图 4.26 所示。

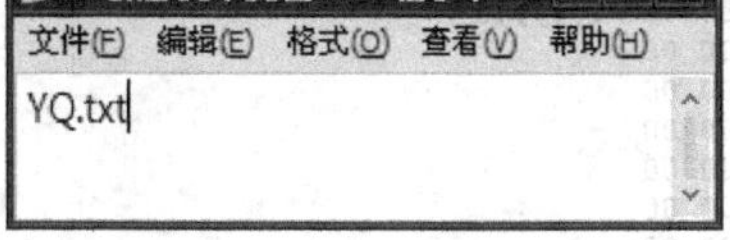

图 4.25　文本内容

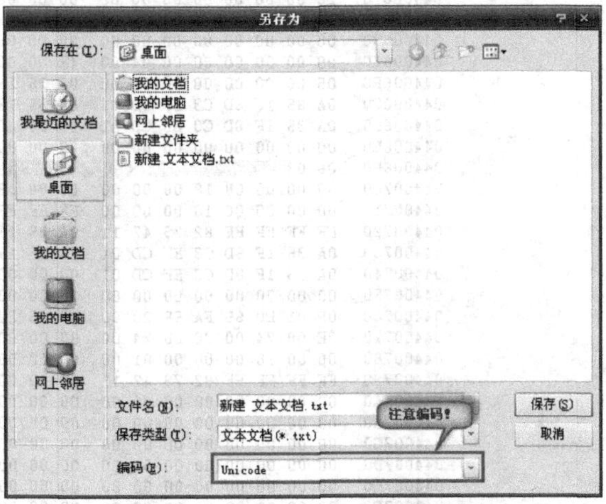

图 4.26　另存为 Unicode 编码格式

（2）在 WinHex 中打开此文本文档，然后复制其除了前 2 个之外的数值，如图 4.27 所示。

（3）点击“搜索—查找十六进制值”，然后在搜索界面中设置如图 4.28 所示的值。

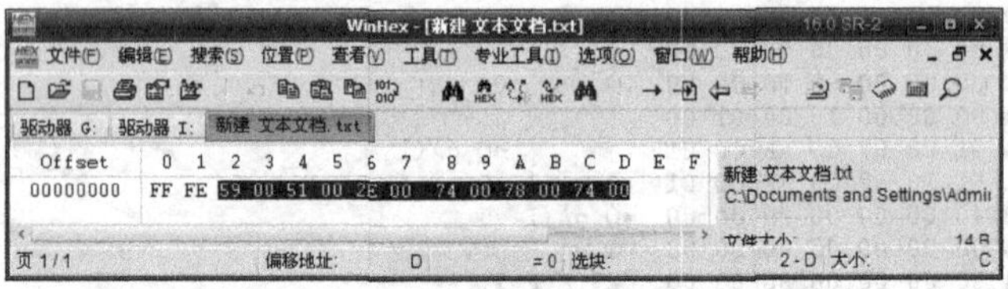

图 4.27　复制文件名对应的 Unicode 码

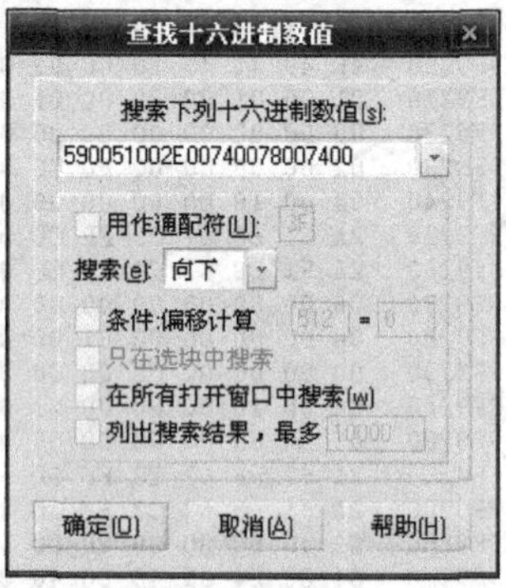

图 4.28　搜索文件名

在搜索界面，点击“确定”后，就会直接跳到从当前光标所在的位置之后的第 1 个满足条件的位置上去。此时，若是觉得搜索到的值并不是想要的，可以按快捷键“F3”继续向下搜索下一个满足条件的位置。

在文件记录中，30 属性表示文件名属性，因此搜索到的值必须是位于文件记录的 30 属性的属性内容部分，才表明当前是想搜索的文件。若是其他位置，可能是其他用途，并不是指明文件。在搜索过程中，应当仔细分析，直到找到满意要求的位置。

图 4.29 就是一个典型的文件记录的 30 属性值位置。因为此时搜索到的值（图中框选部分）刚好是在 30 属性的属性内容部分，所以可以确定当前就是此文件所对应的文件记录。此文件的其他属性可以从这 2 个扇区中得到。

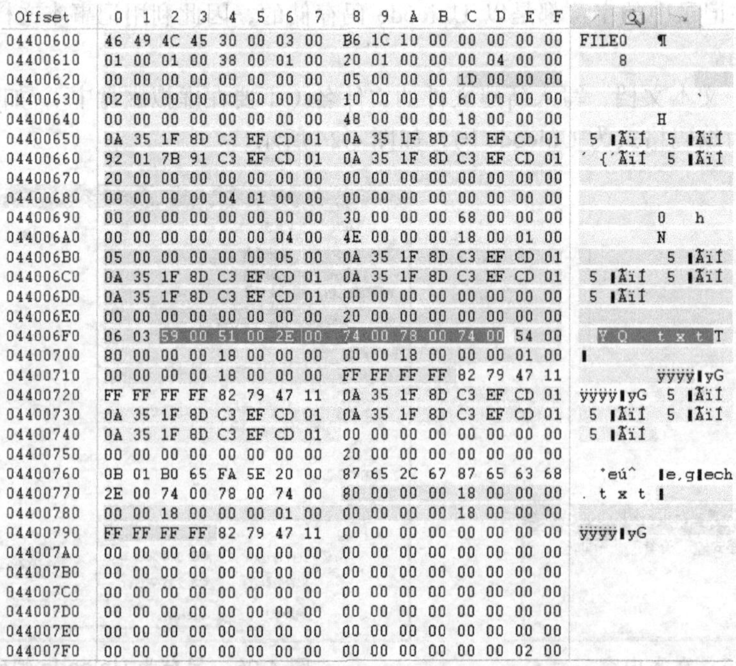

图 4.29　文件所对应的文件记录

分析这个文件记录，可以明显看到，本文件此时只有 10、30 和 80 属性。其中 10 属性是标准属性，主要存入的内容是文件的创建时间类型等；30 属性是文件名属性，主要就是文件名；80 属性是数据属性，因为此时是空白文件，所以没有任何数据内容。80 属性的属性总长为 18 个字节，而属性头就占 18 个字节，即意味着没有属性内容，也就是没有数据内容。

4.4.2 【任务 4.3】向文件中添加少量内容

步骤 1：在【任务 4.2】的文件中加入少量内容，如图 4.30 所示。

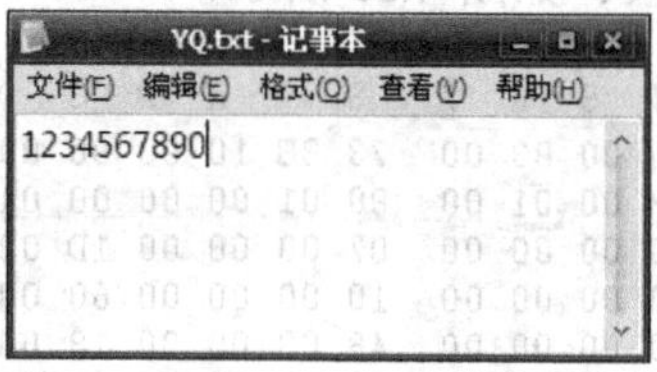

图 4.30　添加少量内容的文件

步骤 2：使用【任务 4.2】的方法，找到此文件对应的文件记录，如图 4.31 所示。

找到新的文件记录后，可以发现，此时增加了一个 40 属性，而且 80 属性的属性内容也增加了。其中 40 属性主要指的是卷标等信息，而 80 属性的增加意味着本文件内容的增加。仔细查看 80 属性的属性内容，可以直观地看到本文件的内容就刚好写在 80 属性的属性内容里面。这样，这个文件及其内容在加载此分区的时候就已经写入了缓存，下一次读取到这个文件的时候，就可以直接从缓存中读出文件，而不用再从硬盘地址中去取数，这就大大加快了读取此文件的速度。

```
Offset     0  1  2  3  4  5  6  7   8  9  A  B  C  D  E  F
04400600  46 49 4C 45 30 00 03 00  67 2B 10 00 00 00 00 00  FILE0   g+
04400610  01 00 01 00 38 00 01 00  58 01 00 00 00 04 00 00     8   X
04400620  00 00 00 00 00 00 00 00  06 00 00 00 1D 00 00 00
04400630  05 00 00 00 00 00 00 00  10 00 00 00 60 00 00 00
04400640  00 00 00 00 00 00 00 00  48 00 00 00 18 00 00 00          H
04400650  0A 35 1F 8D C3 EF CD 01  B4 B8 0E 59 C6 EF CD 01   5 ▮Ãïÿ ´¸ YÆïÍ
04400660  B4 B8 0E 59 C6 EF CD 01  B4 B8 0E 59 C6 EF CD 01  ´¸ YÆïÍ ´¸ YÆïÍ
04400670  20 00 00 00 00 00 00 00  00 00 00 00 00 00 00 00
04400680  00 00 00 00 04 01 00 00  00 00 00 00 00 00 00 00
04400690  00 00 00 00 00 00 00 00  30 00 00 00 68 00 00 00          0   h
044006A0  00 00 00 00 00 00 04 00  4E 00 00 00 18 00 01 00          N
044006B0  05 00 00 00 00 00 05 00  0A 35 1F 8D C3 EF CD 01           5 ▮ÃïÍ
044006C0  0A 35 1F 8D C3 EF CD 01  0A 35 1F 8D C3 EF CD 01   5 ▮ÃïÍ  5 ▮ÃïÍ
044006D0  0A 35 1F 8D C3 EF CD 01  00 00 00 00 00 00 00 00   5 ▮ÃïÍ
044006E0  00 00 00 00 00 00 00 00  20 00 00 00 00 00 00 00
044006F0  06 03 59 00 51 00 2E 00  74 00 78 00 74 00 54 00    Y Q . t x t T
04400700  40 00 00 00 28 00 00 00  00 00 00 00 00 00 05 00  @   (
04400710  10 00 00 00 18 00 00 00  4D C1 31 DA A0 5B E2 11          MÁ1Ú [â
04400720  A7 61 00 22 FA AB 93 3A  80 00 00 00 28 00 00 00  §a "ú«▮:▮   (
04400730  00 00 18 00 00 00 01 00  0A 00 00 00 18 00 00 00
04400740  31 32 33 34 35 36 37 38  39 30 00 00 00 00 00 00  1234567890
04400750  FF FF FF FF 82 79 47 11  20 00 00 00 00 00 00 00  ÿÿÿÿ▮yG
04400760  0B 01 B0 65 FA 5E 20 00  87 65 2C 67 87 65 63 68    °eú^  ▮e,g▮ech
04400770  2E 00 74 00 78 00 74 00  80 00 00 00 18 00 00 00  . t x t ▮
04400780  00 00 18 00 00 00 01 00  00 00 00 00 18 00 00 00
04400790  FF FF FF FF 82 79 47 11  00 00 00 00 00 00 00 00  ÿÿÿÿ▮yG
044007A0  00 00 00 00 00 00 00 00  00 00 00 00 00 00 00 00
044007B0  00 00 00 00 00 00 00 00  00 00 00 00 00 00 00 00
044007C0  00 00 00 00 00 00 00 00  00 00 00 00 00 00 00 00
044007D0  00 00 00 00 00 00 00 00  00 00 00 00 00 00 00 00
044007E0  00 00 00 00 00 00 00 00  00 00 00 00 00 00 00 00
044007F0  00 00 00 00 00 00 00 00  00 00 00 00 00 00 05 00
```

图 4.31　增加了少量数据后的文件记录

4.4.3 【任务 4.4】向文件中添加大量内容

步骤 1：向之前任务的文件中添加大量数据，内容可以任意。文件大小接近如图 4.32 所示大小即可。

图 4.32　文件属性

步骤 2：查看文件的文件记录，如图 4.33 所示。

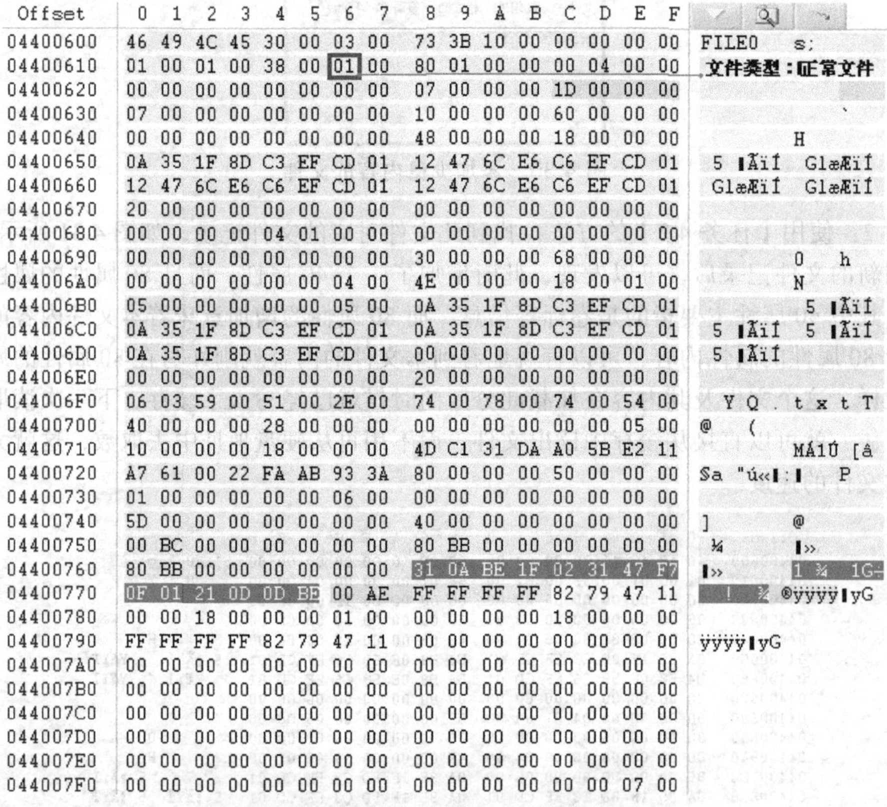


```
Offset    0  1  2  3  4  5  6  7   8  9  A  B  C  D  E  F
04400600 46 49 4C 45 30 00 03 00  73 3B 10 00 00 00 00 00  FILE0   s;
04400610 01 00 01 00 38 00 01 00  80 01 00 00 00 04 00 00
04400620 00 00 00 00 00 00 00 00  07 00 00 00 1D 00 00 00
04400630 07 00 00 00 00 00 00 00  10 00 00 00 60 00 00 00
04400640 00 00 00 00 00 00 00 00  48 00 00 00 18 00 00 00        H
04400650 0A 35 1F 8D C3 EF CD 01  12 47 6C E6 C6 EF CD 01   5 ▌ÃïÍ  GlæÆïÍ
04400660 12 47 6C E6 C6 EF CD 01  12 47 6C E6 C6 EF CD 01  GlæÆïÍ  GlæÆïÍ
04400670 20 00 00 00 00 00 00 00  00 00 00 00 00 00 00 00
04400680 00 00 00 00 04 01 00 00  00 00 00 00 00 00 00 00
04400690 00 00 00 00 00 00 00 00  30 00 00 00 68 00 00 00        0   h
044006A0 00 00 00 00 00 00 04 00  4E 00 00 00 18 00 01 00        N
044006B0 05 00 00 00 00 00 05 00  0A 35 1F 8D C3 EF CD 01          5 ▌Ãïİ
044006C0 0A 35 1F 8D C3 EF CD 01  0A 35 1F 8D C3 EF CD 01   5 ▌Ãïİ  5 ▌Ãïİ
044006D0 0A 35 1F 8D C3 EF CD 01  00 00 00 00 00 00 00 00   5 ▌Ãïİ
044006E0 00 00 00 00 00 00 00 00  20 00 00 00 00 00 00 00
044006F0 06 03 59 00 51 00 2E 00  74 00 78 00 74 00 54 00    Y Q . t x t T
04400700 40 00 00 00 28 00 00 00  00 00 00 00 00 00 05 00  @   (
04400710 10 00 00 00 18 00 00 00  4D C1 31 DA A0 5B E2 11          MÁ1Ú [â
04400720 A7 61 00 22 FA AB 93 3A  80 00 00 00 50 00 00 00  §a "ú«▌:▌  P
04400730 01 00 00 00 00 00 06 00  00 00 00 00 00 00 00 00
04400740 5D 00 00 00 00 00 00 00  40 00 00 00 00 00 00 00  ]       @
04400750 00 BC 00 00 00 00 00 00  80 BB 00 00 00 00 00 00   ¼      ▌»
04400760 80 BB 00 00 00 00 00 00  31 0A BE 1F 02 31 47 F7  ▌»      1 ¾  1G÷
04400770 0F 01 21 0D 0D BE 00 AE  FF FF FF FF 82 79 47 11    !   ¾ ®ÿÿÿÿ▌yG
04400780 00 00 18 00 00 00 01 00  00 00 00 00 18 00 00 00
04400790 FF FF FF FF 82 79 47 11  00 00 00 00 00 00 00 00  ÿÿÿÿ▌yG
044007A0 00 00 00 00 00 00 00 00  00 00 00 00 00 00 00 00
044007B0 00 00 00 00 00 00 00 00  00 00 00 00 00 00 00 00
044007C0 00 00 00 00 00 00 00 00  00 00 00 00 00 00 00 00
044007D0 00 00 00 00 00 00 00 00  00 00 00 00 00 00 00 00
044007E0 00 00 00 00 00 00 00 00  00 00 00 00 00 00 00 00
044007F0 00 00 00 00 00 00 00 00  00 00 00 00 00 00 07 00
```

图 4.33　增加了大量内容的文件记录

仔细查看图 4.33，除了 80 属性的属性内容部分发生变化外，其他部分与之前的文件差不多。这是因为文件的内容较大，而文件记录只有 1 KB 大小，已经不能写入文件的内容了。所以单独为数据内容分配了簇，图 4.33 框选部分的数值就是数据内容所在的簇的示意。

此时要涉及一个概念：簇流（在之前部分也叫做运行）。

簇流的描述一般分为 3 个部分，如图 4.34 所示。如图 4.33 所示的 80 属性内容为：31 0A BE 1F 02 31 47 F7 0F 01 21 0D 0D BE 00 AE。第 1 个字节为 31，低位数字为 1，表示此数值“31”后面的 1 个字节是表示第 1 个簇流的长度（簇的个数，即图 4.33 中的 0A）。高位为 3，表示簇流长度（图 4.33 中的“0A”）后 3 个字节表示第 1 个簇流的起始簇号（BE 1F 02）。

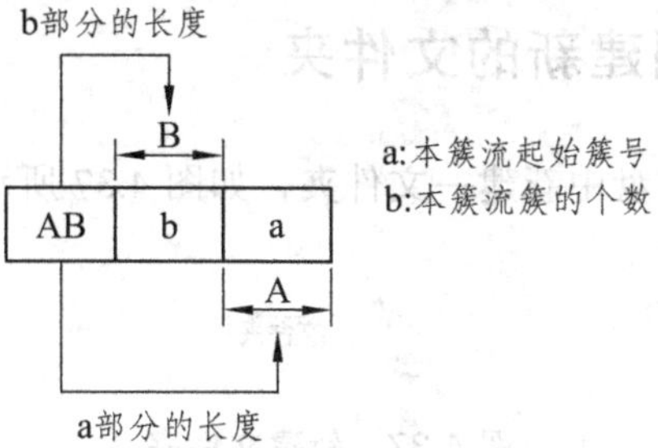

图 4.34　簇流结构

第一个簇流描述完后，接下来的数值是 31，其意义与第 1 个簇流一致，即第 2 个簇流的长度为（47），起始簇号为（F7 0F 01）。同理，第 3 个簇流的长度为（0D），起始簇号为（0D BE）。BE 后为 00，表示簇流列表已经结束。最后 AE 是校验值。

必须注意的是，在 NTFS 中，除了第 1 个簇流的起始簇号是物理簇号外，其他簇流的起始簇号都是指的相距上一个簇流的起始位置的相对位置。如本任务中，每个簇流的值如表 4.15 所示。

表 4.15　簇　流

		第一簇流	第二簇流	第三簇流
簇流列表中的值	起始簇号	BE 1F 02（139198）	F7 0F 01（69623）	0D BE（－16883）
	长度	0A（10）	47（71）	0D（13）
真实位置	起始簇号	139198	139198＋69623＝208821	208821＋（－16883）＝191938
	长度	10	71	13
	结束簇号	139207	208891	191950

即是说此文件被分成 3 个部分，第 1 部分从 139 198 簇开始到 139 207 簇结束，第 2 部分从 208 821 簇开始，208 891 簇结束，第 3 部分从 191 938 开始，到 191 950 簇结束。

4.4.4 【任务 4.5】删除文件，然后恢复文件

【任务 4.4】已经分析出了此文件被分成 3 个部分，此时只需要分别找到这 3 个部分，另存为文件，然后将 3 个文件合并为 1 个文件即可恢复出原始文件，其操作过程如图 4.35、4.36 所示。

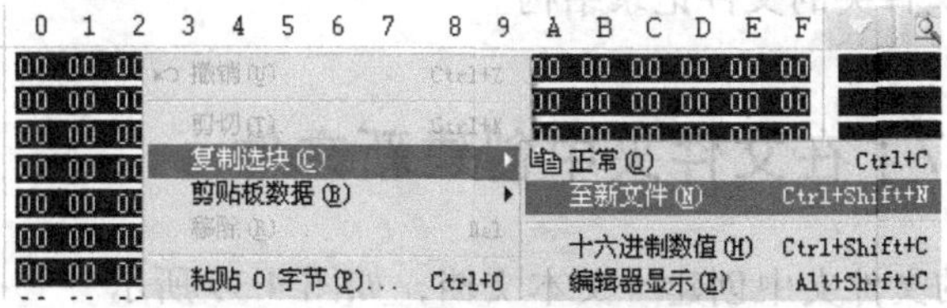

图 4.35　“复制选块”/“至新文件”

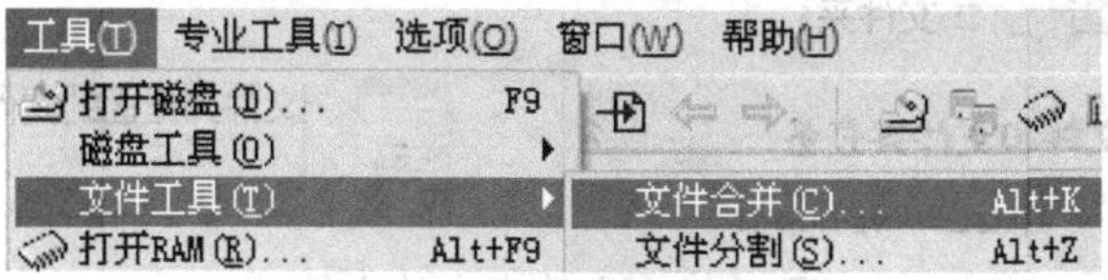

图 4.36　文件合并

4.4.5 【任务 4.6】创建新的文件夹

步骤 1：在新建的虚拟磁盘中新建一文件夹，如图 4.37 所示。

图 4.37 新建文件夹

步骤 2：在 WinHex 中搜索文件夹的名字，查找其对应的文件记录，如图 4.38 所示。

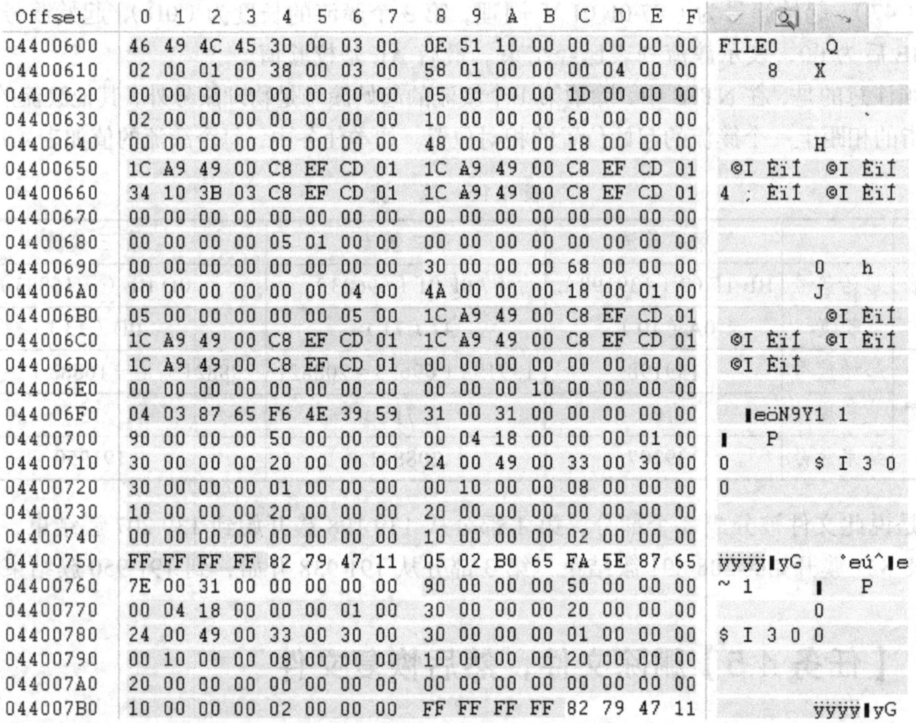

Offset	0	1	2	3	4	5	6	7	8	9	A	B	C	D	E	F	
04400600	46	49	4C	45	30	00	03	00	0E	51	10	00	00	00	00	00	FILE0 Q
04400610	02	00	01	00	38	00	03	00	58	01	00	00	00	04	00	00	8 X
04400620	00	00	00	00	00	00	00	00	05	00	00	00	1D	00	00	00	
04400630	02	00	00	00	00	00	00	00	10	00	00	00	60	00	00	00	`
04400640	00	00	00	00	00	00	00	00	48	00	00	00	18	00	00	00	H
04400650	1C	A9	49	00	C8	EF	CD	01	1C	A9	49	00	C8	EF	CD	01	©I ÈïÍ ©I ÈïÍ
04400660	34	10	3B	03	C8	EF	CD	01	1C	A9	49	00	C8	EF	CD	01	4 ; ÈïÍ ©I ÈïÍ
04400670	00	00	00	00	00	00	00	00	00	00	00	00	00	00	00	00	
04400680	00	00	00	00	05	01	00	00	00	00	00	00	00	00	00	00	
04400690	00	00	00	00	00	00	00	00	30	00	00	00	68	00	00	00	0 h
044006A0	00	00	00	00	00	00	04	00	4A	00	00	00	18	00	01	00	J
044006B0	05	00	00	00	00	00	05	00	1C	A9	49	00	C8	EF	CD	01	©I ÈïÍ
044006C0	1C	A9	49	00	C8	EF	CD	01	1C	A9	49	00	C8	EF	CD	01	©I ÈïÍ ©I ÈïÍ
044006D0	1C	A9	49	00	C8	EF	CD	01	00	00	00	00	00	00	00	00	©I ÈïÍ
044006E0	00	00	00	00	00	00	00	00	00	00	00	10	00	00	00	00	
044006F0	04	03	87	65	F6	4E	39	59	31	00	31	00	00	00	00	00	▮eöN9Y1 1
04400700	90	00	00	00	50	00	00	00	00	04	18	00	00	00	01	00	▮ P
04400710	30	00	00	00	20	00	00	00	24	00	49	00	33	00	30	00	0 $ I 3 0
04400720	30	00	00	00	01	00	00	00	00	10	00	00	08	00	00	00	0
04400730	10	00	00	00	20	00	00	00	20	00	00	00	00	00	00	00	
04400740	00	00	00	00	00	00	00	00	10	00	00	00	02	00	00	00	
04400750	FF	FF	FF	FF	82	79	47	11	05	02	B0	65	FA	5E	87	65	ÿÿÿÿ▮yG °eú^▮e
04400760	7E	00	31	00	00	00	00	00	90	00	00	00	50	00	00	00	~ 1 ▮ P
04400770	00	04	18	00	00	00	01	00	30	00	00	00	20	00	00	00	0
04400780	24	00	49	00	33	00	30	00	30	00	00	00	01	00	00	00	$ I 3 0 0
04400790	00	10	00	00	08	00	00	00	10	00	00	00	20	00	00	00	
044007A0	20	00	00	00	00	00	00	00	00	00	00	00	00	00	00	00	
044007B0	10	00	00	00	02	00	00	00	FF	FF	FF	FF	82	79	47	11	ÿÿÿÿ▮yG

图 4.38 新建文件夹

请读者自行分析文件夹的文件记录结构。

4.4.6 【任务 4.7】在文件夹中创建新文件

步骤 1：在之前的文件夹中创建一文本文档，如图 4.39 所示。

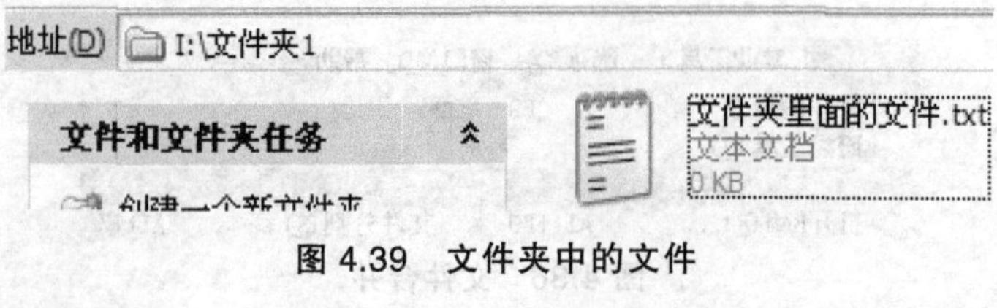

图 4.39 文件夹中的文件

步骤 2：在 WinHex 软件中搜索到文件夹及文件夹里面的文件。分别分析其结构，如图 4.40、4.41 所示。

Offset	0	1	2	3	4	5	6	7	8	9	A	B	C	D	E	F	
04400600	46	49	4C	45	30	00	03	00	59	5D	10	00	00	00	00	00	FILE0 Y]
04400610	02	00	01	00	38	00	03	00	30	02	00	00	00	04	00	00	8 0
04400620	00	00	00	00	00	00	00	00	05	00	00	00	1D	00	00	00	
04400630	03	00	39	59	00	00	00	00	10	00	00	00	60	00	00	00	9Y `
04400640	00	00	00	00	00	00	00	00	48	00	00	00	18	00	00	00	H
04400650	1C	A9	49	00	C8	EF	CD	01	02	F1	15	78	C9	EF	CD	01	©I ÈïÍ ñ xÉïÍ
04400660	02	F1	15	78	C9	EF	CD	01	02	F1	15	78	C9	EF	CD	01	ñ xÉïÍ ñ xÉïÍ
04400670	00	00	00	00	00	00	00	00	00	00	00	00	00	00	00	00	
04400680	00	00	00	00	05	01	00	00	00	00	00	00	00	00	00	00	
04400690	00	00	00	00	00	00	00	00	30	00	00	00	68	00	00	00	0 h
044006A0	00	00	00	00	00	00	04	00	4A	00	00	00	18	00	01	00	J
044006B0	05	00	00	00	00	00	05	00	1C	A9	49	00	C8	EF	CD	01	©I ÈïÍ
044006C0	1C	A9	49	00	C8	EF	CD	01	1C	A9	49	00	C8	EF	CD	01	©I ÈïÍ ©I ÈïÍ
044006D0	1C	A9	49	00	C8	EF	CD	01	00	00	00	00	00	00	00	00	©I ÈïÍ
044006E0	00	00	00	00	00	00	00	00	00	00	00	10	00	00	00	00	
044006F0	04	03	87	65	F6	4E	39	59	31	00	31	00	00	00	00	00	▮eöN9Y1 1
04400700	90	00	00	00	28	01	00	00	00	04	18	00	00	00	01	00	▮ (
04400710	08	01	00	00	20	00	00	00	24	00	49	00	33	00	30	00	$ I 3 0
04400720	30	00	00	00	01	00	00	00	00	10	00	00	08	00	00	00	0
04400730	10	00	00	00	F8	00	00	00	F8	00	00	00	00	00	00	00	ø ø
04400740	1E	00	00	00	00	00	01	00	68	00	54	00	00	00	00	00	h T
04400750	1D	00	00	00	00	00	02	00	9A	B3	47	73	C9	EF	CD	01	▮³GsÉïÍ
04400760	9A	B3	47	73	C9	EF	CD	01	02	F1	15	78	C9	EF	CD	01	▮³GsÉïÍ ñ xÉïÍ
04400770	9A	B3	47	73	C9	EF	CD	01	00	00	00	00	00	00	00	00	▮³GsÉïÍ
04400780	00	00	00	00	00	00	00	00	20	00	00	00	00	00	00	00	
04400790	09	02	87	65	F6	4E	39	59	7E	00	31	00	2E	00	54	00	▮eöN9Y~ 1 . T
044007A0	58	00	54	00	74	00	78	00	1E	00	00	00	00	00	01	00	X T t x
044007B0	70	00	5A	00	00	00	00	00	1D	00	00	00	00	00	02	00	p Z
044007C0	9A	B3	47	73	C9	EF	CD	01	9A	B3	47	73	C9	EF	CD	01	▮³GsÉïÍ ▮³GsÉïÍ
044007D0	02	F1	15	78	C9	EF	CD	01	9A	B3	47	73	C9	EF	CD	01	ñ xÉïÍ ▮³GsÉïÍ
044007E0	00	00	00	00	00	00	00	00	00	00	00	00	00	00	00	00	
044007F0	20	00	00	00	00	00	00	00	0C	01	87	65	F6	4E	03	00	▮eöN
04400800	CC	91	62	97	84	76	87	65	F6	4E	2E	00	74	00	78	00	Ì´b▮▮v▮eöN. t x
04400810	74	00	00	00	00	00	00	00	00	00	00	00	00	00	00	00	t
04400820	10	00	00	00	02	00	00	00	FF	FF	FF	FF	82	79	47	11	ÿÿÿÿ▮yG

图 4.40 文件夹所对应的文件记录

Offset	0	1	2	3	4	5	6	7	8	9	A	B	C	D	E	F	
04400A00	46	49	4C	45	30	00	03	00	A0	5D	10	00	00	00	00	00	FILE0]
04400A10	01	00	02	00	38	00	01	00	A0	01	00	00	00	04	00	00	8
04400A20	00	00	00	00	00	00	00	00	06	00	00	00	1E	00	00	00	
04400A30	02	00	00	00	00	00	00	00	10	00	00	00	60	00	00	00	`
04400A40	00	00	00	00	00	00	00	00	48	00	00	00	18	00	00	00	H
04400A50	9A	B3	47	73	C9	EF	CD	01	9A	B3	47	73	C9	EF	CD	01	▮³GsÉïÍ ▮³GsÉïÍ
04400A60	02	F1	15	78	C9	EF	CD	01	9A	B3	47	73	C9	EF	CD	01	ñ xÉïÍ ▮³GsÉïÍ
04400A70	20	00	00	00	00	00	00	00	00	00	00	00	00	00	00	00	
04400A80	00	00	00	00	04	01	00	00	00	00	00	00	00	00	00	00	
04400A90	00	00	00	00	00	00	00	00	30	00	00	00	70	00	00	00	0 p
04400AA0	00	00	00	00	00	00	05	00	54	00	00	00	18	00	01	00	T
04400AB0	1D	00	00	00	00	00	02	00	9A	B3	47	73	C9	EF	CD	01	▮³GsÉïÍ
04400AC0	9A	B3	47	73	C9	EF	CD	01	9A	B3	47	73	C9	EF	CD	01	▮³GsÉïÍ ▮³GsÉïÍ
04400AD0	9A	B3	47	73	C9	EF	CD	01	00	00	00	00	00	00	00	00	▮³GsÉïÍ
04400AE0	00	00	00	00	00	00	00	00	20	00	00	00	00	00	00	00	
04400AF0	09	02	87	65	F6	4E	39	59	7E	00	31	00	2E	00	54	00	▮eöN9Y~ 1 . T
04400B00	58	00	54	00	74	00	78	00	30	00	00	00	78	00	00	00	X T t x 0 x
04400B10	00	00	00	00	00	00	04	00	5A	00	00	00	18	00	01	00	Z
04400B20	1D	00	00	00	00	00	02	00	9A	B3	47	73	C9	EF	CD	01	▮³GsÉïÍ
04400B30	9A	B3	47	73	C9	EF	CD	01	9A	B3	47	73	C9	EF	CD	01	▮³GsÉïÍ ▮³GsÉïÍ
04400B40	9A	B3	47	73	C9	EF	CD	01	00	00	00	00	00	00	00	00	▮³GsÉïÍ
04400B50	00	00	00	00	00	00	00	00	20	00	00	00	00	00	00	00	
04400B60	0C	01	87	65	F6	4E	39	59	CC	91	62	97	84	76	87	65	▮eöN9YÌ´b▮▮v▮e
04400B70	F6	4E	2E	00	74	00	78	00	74	00	00	00	18	00	00	00	öN. t x t
04400B80	80	00	00	00	18	00	00	00	00	00	18	00	00	00	01	00	▮
04400B90	00	00	00	00	18	00	00	00	FF	FF	FF	FF	82	79	47	11	ÿÿÿÿ▮yG

图 4.41 文件夹里面的文件所对应的文件记录

4.4.7 思考：删除文件夹后如何恢复文件夹中的文件？

请思考：删除文件夹后如何恢复文件夹中的文件？

第5章 文档数据修复

文档数据修复是指对文档受损后不能正常打开或打开后是乱码的修复。本章中所指文档数据是指特定应用程序的数据，所指损坏不是文档数据本身的丢失或被删除等情况，而是指文档数据的逻辑损坏，即不能正确识别或读取，以至不能正常打开或打开后是乱码。

5.1 Windows 中的常见文件类型

既然文档数据是一定的应用程序的数据，打开文档就需要一些特定的应用程序。在 Windows 系统中，文档的类型是以文件扩展名来区分的。在表 5.1 中，列出了一些 Windows 系统中常见的文档类型。在“我的电脑—工具—文件夹选项—文件类型”中也可查看相关信息。

表 5.1 Windows 常见文件类型

扩展名	文件类型	使用程序
ANI	动画光标	看图程序
ARJ	压缩文件	解压缩程序
AVI	媒体文件	媒体播放程序
BAK	备份文件	Windows Backup
BAT	批处理文件	
BIN	二进制文件	
BMP	图片文件	看图程序
CAB	压缩文件	解压缩程序
CHM	HTML 帮助文件	浏览器程序
COM	命令执行文件	
DAT	媒体文件	媒体播放程序
DLL	应用扩展	动态库文件
DOC	文本文件	Word
DOCX	文本文件	Word
DWG	图像文件	AutoCAD
EXE	执行文件	

续表 5.1

扩展名	文件类型	使用程序
FON	字体文件	
FLV	媒体文件	媒体播放程序
GHO	镜像文件	Ghost
HTM/HTML	网页文件	浏览器程序
ICO	图标文件	看图程序
JPEG	图片文件	看图程序
MP3	音乐文件	音频程序
Mpeg	媒体文件	媒体播放程序
PDF	PDF 文件	Adobe Reader
PPT	演示文件	PowerPoint
RAR	压缩文件	解压缩程序
REG	注册表文件	注册表程序
SWF	Flash 文件	Flash
TMP	临时文件	
TXT	文本文件	记事本
WAV	媒体文件	媒体播放程序
XLS	表格文件	Excel
ZIP	压缩文件	解压缩程序

通过点击“更改”，可以修改打开相应文件的程序，如果选择“始终使用选择的程序打开这种文件”，则以后凡是这种扩展名文件均自动选用这种程序打开，如图 5.1 所示。

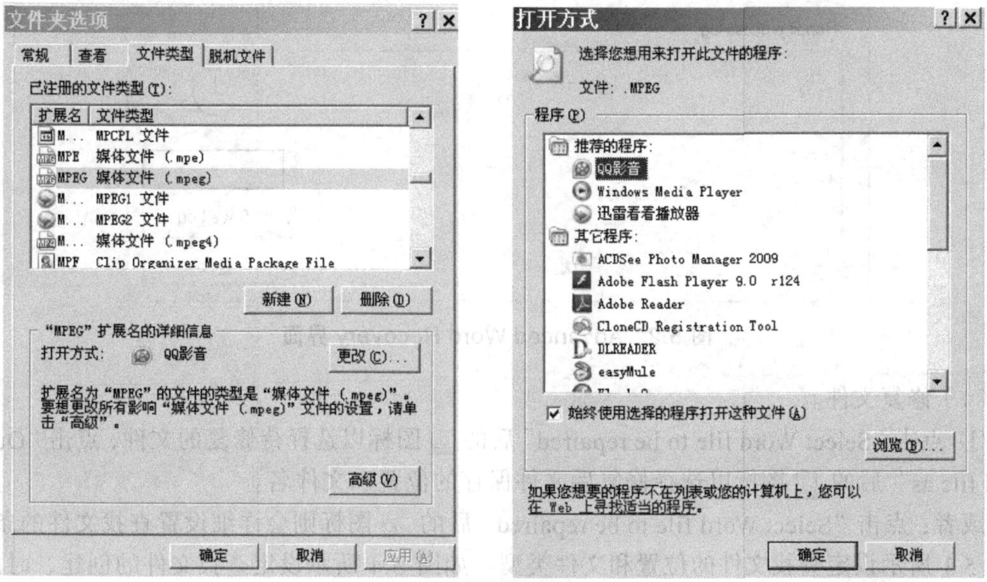

图 5.1　文件类型及所用程序

5.2　办公文档修复

办公文档的损坏是大家在工作中经常遇到的问题。由于一些客观因素的限制，有些数据是无法重新制作而必须要求修复和还原的，此时如何进行文档的修复使得文档能够进行正常的读写就显得十分重要了。

在修复文档时，可以先试一下用其他可替代程序是否可以正常打开，或者是否需要程序的兼容包、升级包之类（如用 Word2003 读取 Word2007 文件就需要升级包），并且修复措施最好针对原文件的备份文件进行。下面介绍对常用办公文档的修复。

5.2.1 【任务 5.1】Word 文档修复之一

借助专业修复工具 Advanced Word Recovery 修复 Word 文档，Advanced Word Recovery 的安装非常简单，在此不再讲述。修复步骤如下：

打开 Advanced Word Recovery 的主界面，如图 5.2 所示。

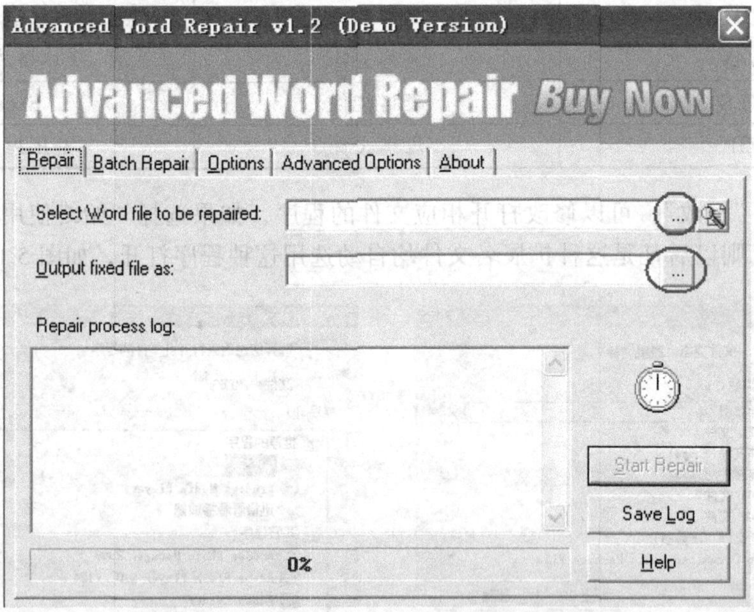

图 5.2　Advanced Word Recovery 界面

（1）修复文件。

① 点击"Select Word file to be repaired"后的 图标以选择待修复的文件，点击"Output fixed file as"后的 图标以选择修复后文件保存的位置和文件名。

或者：点击"Select Word file to be repaired"后的 图标则会详细设置查找文件的条件，如图 5.3 所示设定查找文件的位置和文件类型。如图 5.4 所示设定查找文件的创建、时间、访问时间。如图 5.5 所示设定查找文件的大小和属性。

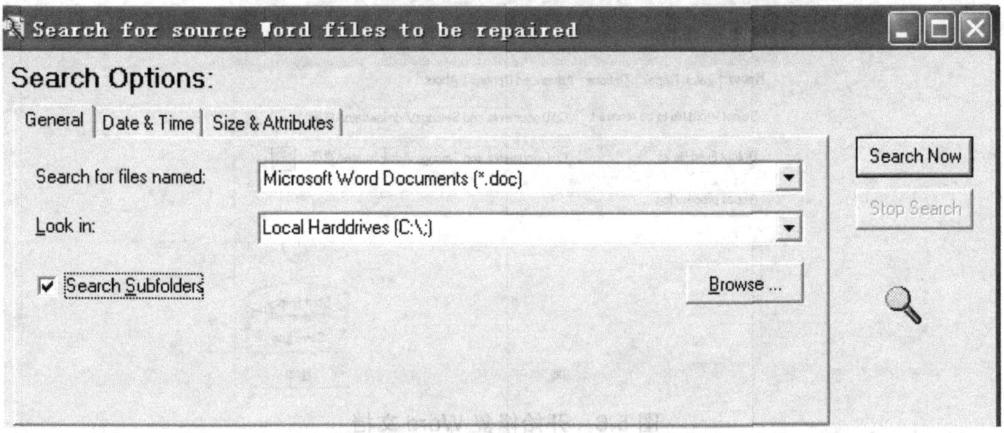

图 5.3　设定查找文件的位置和文件类型

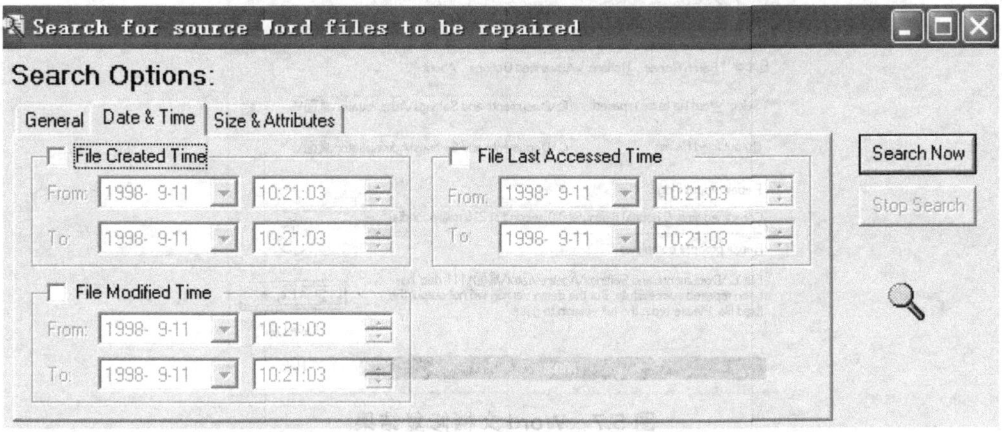

图 5.4　设定查找文件的创建、时间、访问时间

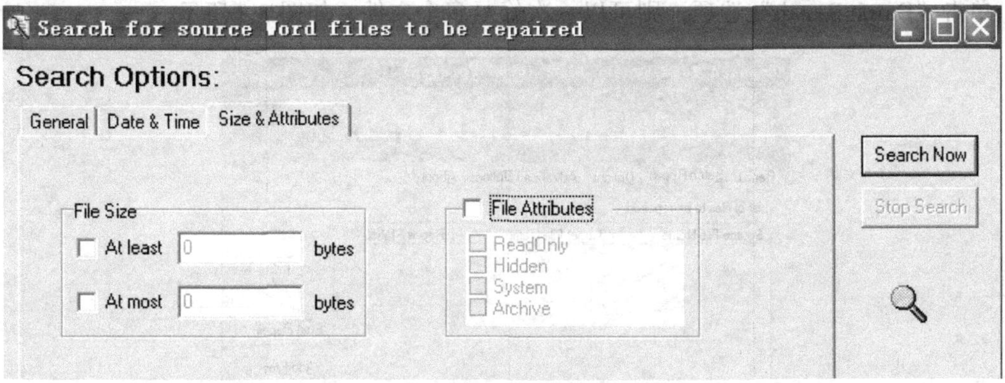

图 5.5　设定查找文件的大小和属性

② 单击“Start Repair”，开始进行修复 Word 文档的操作，如图 5.6 所示。其结果如图 5.7 所示。

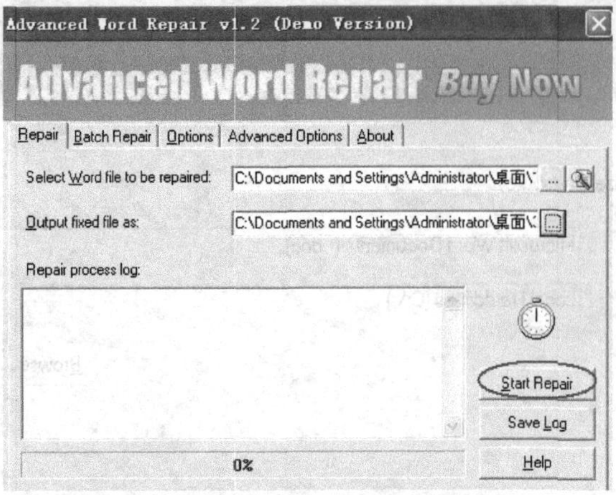

图 5.6　开始修复 Word 文档

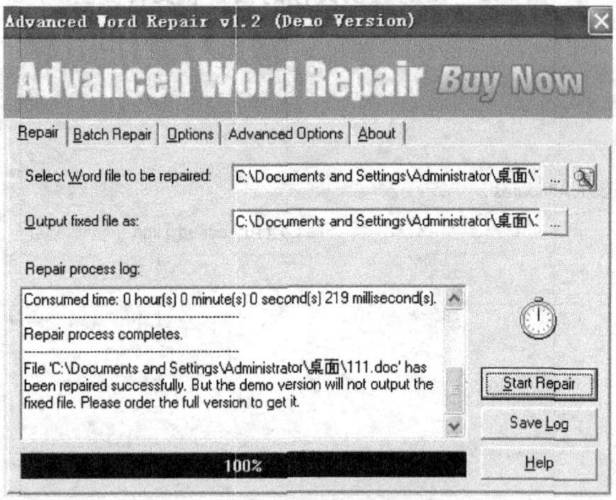

图 5.7　Word 文档修复结果

（2）批量修复文件。

单击“Batch Repair”选项，则可以一次修复多个文件，如图 5.8 所示。

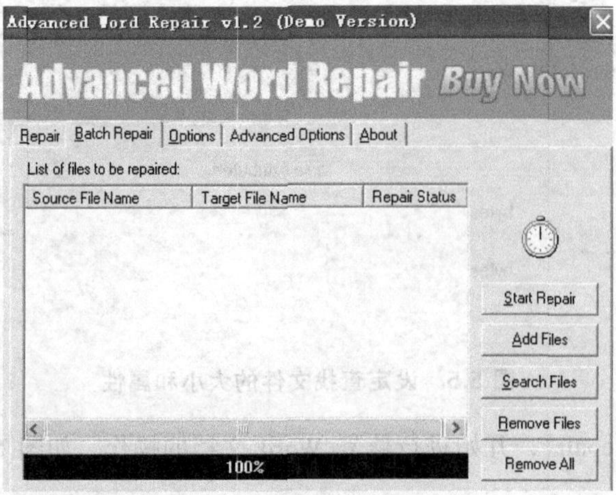

图 5.8　修复多个 Word 文档

5.2.2 【任务 5.2】Word 文档修复之二

借助 EasyRecovery 修复 Word 文档。EasyRecovery 工具的安装过程十分简便，在此不再讲述。修复步骤如下：

打开 EasyRecovery 的主界面，如图 5.9 所示。

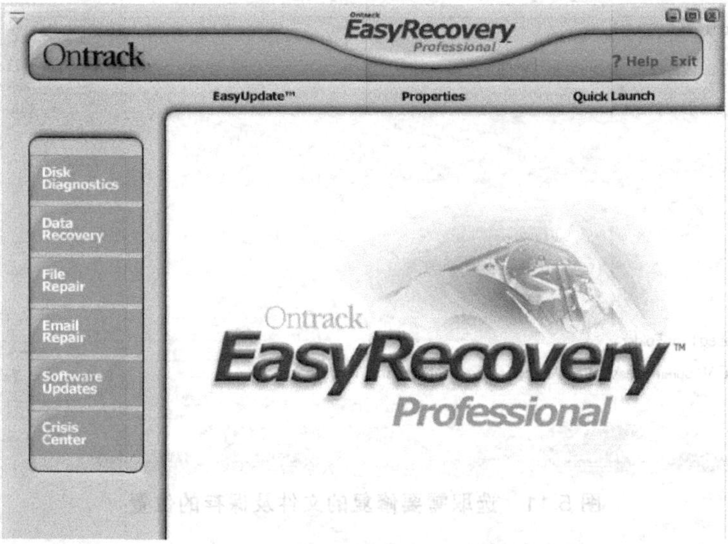

图 5.9　EasyRecovery 的主界面

① 单击“File Repair”，出现可以修复的文件类型，如图 5.10 所示。可以看出，EasyRecovery 不仅可以修复 Word 文件，也可以修复 Access 文件、Excel 文件、PowerPoint 文件和 Zip 文件。

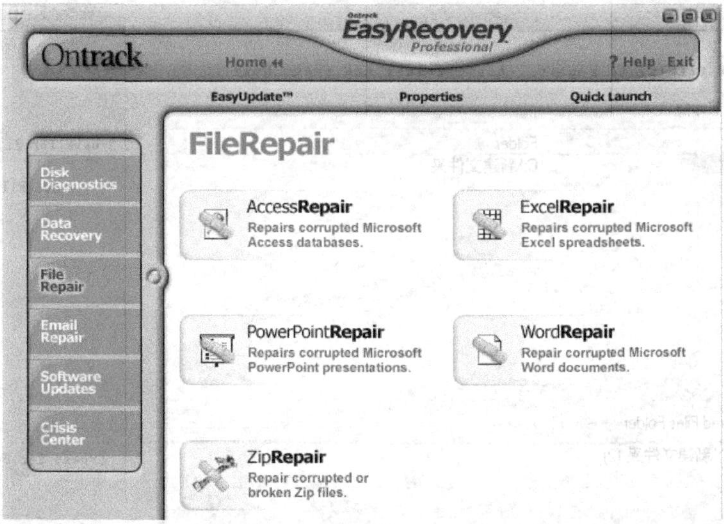

图 5.10　“File Repair”界面

② 单击“WordRepair”，出现如图 5.11 所示界面，通过点击所选按钮选择需要修复的文件及保存的位置。

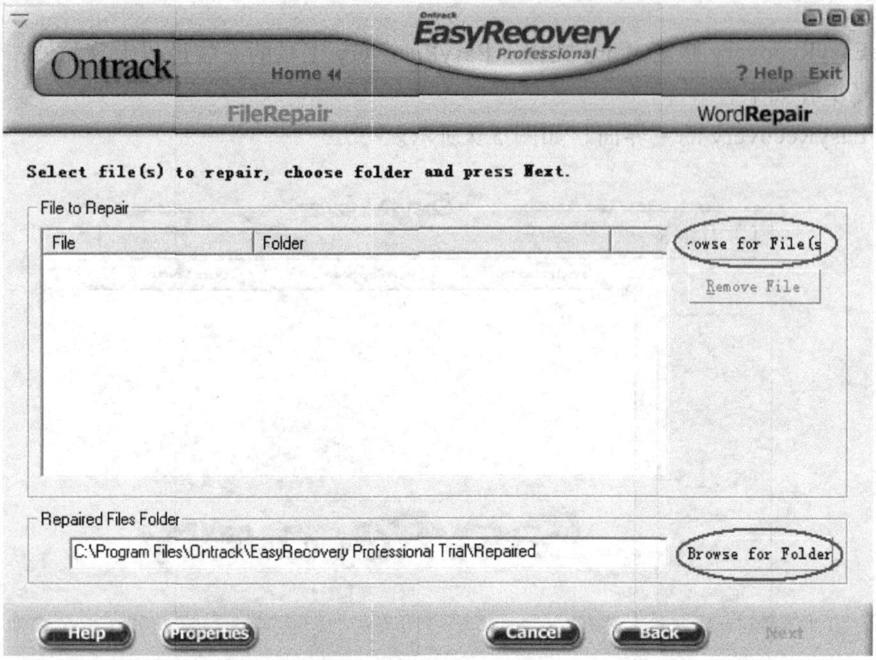

图 5.11　选取需要修复的文件及保存的位置

③ 选定需修复的文件及保存位置后，再点击“Next”，如图 5.12 所示。

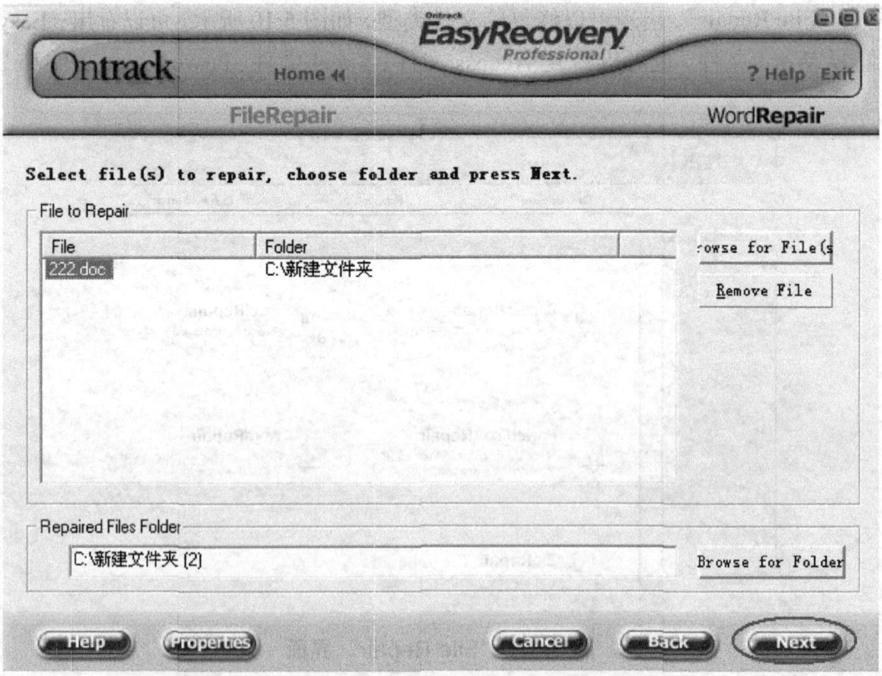

图 5.12　确定需要修复的文件及保存的位置

④ EasyRecovery 修复文件并保存到指定的位置，如图 5.13 所示。

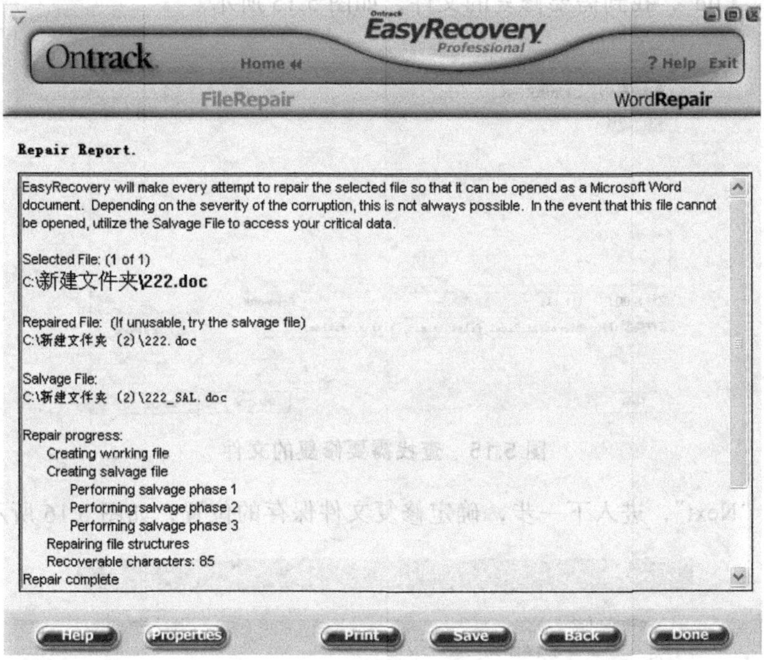

图 5.13　修复完成

5.2.3 【任务 5.3】Excel 文档修复之一

借助专业修复工具 OfficeRecovery 修复 Excel 文档。修复步骤如下：

（1）安装 OfficeRecovery 后，打开 “Recovery for Excel”，如图 5.14 所示。

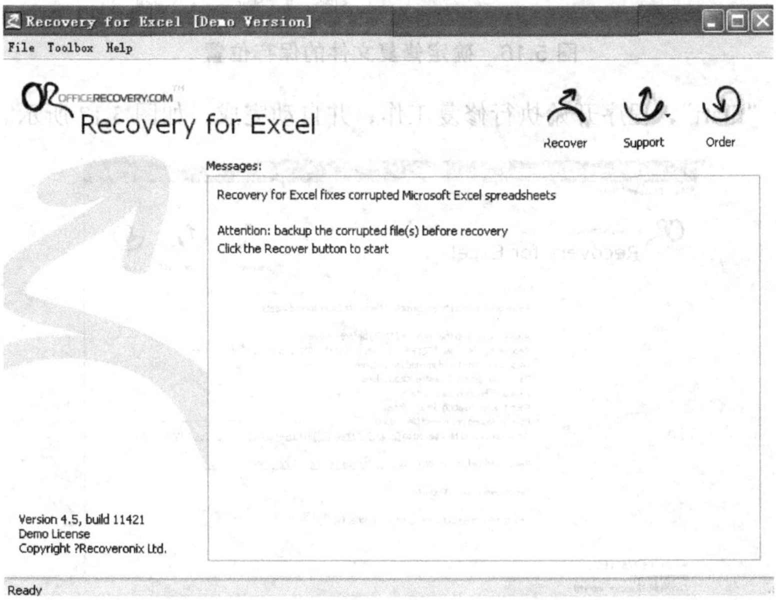

图 5.14　Recovery for Excel 主界面

（2）单击“File”，找到需要修复的文件，如图 5.15 所示。

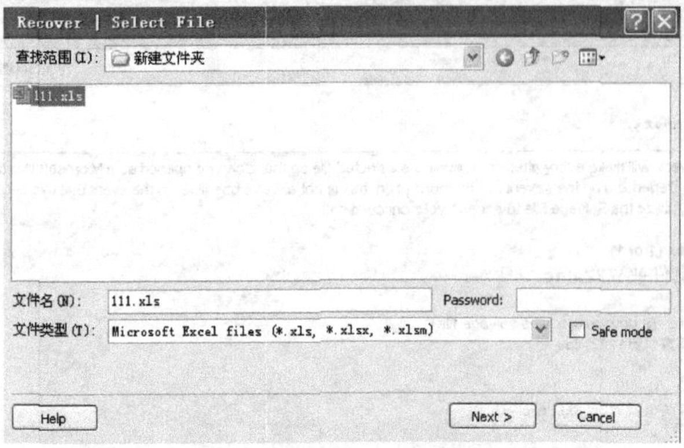

图 5.15 查找需要修复的文件

（3）单击“Next”，进入下一步，确定修复文件保存的位置，如图 5.16 所示。

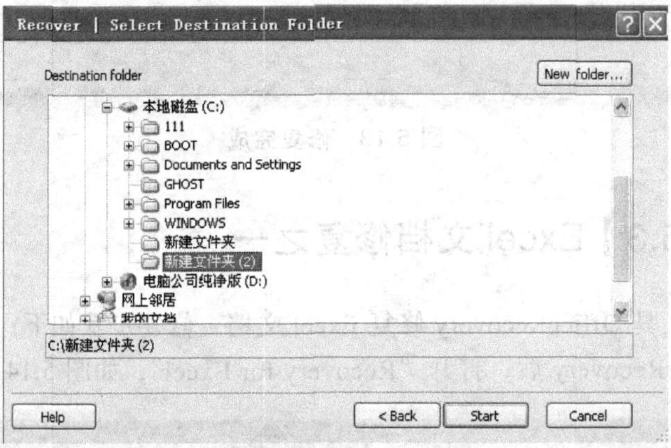

图 5.16 确定修复文件的保存位置

（4）单击“Start”，程序开始执行修复工作，并自动完成，如图 5.17 所示。

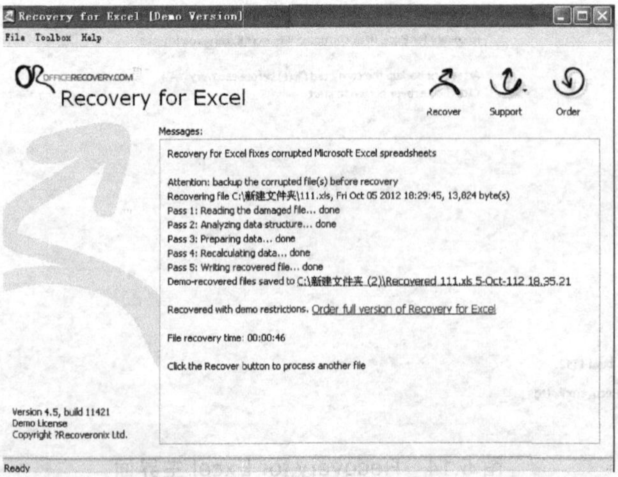

图 5.17 修复文件结束界面

5.2.4 【任务 5.4】Excel 文档修复之二

借助 EasyRecovery 修复 Excel 文档。修复步骤如下：

（1）单击图 5.10 中“Excel Repair”选项，出现如图 5.11 所示界面，通过点击所选按钮选择需要修复的文件及保存的位置。

（2）选定需修复的文件及保存位置后，再点击“Next”，如图 5.18 所示。

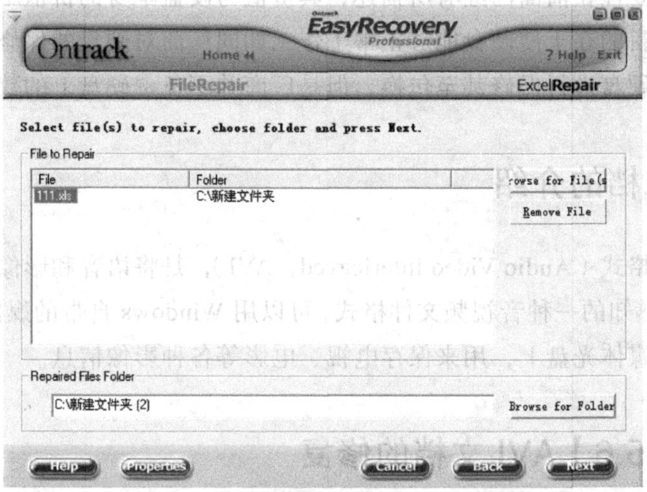

图 5.18　选取需修复文件及保存位置

（3）EasyRecovery 修复文件并保存到指定的位置，如图 5.19 所示。

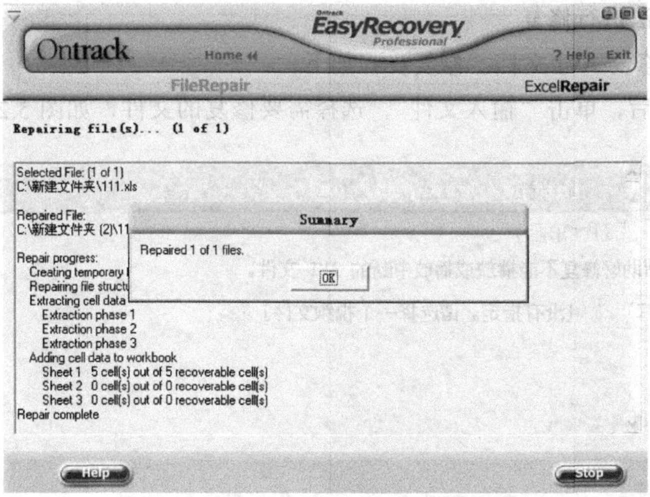

图 5.19　文档修复成功界面

5.2.5 【任务 5.5】PowerPoint 和 Access 文档的修复

PowerPoint 和 Access 文档的修复同样可以利用 OfficeRecovery 和 EasyRecovery 进行，其操作方法与前面 Word 文档修复和 Excel 文档修复操作类似，在此不再赘述。

5.3 影视文件修复

硬盘数据恢复与硬盘修理在本质上有重要的区别，硬盘数据恢复的目的在于抢救硬盘上的数据，数据的重要性在前面已经有所描述，其价值与硬盘本身的价值不可相提并论。

硬盘修理，其目的在于使硬盘能够正常工作。如同厂商对硬盘的保修一样，虽然在保修期内，厂商可以对硬盘进行保修甚至包换，但是厂商并不负责硬盘上的数据安全。

5.3.1 AVI 文档的介绍

音频视频交错格式（Audio Video Interleaved，AVI），是将语音和影像同步组合在一起的文件格式，是人们熟知的一种音视频文件格式，可以用 Windows 自带的媒体播放器播放。AVI 信息主要应用在多媒体光盘上，用来保存电视、电影等各种影像信息。

5.3.2 【任务 5.6】AVI 文档的修复

【情景】 某天，小李在准备公司宣传片时，发现所摄制的宣传片无法打开。由于临近展会日期，如果重新摄制宣传片，则肯定不能按时在展会上进行宣传且质量不能得到保证，怎么办？只能想办法进行修复。

借助 AVI Fix 修复 AVI 文档。修复步骤如下：

（1）打开程序后，单击“输入文件”，选择需要修复的文件，如图 5.20 所示。

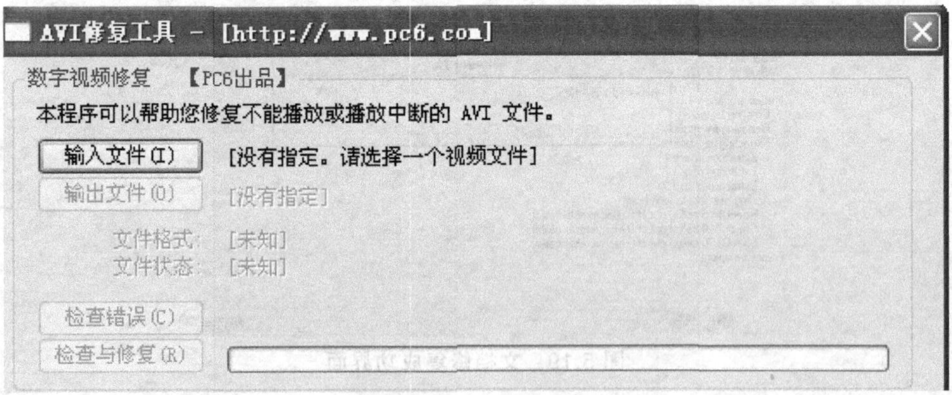

图 5.20 AVI Fix 主界面

（2）在“输入文件”中确定待修复文件，在“输出文件”中确定修复后的文件名及存放位置，如图 5.21 所示。

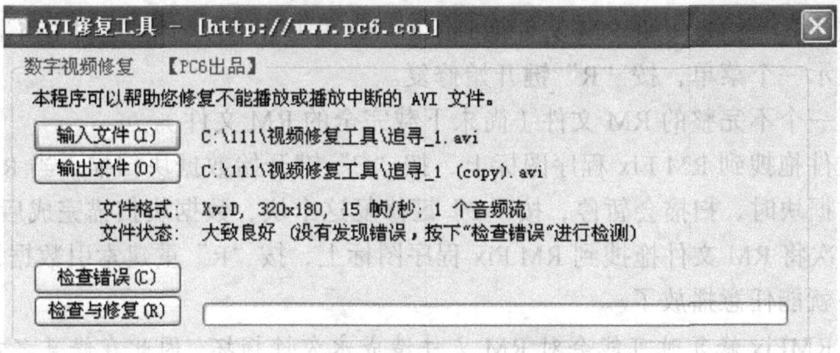

图 5.21　确定待修复文件及修复后文件名

（3）单击“检查与修复”按钮即可进行对文件的修复，其结果如图 5.22 所示。

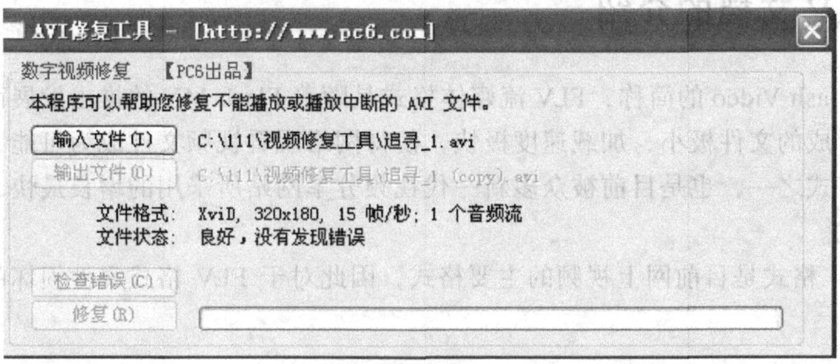

图 5.22　修复结果

5.3.3　RM 文档介绍

RM 格式是 RealNetworks 公司开发的一种流媒体视频文件格式，可以根据网络数据传输的不同速率制定不同的压缩比率，从而实现在低速率的 Internet 上进行视频文件的实时传送和播放。用户可以使用 RealPlayer 或 RealOnePlayer 播放器在不下载音频/视频内容的条件下实现在线播放。因而特别适合在线观看影视节目。

RM 文件出错的一种情况是无法拖动播放时间条，看了一半的电影如果出现意外，我们必须得从头开始观看；另一种情况是文件没有下载完整。

目前常用的 RM 格式文件是 RMVB，是 RM 格式的升级版，其中 VB 是指 VBR（Variable Bit Rate）即可改变比特率，由于降低了静态画面下的比特率，画面清晰度比上一代 RM 格式增强了许多。

5.3.4 【任务 5.7】RM 文档的修复

借助 RM Fix 修复 RM 文档，修复步骤如下：

（1）播放时不能拖动 RM 文件的修复。

这主要是文件索引的数据出现了问题，可将需修复的 RM 文件与 RM Fix 复制到同一文件夹中，然后在 MS-DOS 窗口下输入“RM Fix filename.rm r”，回车执行，即可对该文件索引数据进行重建。当然也可将 RM 文件拖到 RM Fix 程序的图标上，这时 RM Fix 会以 DOS 模式运行并显示一个菜单，按“R”键开始修复。

（2）修复一个不完整的 RM 文件（尚未下载完全的 RM 文件）。

将 RM 文件拖拽到 RM Fix 程序图标上，按“C”键开始数据块扫描，当 RM Fix 扫描到一个损坏的数据块时，扫描会暂停，按“Y”键修复这个块，数据块扫描完成后 RM Fix 程序结束，这时再次将 RM 文件拖拽到 RM Fix 程序图标上，按“R”重建索引数据，有了索引数据的 RM 文件就能任意播放了。

注意，用 RMFix 修复时可能会对 RM 文件造成永久性损坏，因此在修复之前最好对原始文件进行备份。

5.3.5 FLV 文档的介绍

FLV 是 Flash Video 的简称，FLV 流媒体格式是随着 Flash MX 的推出发展而来的视频格式。由于它形成的文件极小、加载速度极快，使得网络观看视频文件成为可能，是目前网络视频的主要格式之一，也是目前被众多新一代视频分享网站所采用的增长最快、最为广泛的视频传播格式。

由于 FLV 格式是目前网上视频的主要格式，因此对于 FLV 格式文件损坏的修复方法有必要介绍。

5.3.6 【任务 5.8】FLV 文档修复之一

借助 FLVMDI 修复 FLV 文档。修复步骤如下：

（1）双击 flvmdigui.exe 文件，打开 FLV MDI 程序，其主界面如图 5.23 所示。

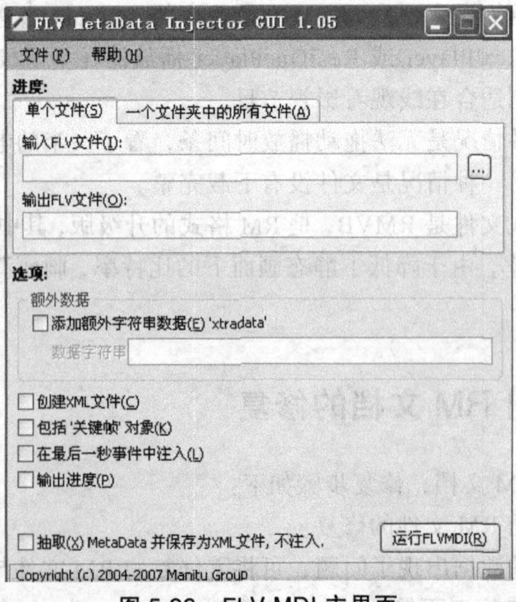

图 5.23 FLV MDI 主界面

（2）在“输入 FLV 文件”中找到需要修复的 FLV 文件，在“输出 FLV 文件”中确定修复后的文件名及位置，如图 5.24 所示。

（3）单击“运行 FLV MDI”，即可进行 FLV 文件的修复，其修复结果如图 5.25 所示。

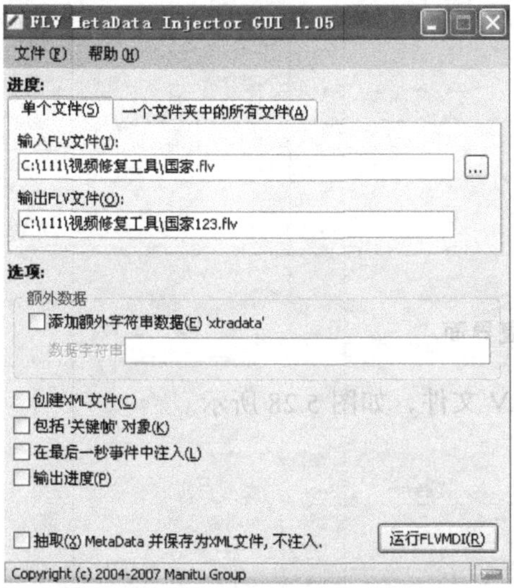

图 5.24　确定需要修复的 FLV 文件

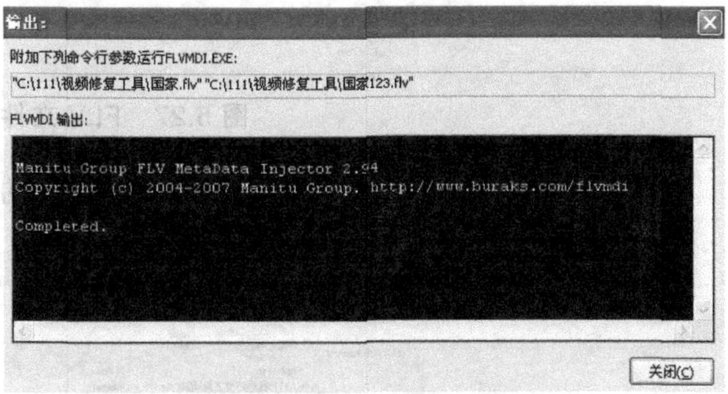

图 5.25　FLV 文件的修复结果

5.3.7 【任务 5.9】FLV 文档修复之二

借助 GetFLV 修复 FLV 文档。GetFLV 不仅可以修复 FLV 文档，而且还是一款集 FLV 视频下载、管理、转换并播放的实用工具集。修复步骤如下：

（1）安装 GetFLV 后，打开程序，其主界面如图 5.26 所示。

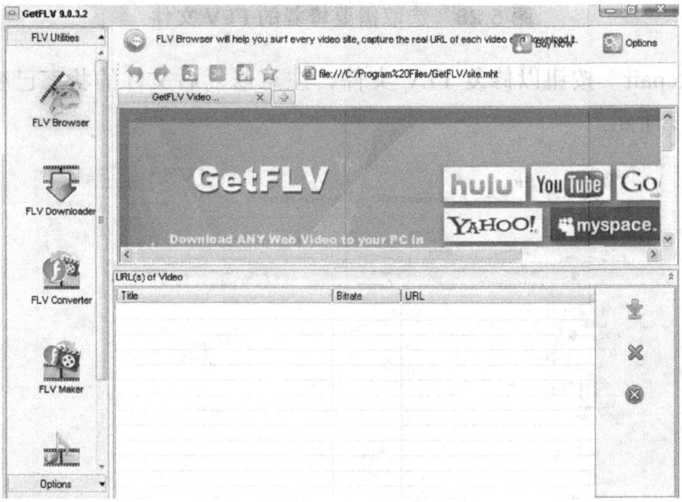

图 5.26　GetFLV 的主界面

（2）在左侧的功能栏单击最下方的“FLV Fixer”按钮，进入 FLV 文件修复功能，如图 5.27 所示。

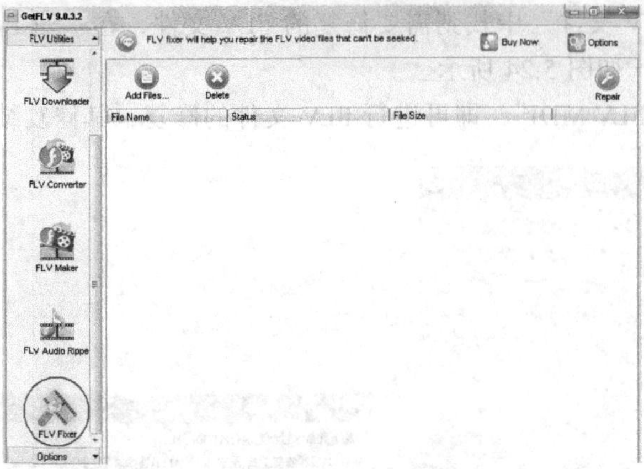

图 5.27　FLV 文件修复界面

（3）单击“Add Files”按钮，选取需要修复的 FLV 文件，如图 5.28 所示。

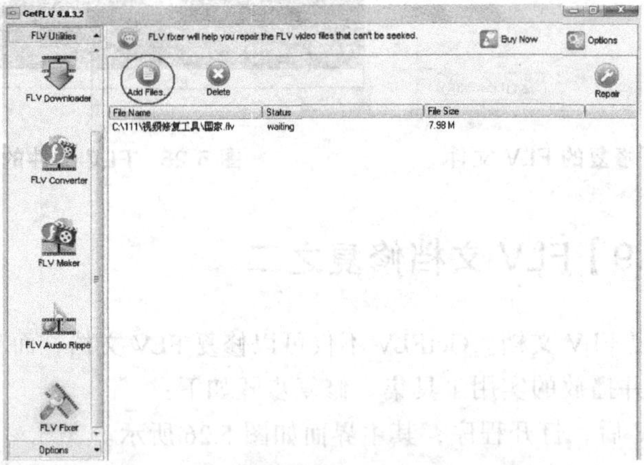

图 5.28　选取需要修复的 FLV 文件

（4）单击“Repair”按钮以修复 FLV 文件，注意修复后文件的状态已变为“Complete”（完成），如图 5.29 所示。

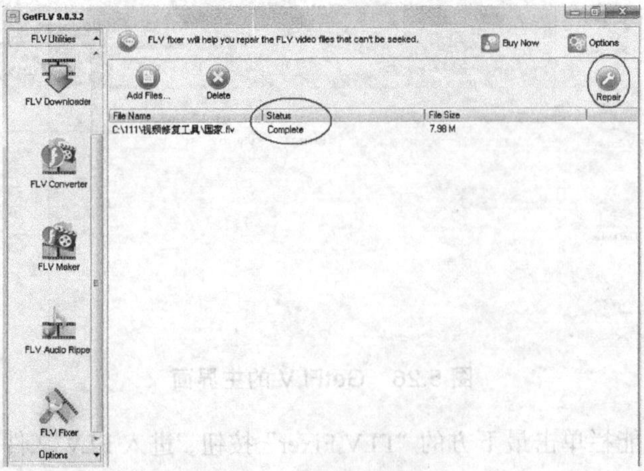

图 5.29　文件已修复界面

5.4　压缩文件的修复

为了减少文件对空间的占用以及传输文件的需要，很多文件都采用了压缩存放的形式。但是一旦压缩文件出现问题，我们不仅仅是一个文件无法使用而是压缩包里的所有文件都无法使用，因此，在工作中对压缩文件进行修复也是一个比较重要的方面。

压缩文件的格式主要包括的文件扩展名为 RAR 和 ZIP。

ZIP，是一个计算机文件的压缩的算法，也是一个强大并且易用的压缩格式，用它建立的文件名“*.ZIP”，支持 ZIP、CAB、TAR、GZIP、MIME 以及更多格式的压缩文件。其特点是紧密地与 Windows 资源管理器拖放集成，不用离开资源管理器而进行压缩 / 解压缩。包括 WinZip 向导 和 WinZip 自解压缩器个人版本。

RAR 也是一种文件格式，用于数据压缩与归档打包。RAR 通常情况比 ZIP 压缩比高，但压缩/解压缩速度较慢。ZIP 支持的格式虽然很多，但目前已经较老，不大流行，而 RAR 支持格式也很多，并且还是流行的。

5.4.1 【任务 5.10】ZIP 压缩文件修复之一

借助 EasyRecovery 修复 ZIP 文档。修复步骤如下：

（1）单击图 5.10 中“ZipRepair”，出现如图 5.30 所示的界面。在其中单击“Browse for File”以选取需修复的 ZIP 文件，单击“Browse for Folder”以确定保存的位置及文件名。

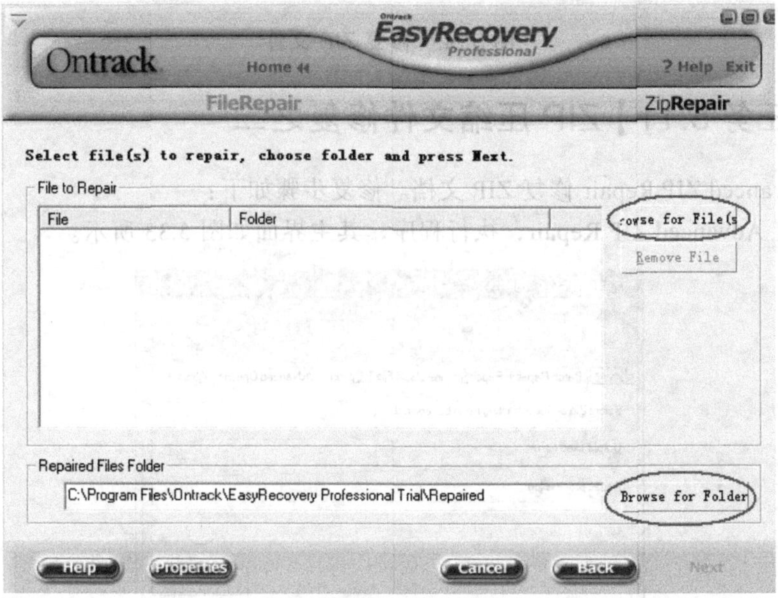

图 5.30　选取需修复的文件及保存位置

（2）选取需修复文件及保存位置后，再单击“Next”，如图 5.31 所示。

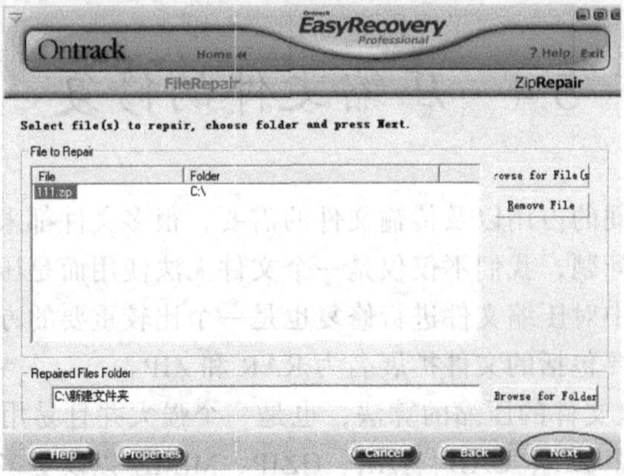

图 5.31　确定修复的文件及保存位置

（3）EasyRecovery 开始修复 ZIP 文件，如图 5.32 所示。

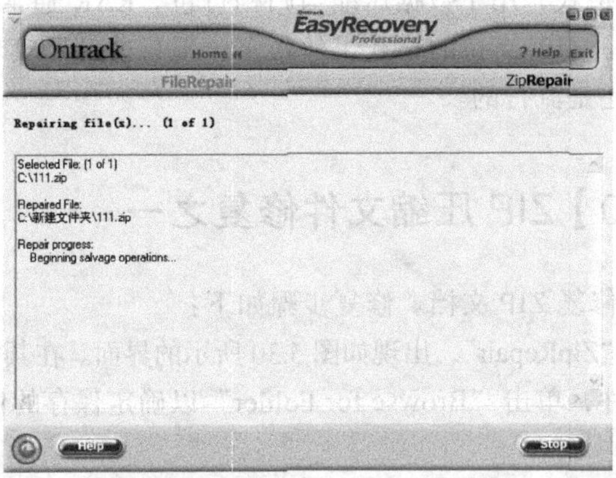

图 5.32　修复 ZIP 文件

5.4.2 【任务 5.11】ZIP 压缩文件修复之二

借助 Advanced ZIP Repair 修复 ZIP 文档。修复步骤如下：

（1）安装 Advanced ZIP Repair，执行程序，其主界面如图 5.33 所示。

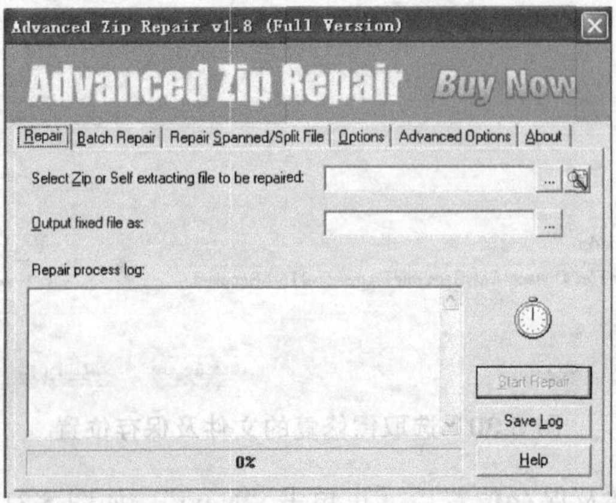

图 5.33　Advanced ZIP Repair 主界面

（2）分别通过单击两个□图标以选取需要修复的 ZIP 文件和保存位置，如图 5.34 所示。

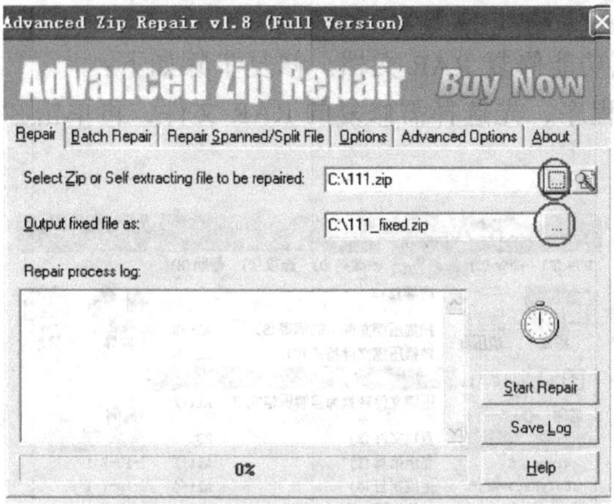

图 5.34　选取需要修复的 ZIP 文件及保存位置

（3）单击“Start Repair”按钮以开始修复 ZIP 文件，如图 5.35 所示。

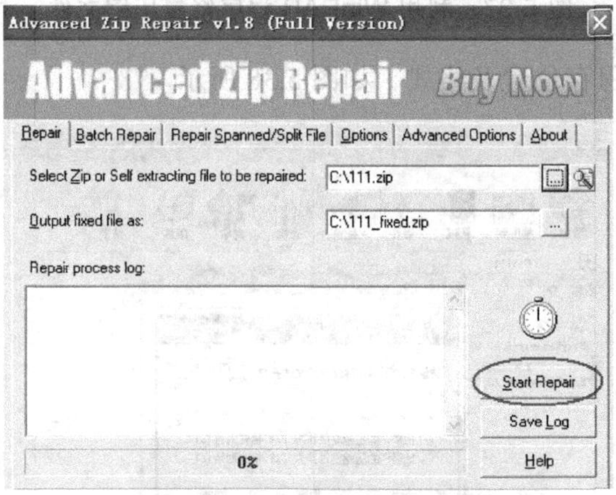

图 5.35　开始修复 ZIP 文件

（4）修复过程及结果如图 5.36 所示。

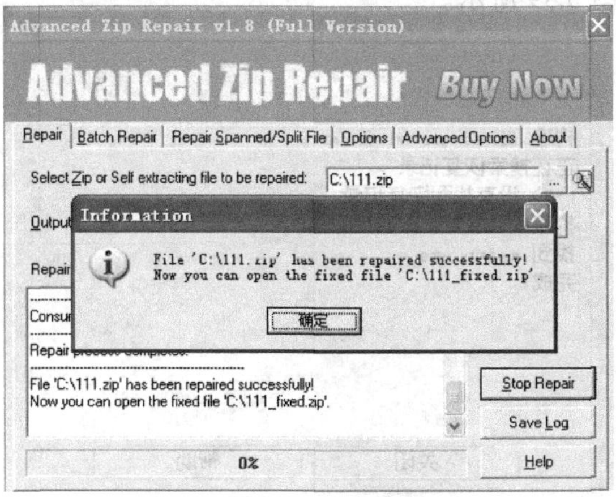

图 5.36　ZIP 文件修复结果

5.4.3 【任务 5.12】RAR 压缩文件修复之一

借助 RAR 自身修复功能修复 RAR 文档。修复步骤如下：

（1）打开 WinRAR 程序，先选择需修复的 RAR 文件，再单击“工具—修复压缩文件”，如图 5.37 所示。

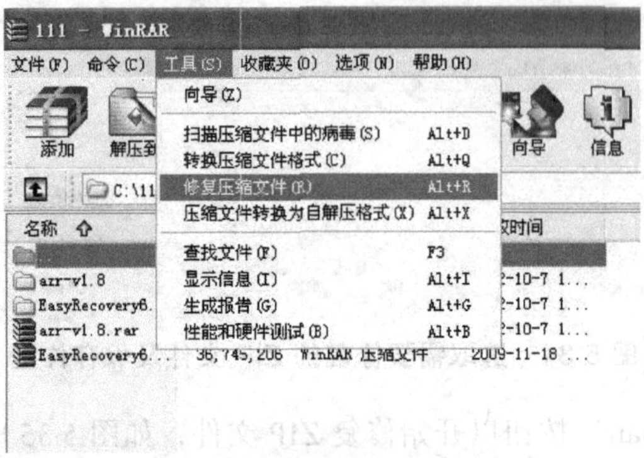

图 5.37　利用 WinRAR 程序修复压缩文件

（2）确定修复文件保存位置及格式，如图 5.38 所示。

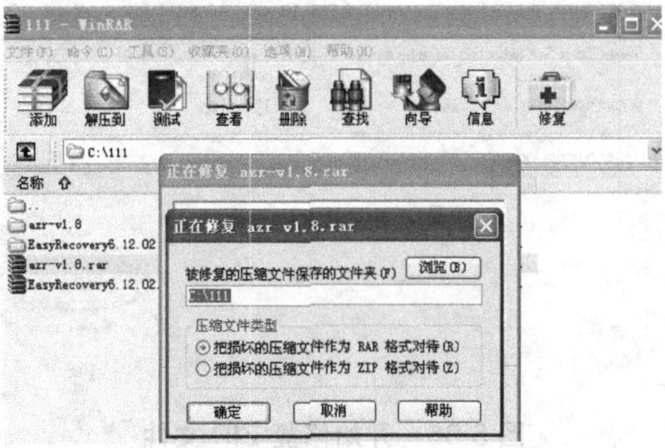

图 5.38　确定修复文件保存位置及格式

（3）修复完成，如图 5.39 所示。

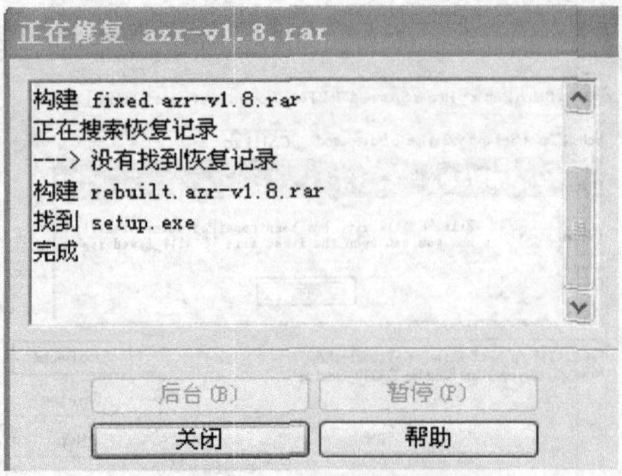

图 5.39　修复完成界面

5.4.4 【任务 5.13】RAR 压缩文件修复之二

借助 Advanced RAR Repair 修复 RAR 文档。修复步骤如下：

（1）打开 Advanced RAR Repair 程序，其主界面如图 5.40 所示。

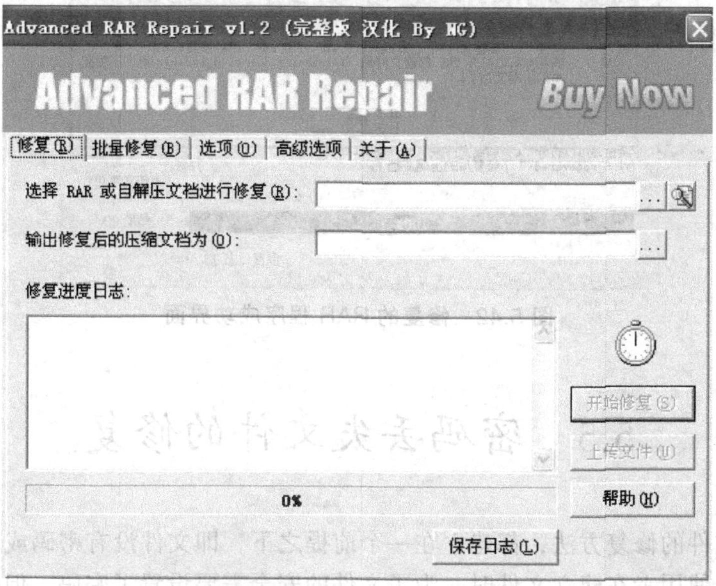

图 5.40　Advanced RAR Repair 程序主界面

（2）分别通过单击两个□图标以选取需要修复的 RAR 文件和保存位置，再单击“开始修复”进行修复工作，如图 5.41 所示。

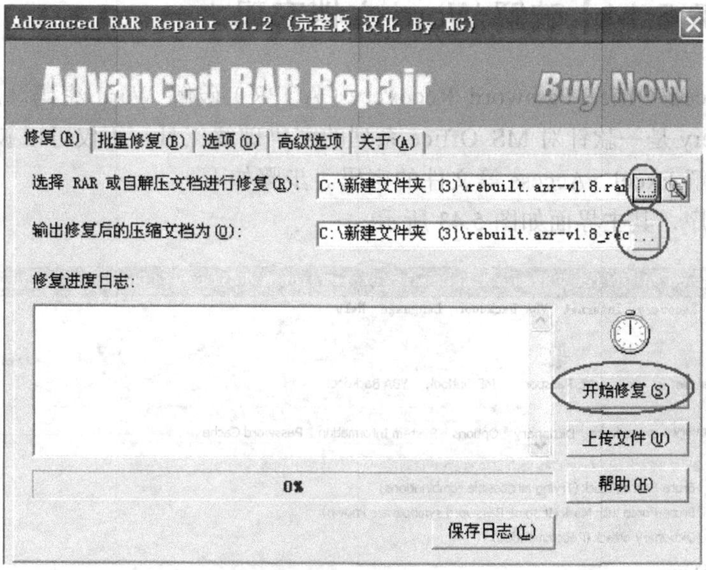

图 5.41　确定需要修复的 RAR 程序及保存位置

（3）RAR 修复的结果界面，如图 5.42 所示。

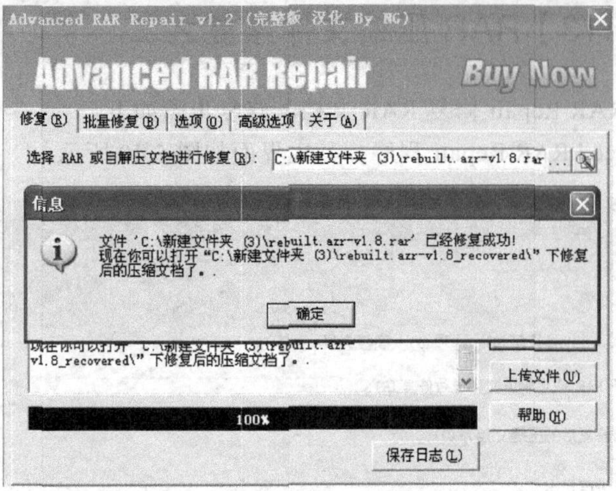

图 5.42　修复的 RAR 程序成功界面

5.5　密码丢失文件的修复

以上几种文件的修复方法，都建立在一个前提之下，即文件没有密码或者使用者知道文件的密码。如果使用者在建立文件时，为了文件的安全需要设置了密码，但是当再次使用文件时却发现文件的密码丢失或者遗忘，这时对于文件的修复首先就在于对密码的破解，本节就介绍对常见文件密码的破解。

5.5.1 【任务 5.14】破解 Word 文档密码之一

借助 Advanced Office Password Recovery（AOPR）破解 Word 密码。Advanced Office Password Recovery 是一款针对 MS Office 系列的密码破解工具，不仅可以破解 Word 文件的密码，也可以破解 Excel、Access 等文件的密码。步骤如下：

（1）打开程序，其主界面如图 5.43 所示。

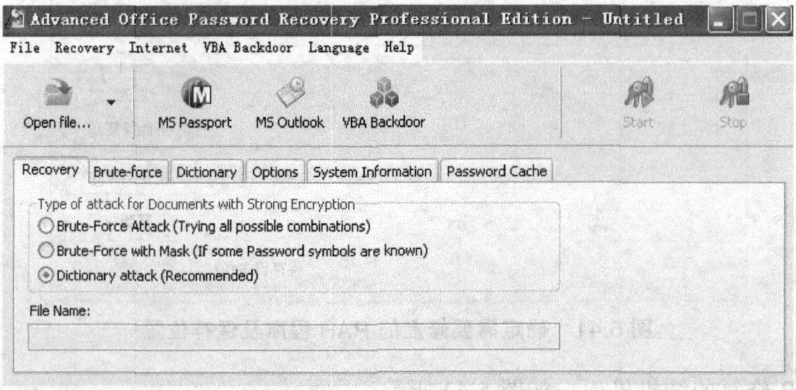

图 5.43　AOPR 的主界面

（2）单击“Open file”按钮以选择需要破解密码的文件，而后 AOPR 就会自动破解文件的密码，如图 5.44 所示。

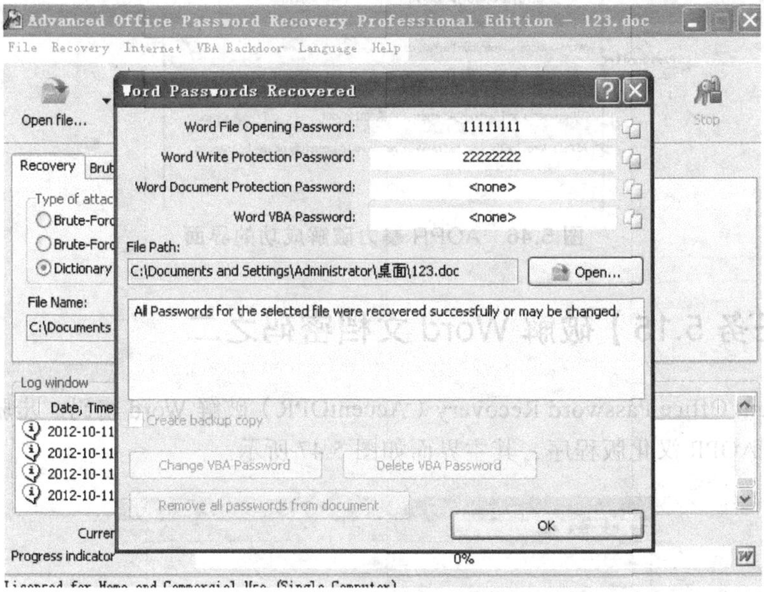

图 5.44　AOPR 破解密码成功的界面

提示： AOPR 工具软件默认是以字典方式破解文件密码，即“Dictionary attack”。另外，还支持以暴力破解的方式进行密码的破解，即“Brute-Force Attack”和“Brute-Force with Mask（如果知道部分密码）”。

（3）以暴力破解方式破解文件密码。

如果需要以暴力方式破解文件密码，则需要选择“Brute-Force Attack”并打开“Brute-Force”选项设定相应的参数，其中“Password Length”选项确定密码破解的字符长度，“Character Set”选项确定暴力破解的字符类型（长度越大，字符类型越多，密码被破解的可能性越大，但是破解需要的时间越长），如图 5.45 所示。

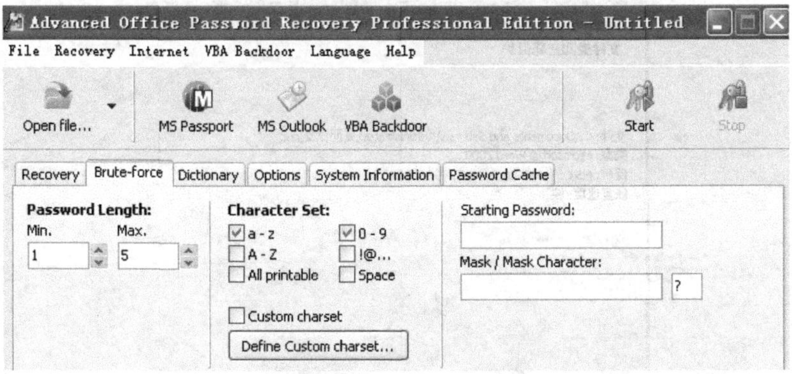

图 5.45　设置 AOPR 暴力破解的参数

选定参数设置后再打开需要破解的文件，AOPR 就会依据所设置的破解条件逐一试验，找出文件密码，如图 5.46 所示。（文件所设置密码如果不在破解条件内，则密码不能被破解）

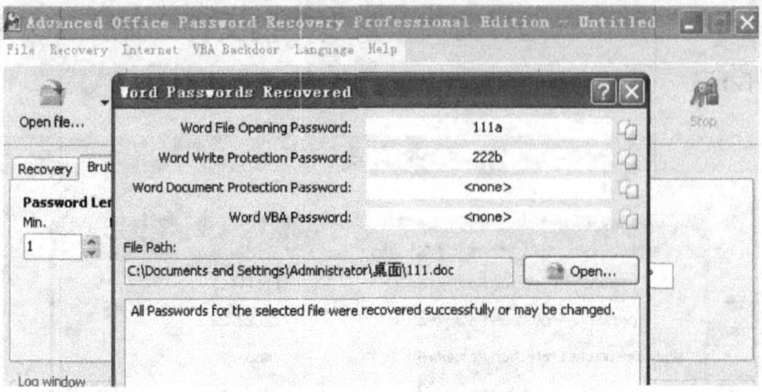

图 5.46　AOPR 暴力破解成功的界面

5.5.2 【任务 5.15】破解 Word 文档密码之二

借助 Accent Office Password Recovery（AccentOPR）破解 Word 密码。步骤如下：

（1）打开 AOPR 汉化版程序，其主界面如图 5.47 所示。

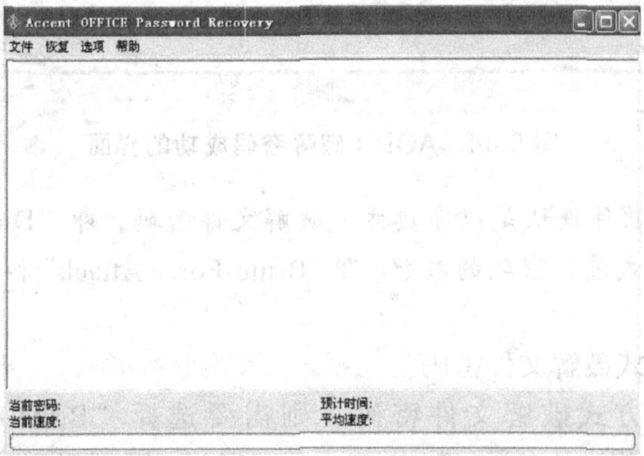

图 5.47　AOPR 程序界面

（2）单击“文件”选项，选择需要破解的文件，然后出现密码恢复向导，如图 5.48 所示。

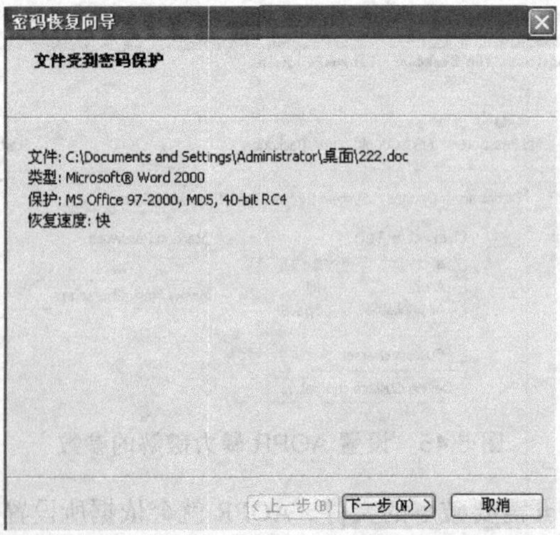

图 5.48　AOPR 密码恢复向导

（3）选定破解文件的类型及方法，如图 5.49 所示。

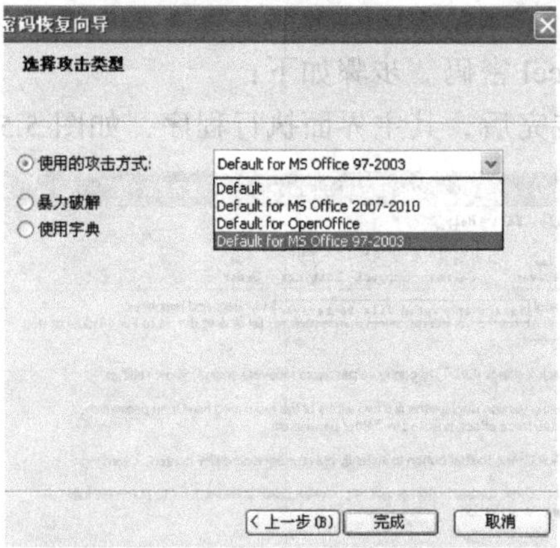

图 5.49　选择破解文件的类型及方法

（4）破解文件密码成功，如图 5.50 所示。

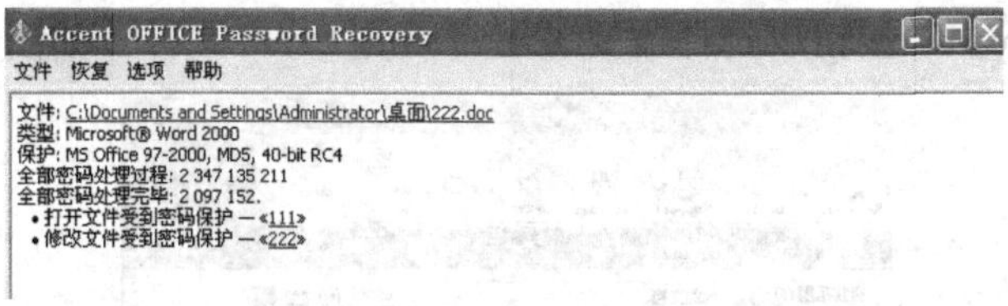

图 5.50　破解文件成功的界面

5.5.3 【任务 5.16】破解 Excel 文档密码之一

借助 Advanced Office Password Recovery（AOPR）破解 Excel 密码。步骤如下：

（1）打开程序 AOPR，其主界面如图 5.43 所示。

（2）单击“Open file”按钮以选择需要破解密码的 Excel 文件，而后 AOPR 就会自动破解文件的密码，如图 5.51 所示。

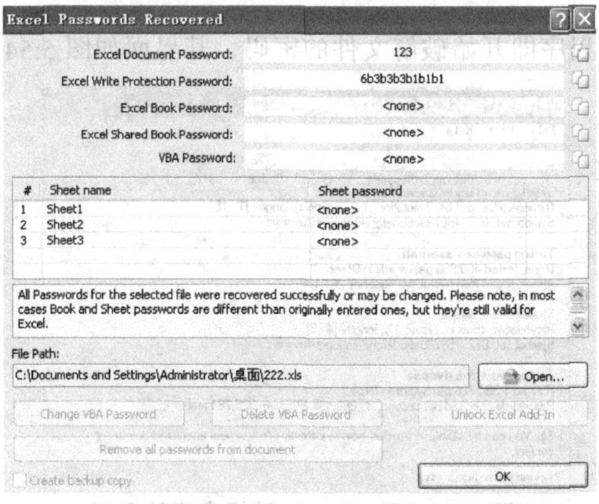

图 5.51　破解 Excel 文件密码成功的界面

5.5.4 【任务 5.17】破解 Excel 文档密码之二

借助 Excel Key 破解 Excel 密码。步骤如下：

（1）Excel Key 程序安装完后，其主界面执行程序，如图 5.52 所示。

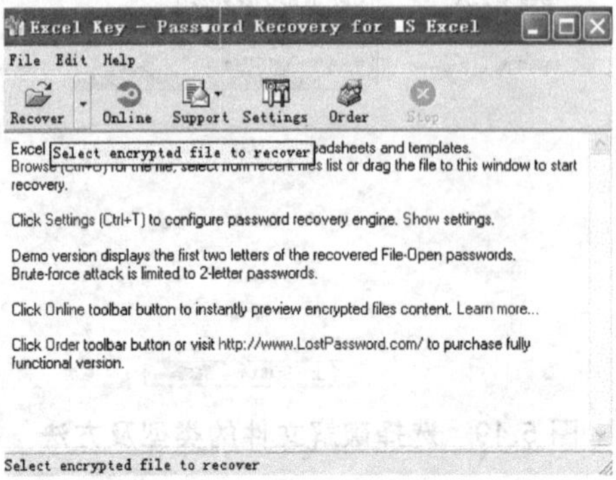

图 5.52　Excel Key 程序主界面

（2）单击“Recover”按钮以选择需要破解密码的 Excel 文件，如图 5.53 所示。

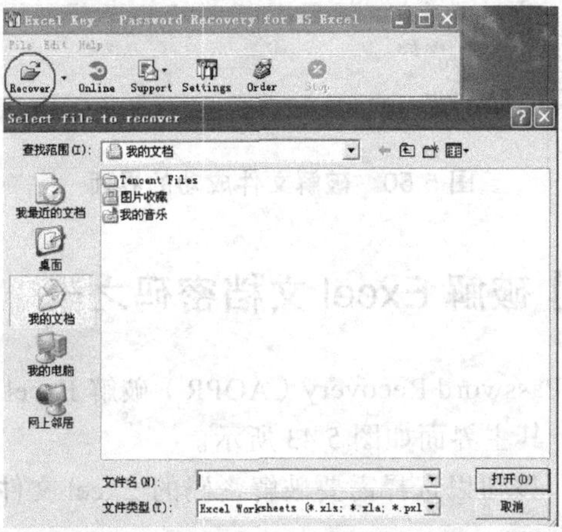

图 5.53　选取需要破解密码的 Excel 程序

（3）选取文件后，程序即开始破解文件的密码，其界面如图 5.54 所示。

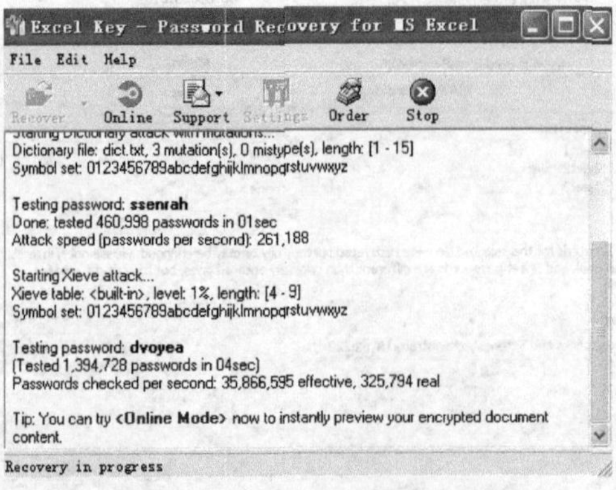

图 5.54　Excel Key 破解密码的界面

5.5.5【任务 5.18】破解 RAR 文档密码之一

RAR 文档是目前最常使用的压缩文档，为了压缩文档以节约空间以及网上传输文件的需要，很多文档、程序等都经常使用压缩方式存储，但为了安全的需要又经常对压缩文档加密存储或传输。因此，一旦忘记了 RAR 压缩文档的密码，则压缩保存在 RAR 中的众多文件将无法使用。下面讲解如何破解 RAR 压缩文档的密码。

借助 RAR Password Cracker 破解 RAR 文档密码。步骤如下：

（1）安装 RAR Password Cracker 程序，单击“RAR Password Cracker Wizard”以配置安装向导，执行程序，其配置界面如图 5.55 所示。

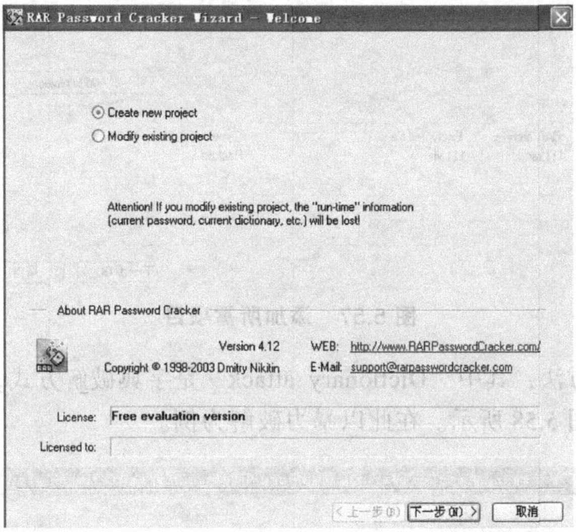

图 5.55　RAR Password Cracker 配置界面

（2）单击“Load RAR archive”按钮以选择需破解密码的 RAR 文档，如图 5.56 所示。

图 5.56　选择需破解的 RAR 文档

（3）当所需破解密码的 RAR 文档选取以后，再单击“Add to project”以将文档作为需要破解的项目，如图 5.57 所示。

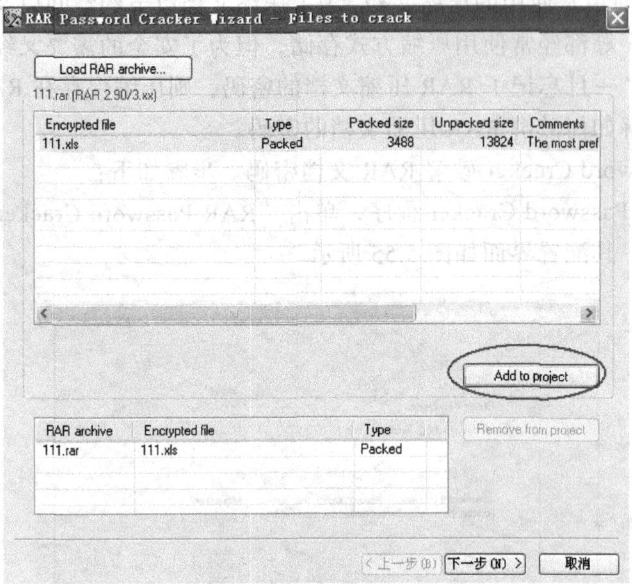

图 5.57　添加所需项目

（4）选取破解的方法，其中“Dictionary attack”是字典破解方式，“Bruteforce attack”是暴力破解方式，如图 5.58 所示。在此以暴力破解为例。

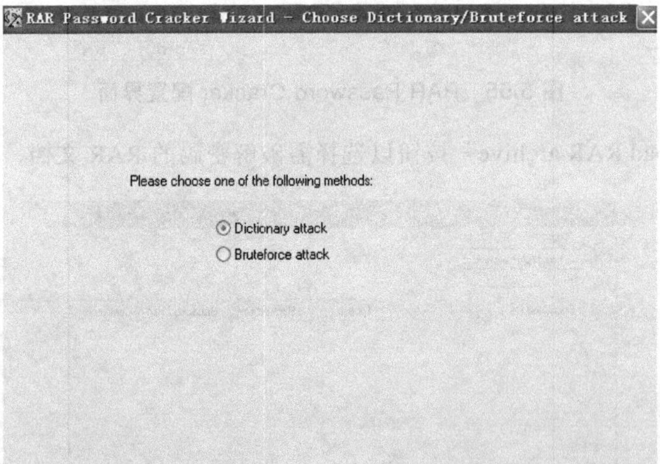

图 5.58　选择破解方式

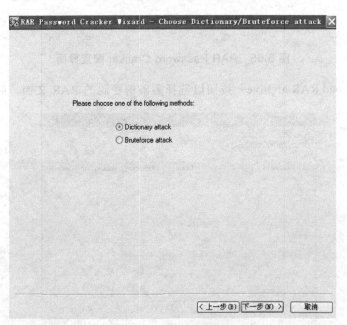

（5）分别在“Minimal length”和“Maximal length”选项里确定破解密码的字符长度，通过单击“Add”选择破解的字符类型，如图 5.59 所示。

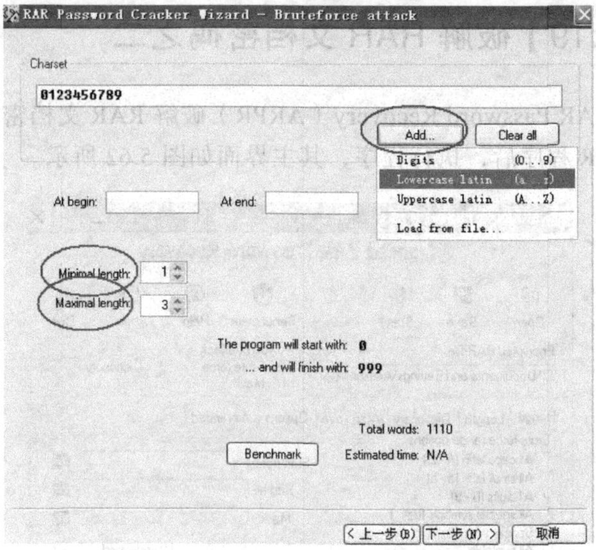

图 5.59　选择破解字符的类型及长度

（6）通过单击“Browse”按钮以选择破解文件的保存位置及文件名，如图 5.60 所示。

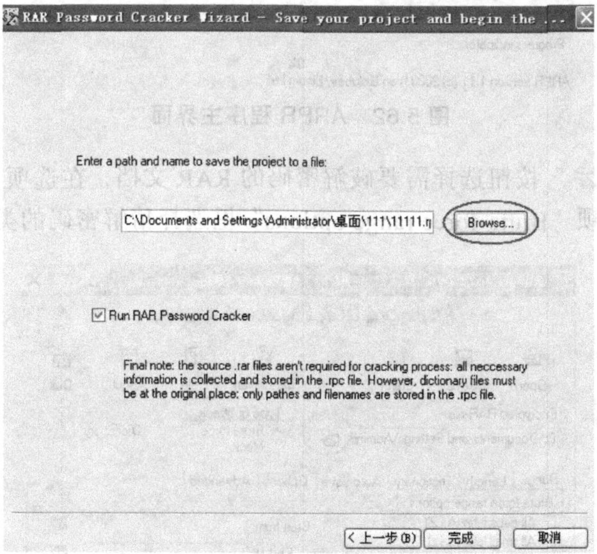

图 5.60　选择破解文件保存的位置及名称

（7）RAR Password Cracker 程序开始破解 RAR 文档密码，如图 5.61 所示。

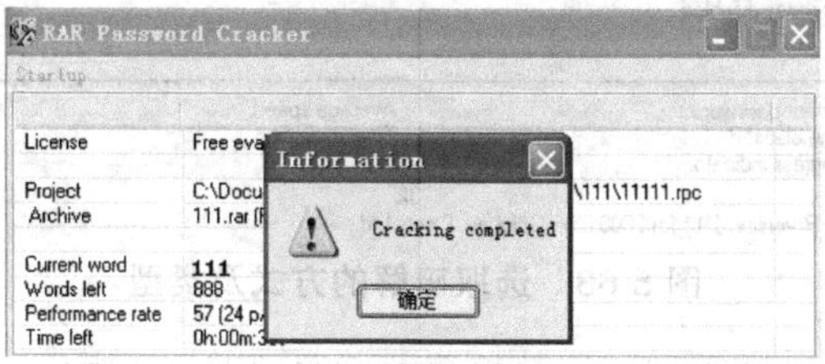

图 5.61　RAR 文档密码破解及成功界面

5.5.6 【任务 5.19】破解 RAR 文档密码之二

借助 Advanced RAR Password Recovery（ARPR）破解 RAR 文档密码。步骤如下：

（1）安装完 ARPR 程序后，执行程序，其主界面如图 5.62 所示。

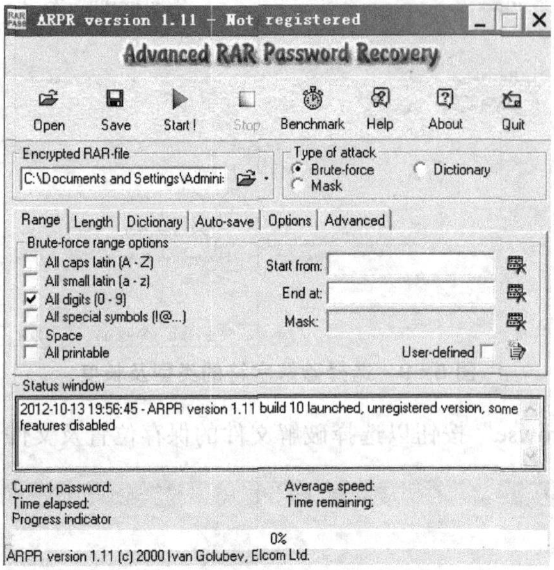

图 5.62　ARPR 程序主界面

（2）通过点击“”按钮选择需要破解密码的 RAR 文档，在选项“Type of attack”里选择破解方式，在选项“Brute-force range options”里选择猜解密码的类型，如图 5.63 所示。

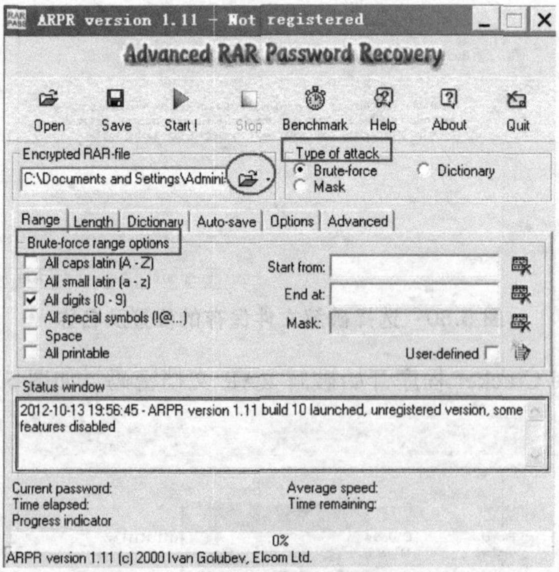

图 5.63　选取破解的方式及类型

（3）选项设置完毕后，单击“Start”按钮以开始破解，如图 5.64 所示。

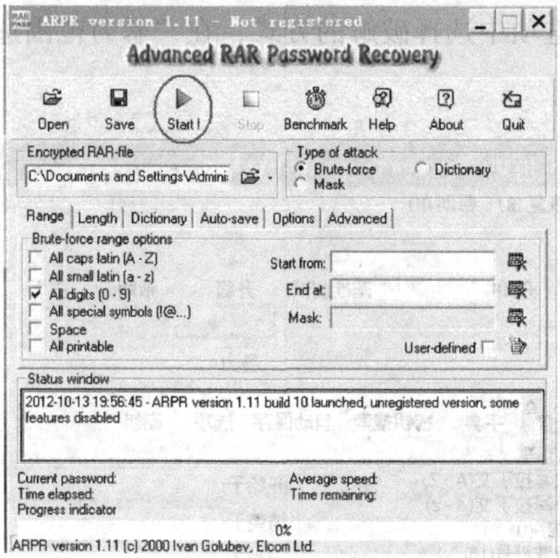

图 5.64　开始执行破解

5.5.7　PDF 文档介绍

PDF（Portable Document Format）文档，译为“便携文档格式”，是一种电子文件格式。这种文件格式与操作系统平台无关，也就是说，PDF 文件不管是在 Windows、Unix 还是在苹果公司的 Mac OS 操作系统中都是通用的。因为这一性能使它成为在 Internet 上进行电子文档发行和数字化信息传播的理想文档格式，越来越多的电子图书、产品说明、公司文告、网络资料、电子邮件开始使用 PDF 格式文件。用户有时为了自己资料的安排就需要为文档加密，但是如果一旦忘记了密码，则文档就无法读取或使用。

5.5.8 【任务 5.20】破解 PDF 文档密码之一

借助 Advanced PDF Password Recovery（APDFPR）破解 PDF 文档密码。步骤如下：

（1）安装 APDFPR 后，执行程序，其主界面如图 5.65 所示。

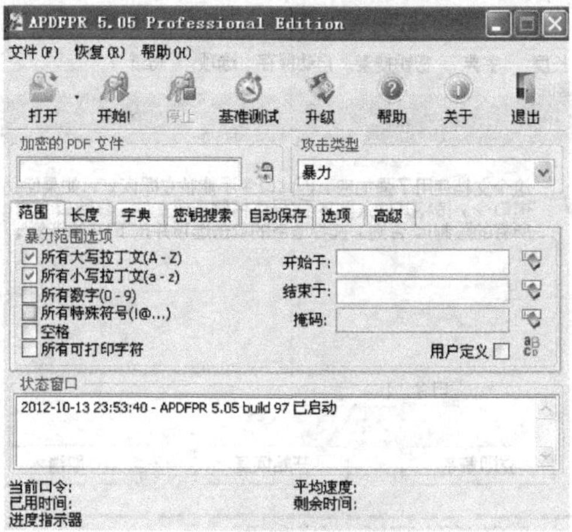

图 5.65　APDFPR 主界面

（2）在“攻击类型”选项中选择破解的方式，在“暴力范围选项”中选取破解的字符，如图 5.66 所示。

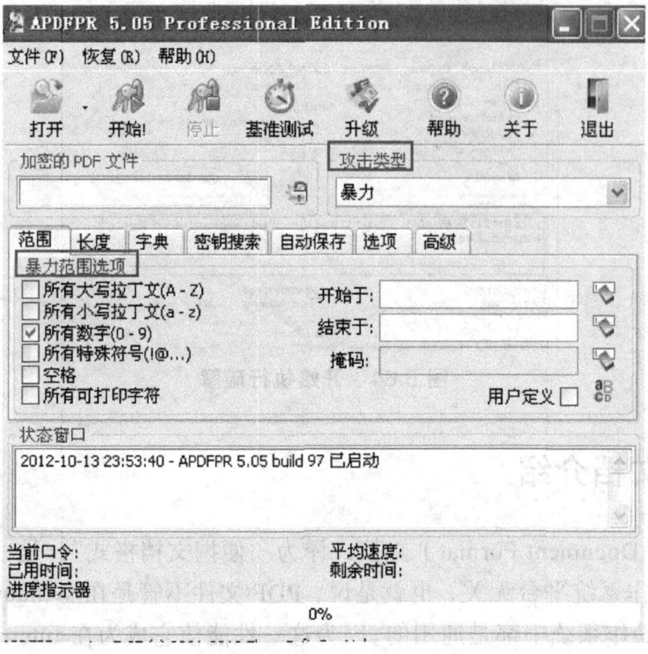

图 5.66 选取破解的方式和字符

（3）选择需要破解的文档，单击“开始”按钮后，程序出现关于破解的提示，如图 5.67 所示。

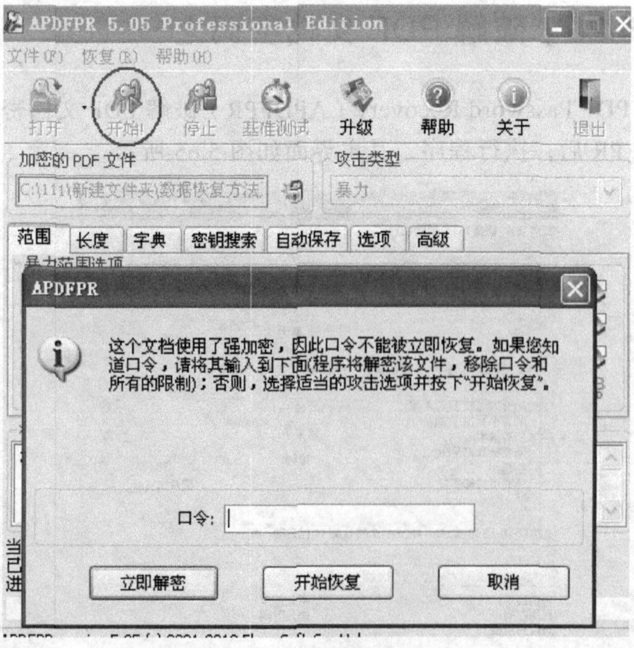

图 5.67 文档破解前的提示

（4）单击“开始恢复”，程序进行破解工作，如图 5.68 所示。

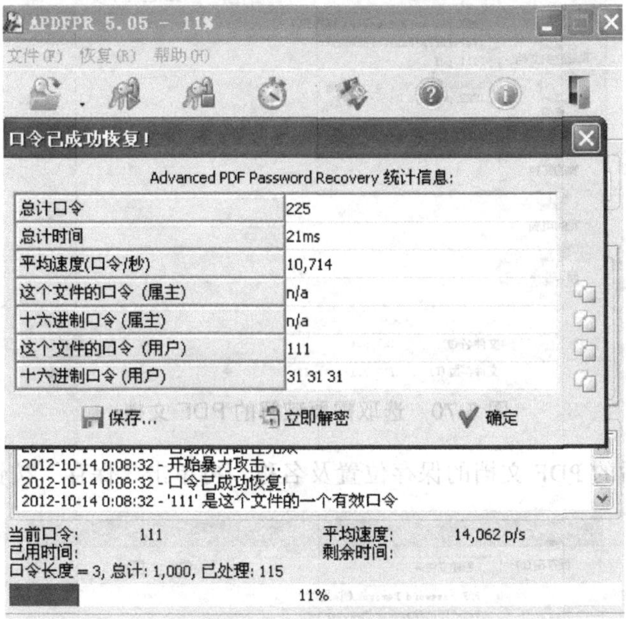

图 5.68　破解 PDF 文档

5.5.9 【任务 5.21】破解 PDF 文档密码之二

借助 PDF Password Remover 破解 PDF 文档密码。步骤如下：

（1）打开主程序 WinDecrypt，其主界面如图 5.69 所示。

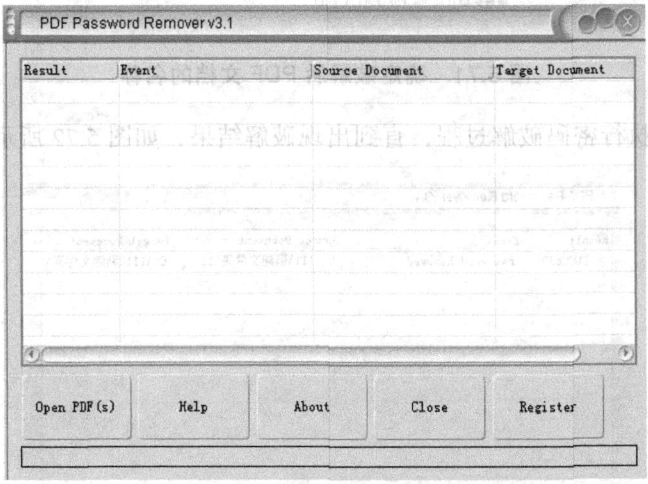

图 5.69　PDF Password Remover 主界面

（2）单击图 5.69 中的“Open PDF（s）”按钮以选取需要破解密码的 PDF 文档，再单击“打开”按钮，如图 5.70 所示。

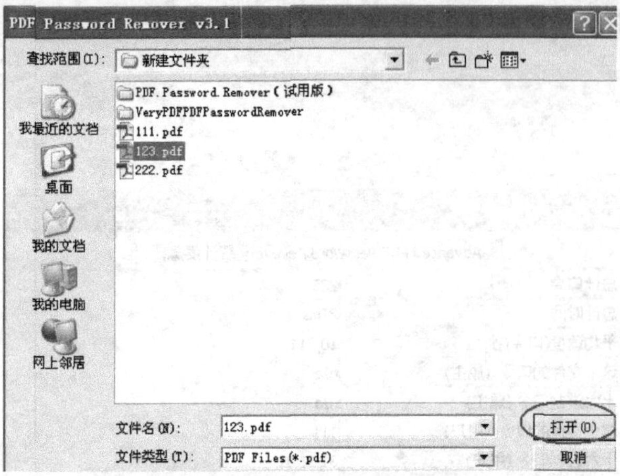

图 5.70　选取需要破解的 PDF 文档

（3）确定破解后的 PDF 文档的保存位置及名称，再单击“保存”按钮，如图 5.71 所示。

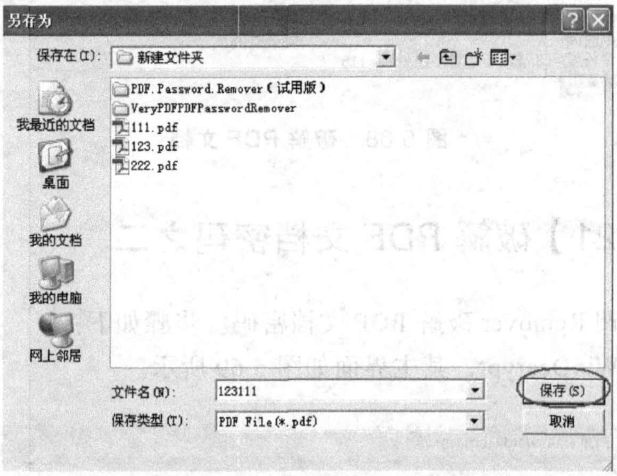

图 5.71　确定破解后 PDF 文档的名称

（4）破解程序执行密码破解过程，直到出现破解结果，如图 5.72 所示。

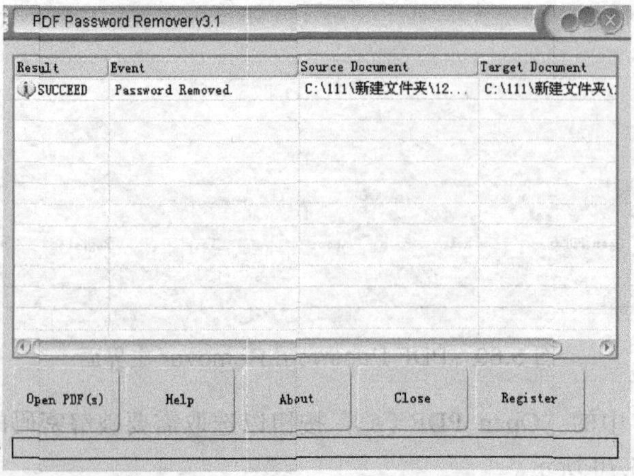

图 5.72　破解结果

第 6 章　磁盘阵列

磁盘阵列的英文是 RAID（Redundant Array of Inexpensive Disk），即廉价冗余磁盘阵列，这种技术产生的背景是由于当时的硬盘价格非常昂贵，为了组合容量小的廉价硬盘来代替容量大的昂贵硬盘，以降低大批量数据存储的费用，同时也希望采用冗余信息的方式，使硬盘失效时不会对数据的访问受到损失。

随着硬盘技术的快速发展，单块硬盘的容量在不断增加，但成本却在迅速下降，因此现在的 RAID 技术不再着眼于降低硬盘成本而是着眼于数据的存储和安全等性能，已改变为"Redundant Array of Independent Disk"，即独立冗余磁盘阵列。

虽然 RAID 由多块磁盘组成，但是在操作系统下是作为一个独立的大型存储设备出现的。RAID 按照实现原理的不同可以分为不同的级别，不同的级别之间工作模式是有区别的，分别可以提供不同的速度、安全性和性价比。

由于 RAID 技术主要用于提高存储容量和冗余性能，因此过去 RAID 一直是服务器才应用的设备。近来随着技术的发展和产品成本的不断下降，加之 RAID 芯片的普及，使 RAID 技术也应用到了 IDE 硬盘和 SATA 硬盘上，并且也逐渐在桌面系统上得到了应用，例如 Windows 系统中就提供了对 RAID 的配置功能。

总体而言，现在的 RAID 技术既可以用硬件（RAID 卡）来实现，也可以用软件的方式实现。本章将介绍各种常用级别的 RAID 技术。

6.1　几种基本常见 RAID 级别

RAID 技术主要是用于提高存储容量和冗余性能，因此 RAID 级别的分类也主要是依据这些性能分类的，但是就数据恢复而言，我们更关注数据是如何存储在 RAID 阵列中的，以便需要对 RAID 阵列数据进行恢复时才能有的放矢。

RAID 技术自发明以来，经过不断地发展已经有了多种级别以及级别的组合，限于篇幅等考虑，本章仅介绍几种最基本和最常见的几种级别，它们的一些基本参数和性能表现如表 6.1 所示。

表 6.1　基本和常见 RAID 基本性能表

RAID 级别 / 性能参数	RAID 0	RAID 1	RAID 3	RAID 5	RAID 10
名称	条带	镜像	专用奇偶位条带	分布奇偶位条带	镜像阵列条带
冗余性	无	复制	奇偶位	奇偶位	复制

续表 6.1

RAID 级别 / 性能参数	RAID 0	RAID 1	RAID 3	RAID 5	RAID 10
容错性	无	有	有	有	有
需要的磁盘数	≥2	2	≥3	≥3	≥4
可用容量	磁盘总容量	磁盘总容量的50%	磁盘总容量的（$N-1$）/N	磁盘总容量的（$N-1$）/N	磁盘总容量的50%

6.1.1 RAID 0

RAID 0（条带），它将两块以上的硬盘合并成“一块”，数据同时分散在每块硬盘中。由于采用 RAID 0 技术所组成的硬盘在读写数据时同时对几块硬盘进行操作，因此读/写速度加倍，理论速度是单块硬盘的 N 倍。但是由于数据不是保存在一块硬盘上，而是分成数据块保存在不同硬盘上，因此安全性也下降 N 倍，只要任何一块硬盘损坏就会丢失所有数据。其构成原理如图 6.1 所示。

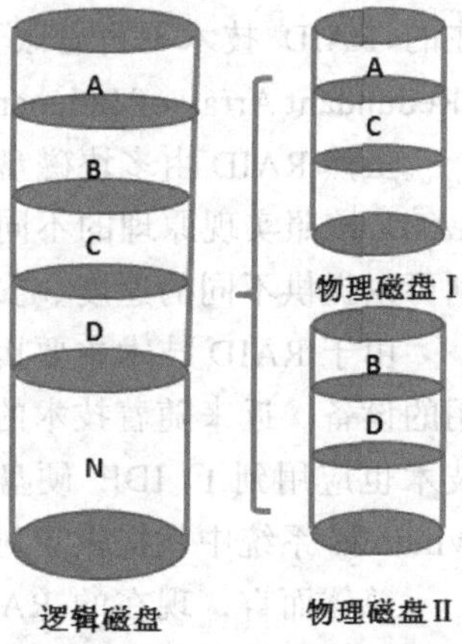

图 6.1　RAID 0 构成原理图

在图 6.1 中，逻辑磁盘是在系统中所表现的磁盘，但实际上由两块磁盘构成。系统在读取数据时是将数据分为不同的数据块（A、B、C、D、…N），同时将数据块进行写入/读取操作，故而在增加存储容量的同时也提高了读写速度。

RAID 0 是最简单的一种 RAID 形式，其目的只是把多块硬盘连接在一起形成一个容量更大的存储设备，因此它不具备冗余和校验功能，只适用于单纯增大存储容量的场所而不能用于对数据安全有所要求的场所。

6.1.2 RAID 1

RAID 1（镜像），至少需要两块硬盘共同构建。RAID 1 技术是以一块硬盘作为工作硬盘，同时以另外一块硬盘作为备份硬盘，数据写入工作硬盘的同时也写入备份硬盘，也就是将一块硬盘的内容完全复制到另一块硬盘。为了保证两块硬盘的数据一致性，RAID 控制器必须能够同时对两块硬盘进行读写操作，而速度以慢的硬盘速度为准。同时，由于两块硬盘上的数据一致，因此对数据的存储量而言，硬盘空间的有效存储量只有一块硬盘的存储量。其构成原理如图 6.2 所示。

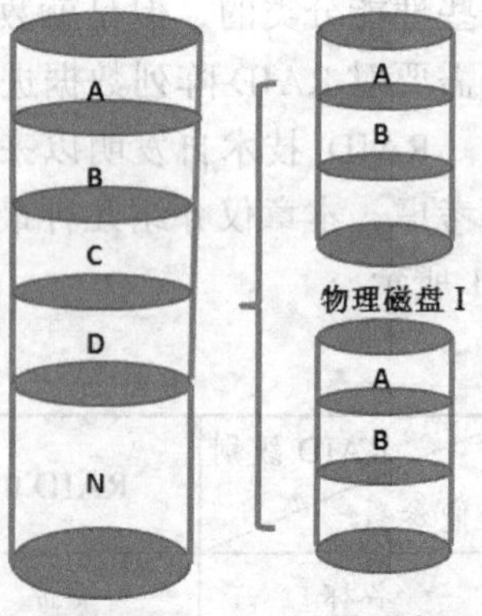

图 6.2　RAID 1 构成原理图

在图 6.2 中，与 RAID 0 技术相同的是，逻辑磁盘实际上也是由两块磁盘构成，数据也分为多个数据块（A、B、C、D、…

N）进行写入/读取操作。但与 RAID 0 技术不同的是，系统在写入数据块时是将数据块同时写入两块硬盘中，在读取数据时只需读取一块硬盘中的数据即可。

RAID 1 是磁盘阵列中单位成本最高的一种形式，但提供了很高的数据安全性和可用性。当一个硬盘失效时，系统可以自动切换到镜像硬盘上读/写，而不需要重组失效的数据。它主要适用于对数据安全性要求较高而对成本没有特别要求的场所。

6.1.3 RAID 3

RAID 3（专用奇偶位条带），在条带技术的基础上为了提高数据的安全性而使用一块硬盘专门用于存储校验数据，因此至少需要三块硬盘。其名称中的所谓“奇偶位”，是指奇偶位校验方式，奇偶校验值计算是指以各个硬盘的相对应位作异或逻辑运算，然后将结果写入奇偶校验硬盘。其构成原理如图 6.3 所示。

在图 6.3 中，逻辑磁盘至少由三块物理磁盘构成。RAID 3 将数据以字节为单位进行拆分，然后按照与 RAID 0 相同的方式将数据同时在两块硬盘上进行写入/读取操作，同时，为了克服 RAID 0 技术没有数据冗余的缺陷，RAID 3 技术对数据进行了一个奇偶校验，并将校验值单独用一个硬盘进行存储。因此当某个数据盘出现故障时，数据可以从其他硬盘和校验盘中通过一定的技术手段进行恢复，在一定程度上提高了数据的安全性。

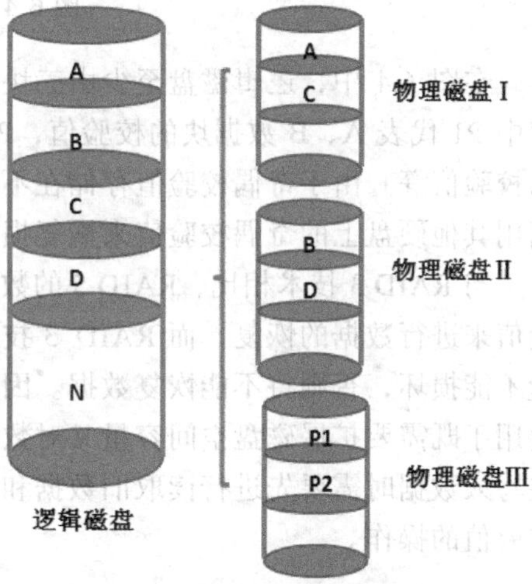

图 6.3 RAID 3 构成原理图

RAID 3 技术使用了与 RAID 0 相同的技术，在系统写入/读取数据时是从几个硬盘中同时操作，操作速度较快；同时，由于校验盘在使用时也提高了数据安全性，与 RAID 1 技术相比又节省了硬盘空间。但是，由于 RAID 3 把数据的写入操作分散到多个磁盘上进行，而且不管是向哪一个数据盘写入数据，都需要同时重写校验盘中的相关信息。因此，对于经常需要执行大量写入操作的应用来说，校验盘的负载会很大，无法满足程序的运行速度，从而导致整个系统性能的下降。因此 RAID 3 技术适合应用于写入操作较少，读取操作较多的应用，如 WEB 服务等。

6.1.4 RAID 5

与 RAID 3 技术相类似，RAID 5（分布奇偶位条带），也是使用奇偶校验来提高数据的安全性，与 RAID 3 技术不同的是其奇偶校验数据不是存储在一个专门的硬盘中而是分别存储在所有的数据盘。其构成原理如图 6.4 所示。

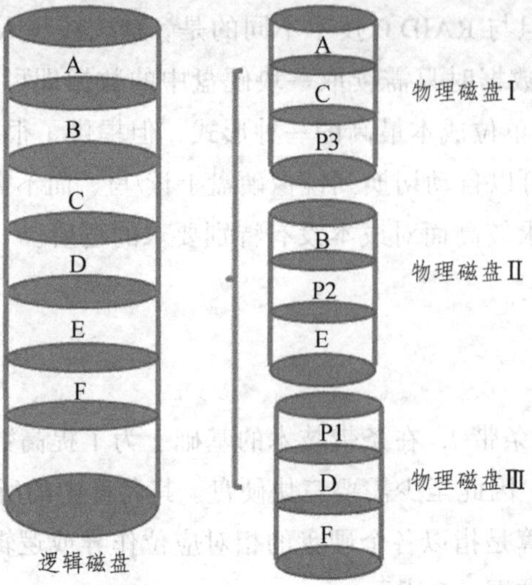

图 6.4　RAID 5 构成原理图

在图 6.4 中，逻辑磁盘至少由三块物理磁盘构成，数据以块为单位存储在各个硬盘中。其中 P1 代表 A、B 数据块的校验值，P2 代表 C、D 数据块的校验值，P3 代表 E、F 数据块的校验值等。由于奇偶校验值存储在不同的硬盘上，因此任何一个硬盘上的数据损坏都可以利用其他硬盘上的奇偶校验值来恢复损坏的数据，从而提高了数据的安全性。

与 RAID 3 技术相比，RAID 5 的数据安全性更高，任何一块硬盘损坏都可以利用奇偶校验值来进行数据的恢复，而 RAID 3 技术的奇偶校验值存储在独立的硬盘上，故奇偶校验硬盘不能损坏，否则将不能恢复数据。因此 RAID 5 技术是目前较理想的阵列技术级别，普遍适用于既需要扩展磁盘空间容量又对数据安全性有一定要求的场所。RAID 5 技术的缺点在于在写入数据时需要先进行读取旧数据和奇偶校验值的操作，再进行写入新的数据和新的奇偶校验值的操作。

6.1.5　RAID 10

RAID 10 技术其实质就是 RAID 1 技术与 RAID 0 技术的结合，既具有 RAID 0 技术的读写快速和容量扩展特点，也具有 RAID 1 技术的数据安全性。但是，构建一个 RAID 10 技术的阵列所需要的硬盘至少四块。其构成原理图如图 6.5 所示。

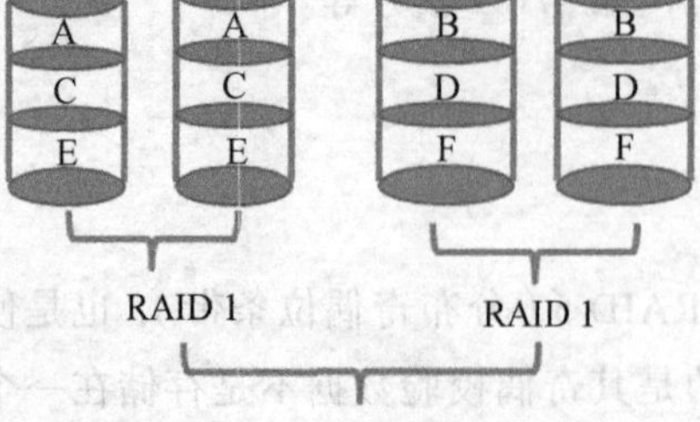

图 6.5　RAID 10 结构示意图

由图 6.5 可以看出，RAID 10 技术是先将数据块按照 RAID 0 技术分别存储在不同的硬盘中，同时对每个硬盘分别采用 RAID 1 技术进行数据的镜像，其性能既具有 RAID 0 技术的读写迅速的特点，又具有 RAID 1 技术的数据安全性，但是很明显的缺点就是硬盘的空间利用率不高，主要适用于对容量要求不太高，但对数据存取速度和安全性有要求的场所。

6.2　RAID 的实现

实现 RAID 有两种方法，即硬件实现（使用 RAID 阵列卡）和软件实现，下面分别介绍这两种实现方法。

6.2.1　硬件实现

1. 硬件实现 RAID 的基本方法

硬件实现RAID技术就是采用一块RAID卡来实现。以前的RAID卡主要是与服务器SCSI硬盘相适应的 SCSI 卡。随着技术的发展和成本的降低，后来又有了适应普通计算机硬盘 IDE 接口的 RAID 卡。采用硬件 RAID 卡来实现 RAID 技术的方式由于功能采用板卡来实现，因此与操作系统无关，不会影响操作系统，也不会占用计算机 CPU 的资源，相比软件实现而言性能更高。但是，对 RAID 卡的管理和配置不能通过操作系统实现，只能通过 RAID 卡的管理软件来实现。一般的 RAID 卡的管理和配置都是在开机自检时进入它的配置程序来配置 RAID 卡的性能。如图 6.6、6.7 所示就是一些 RAID 卡的外观图。

图 6.6　适用于 IDE 硬盘的 RAID 卡

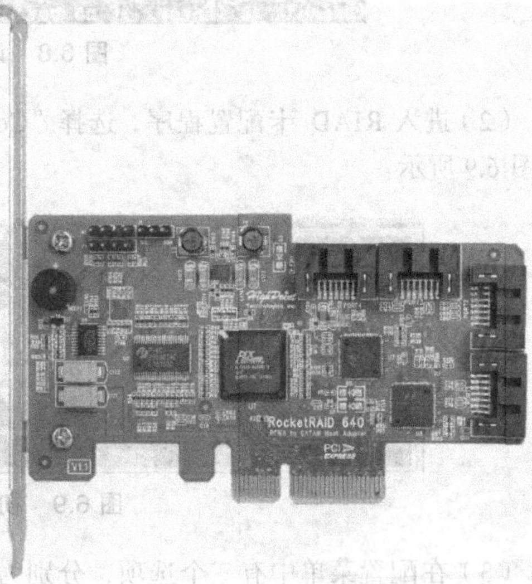

图 6.7　适用于 SATA 硬盘的 RAID 卡

通过以上 RAID 卡的转接，一台计算机上就可以连接多个硬盘从而构建 RAID。

2. 逻辑磁盘

需要注意的是，当硬盘连接到阵列卡（RAID）上时，操作系统将不能直接看到物理硬盘，因此需要创建成一个被设置为 RAID 0、RAID 1 或 RAID 5 等的逻辑磁盘（也叫容器），这样系统才能够正确识别它。

创建逻辑磁盘的方法有两种：

（1）使用阵列卡本身的配置工具，即阵列卡的 BIOS 程序来配置 RAID 的性能。这种方法一般用于重装系统或没有安装操作系统的情况。

（2）使用第三方提供的配置工具软件去实现对阵列卡的管理。此时工具软件必须依赖于系统，因此只适用于服务器上已经安装有操作系统的情况。

6.2.2 【任务 6.1】创建逻辑磁盘

以下以 DELL RAID 卡为例来介绍 RAID 5 的创建过程。

（1）当系统在自检的过程中出现了以下提示时，同时按下“Ctrl + A”键，如图 6.8 所示。

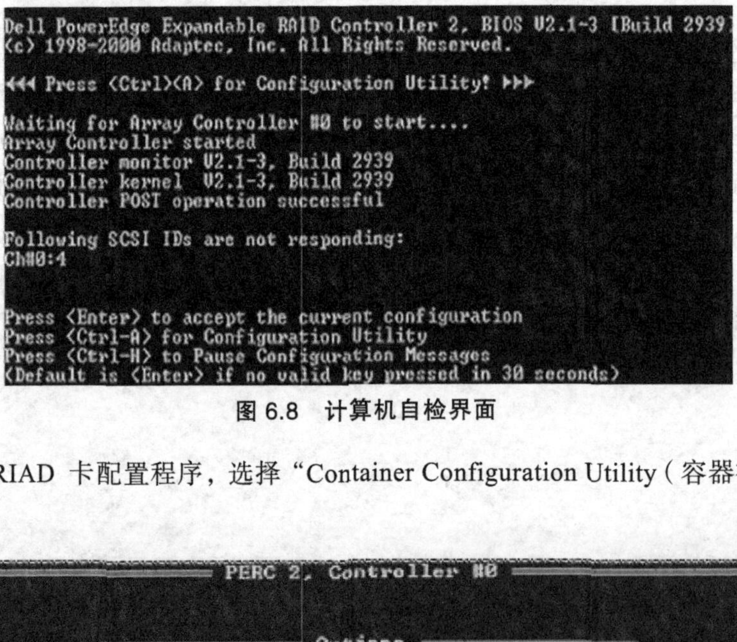

图 6.8 计算机自检界面

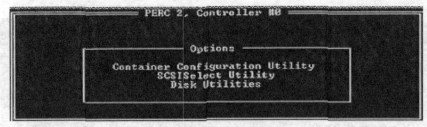

（2）进入 RIAD 卡配置程序，选择“Container Configuration Utility（容器初始化配置）”，如图 6.9 所示。

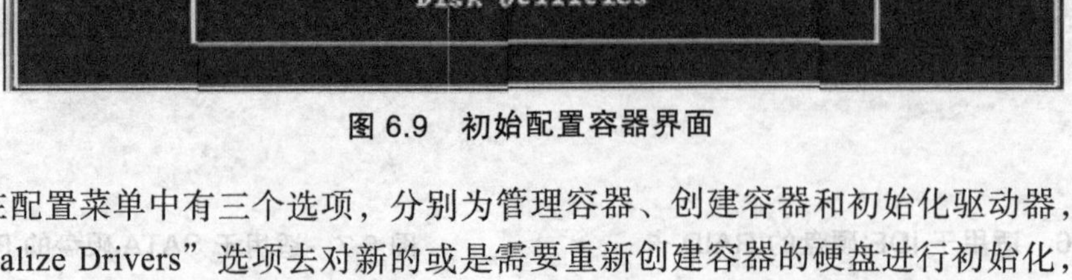

图 6.9 初始配置容器界面

（3）在配置菜单中有三个选项，分别为管理容器、创建容器和初始化驱动器，选择最后一个“Initialize Drivers”选项去对新的或是需要重新创建容器的硬盘进行初始化，如图 6.10 所示。

图 6.10 初始驱动器界面

（4）窗口出现 RAID 卡的通道和连接到该通道上的硬盘，使用“Insert”键选中需要被初始化的硬盘，如图 6.11 所示。

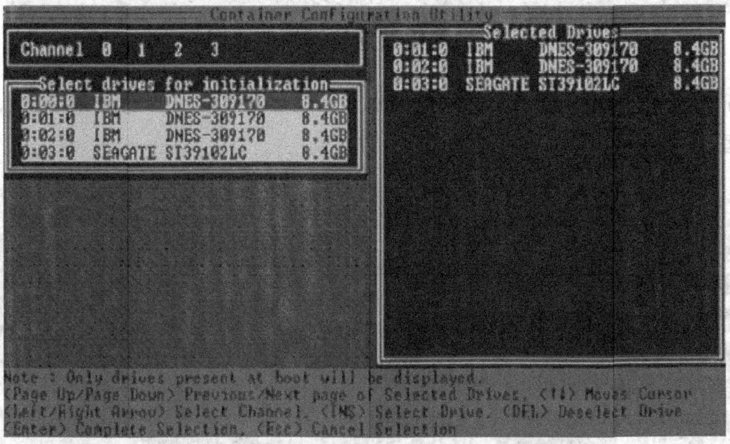

图 6.11 选择需要初始化的驱动器界面

（5）当选择完成并按“Enter”键之后，系统会出现警告，选择“Y”可执行初始化，如图 6.12 所示。

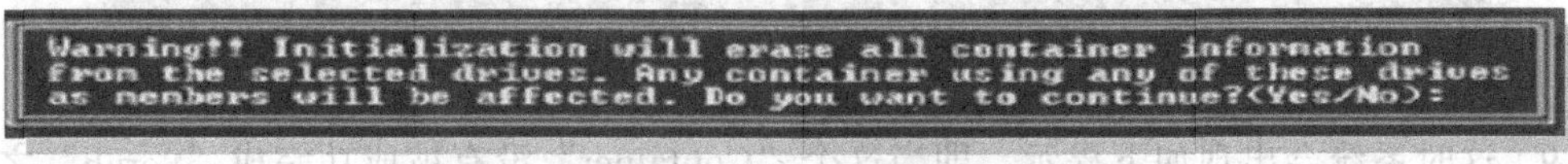

图 6.12 初始化驱动器的警告界面

（6）驱动器初始化完成后，此时就可以创建 RAID 级别了。在主菜单中（Main Menu）选中“Create Container（创建容器）”并回车，如图 6.13 所示。

图 6.13 创建容器界面

（7）用“Insert”键选中需要用于创建 Container 的硬盘到右边的列表中去，然后按下“Enter”键，如图 6.14 所示。

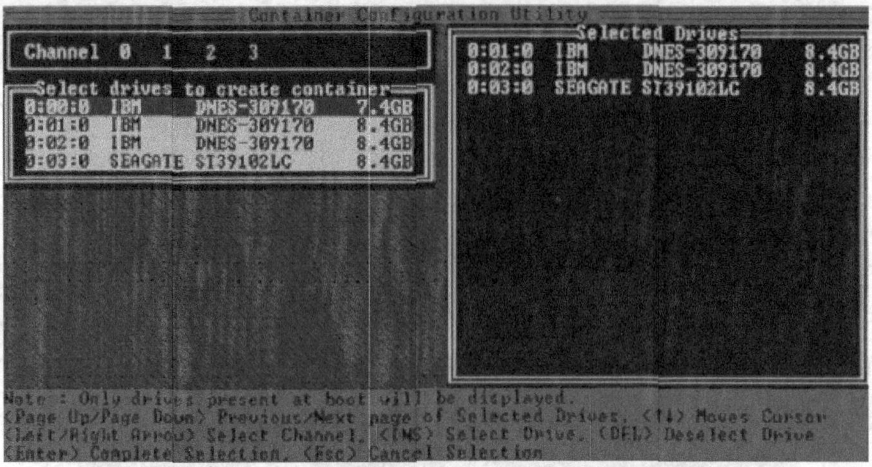

图 6.14　选取需要创建容器的磁盘界面

（8）在弹出窗口中用回车选择 RAID 级别，输入 Container 的卷标和大小，其他均保持默认不变，然后选择“Done”即可，如图 6.15 所示。

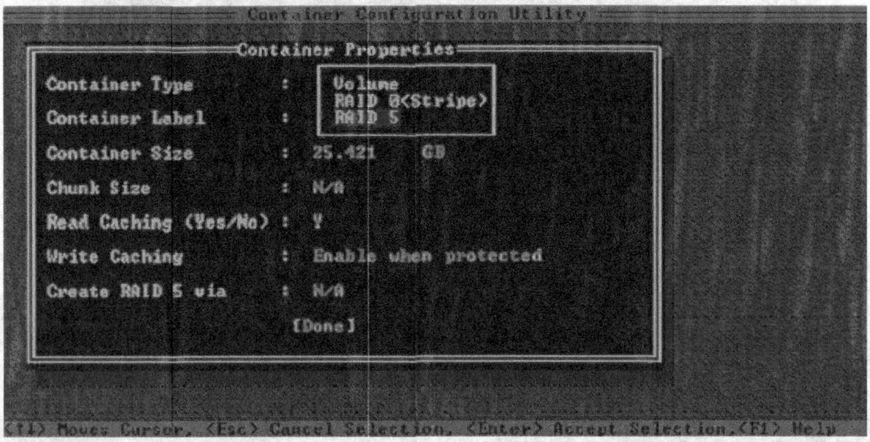

图 6.15　选取需要创建 RAID 级别和容器大小界面图

（9）这时系统会出现如下提示，即当这个“Container”没有被成功完成“Scrub”之前，这个“Container”是没有“冗余”功能的，如图 6.16 所示。

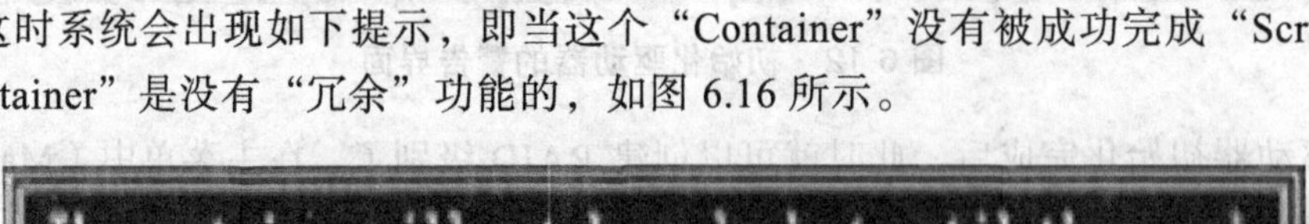
The container will not be redundant until the scrub
is completed. We recommend that you avoid using the
container until scrub is complete.

图 6.16　缺乏冗余功能的警告界面图

（10）此时，可以通过“Manage Containers（管理容器）”选项选中相应的容器，检查这个“Container Status（容器状态）”的“Scrub”，当它变为“Ok”，这个新创建的 Container 便具有了冗余功能，如图 6.17 所示。

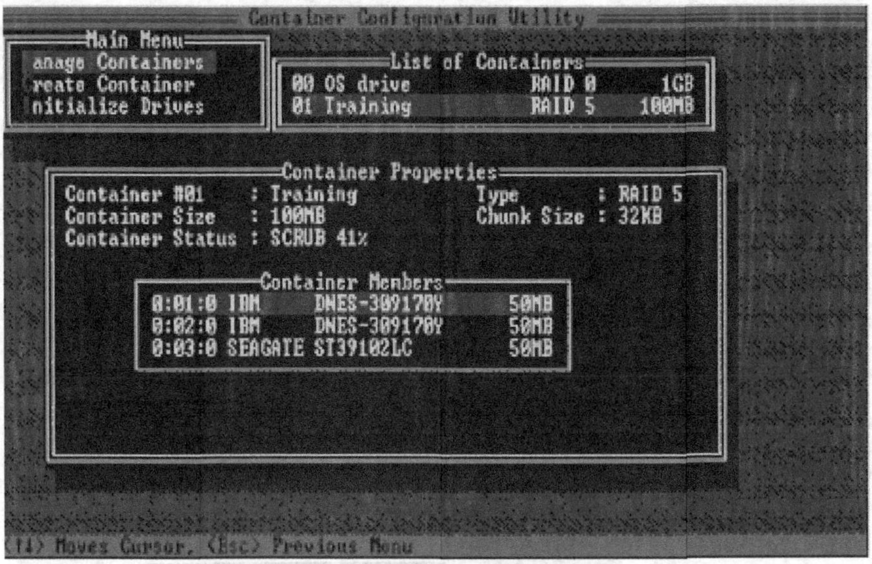

图 6.17　RAID 5 创建完成界面图

6.2.3　软件实现

软件实现 RAID 技术就是用软件的方法来实现 RAID 阵列而不使用 RAID 卡，一些操作系统就自带 RAID 功能，如 Windows 2003 系统。

大家知道，我们在管理磁盘时一般都需要对磁盘进行分区以方便对不同类型文件的管理，在这种方式下所管理的磁盘称为“基本磁盘”。对基本磁盘的管理不能跨越分区，而 RAID 的实现要求不仅能跨越分区，还要求跨越硬盘，因此基本磁盘不能实现对 RAID 管理，与之相对应的磁盘称为“动态磁盘”。在创建和管理硬盘时就需要将硬盘由基本磁盘类型改变为动态磁盘类型。

基本磁盘和动态磁盘的主要区别如下：

（1）基本磁盘管理硬盘的方式是分区；动态磁盘管理硬盘的方式是卷。

（2）基本磁盘不能随便更改磁盘大小，否则会造成数据的丢失；动态磁盘则可以更改磁盘大小。

（3）基本磁盘不能在不同硬盘中实现；动态磁盘则可以跨越硬盘实现。

（4）基本磁盘可以在不同的系统中使用；动态磁盘在不同的系统中不能被识别。

6.2.4 【任务 6.2】创建动态磁盘

1. 基本磁盘类型变更为动态磁盘类型

在 Windows 2003 系统中，磁盘形式默认是基本磁盘类型，而 RAID 阵列需要跨越不同的硬盘实现，因此首先需要将硬盘的类型由基本磁盘类型变更为动态磁盘类型。

（1）打开“计算机管理—磁盘管理”，如图 6.18 所示。

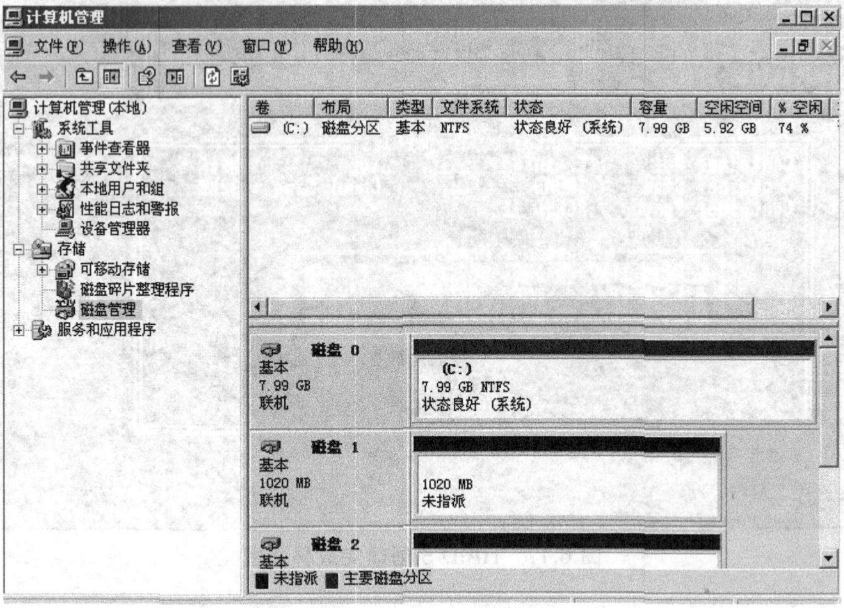

图 6.18 “计算机管理”界面

（2）在需要转换的磁盘上右击选“转换到动态磁盘”，弹出如图 6.19 所示界面。

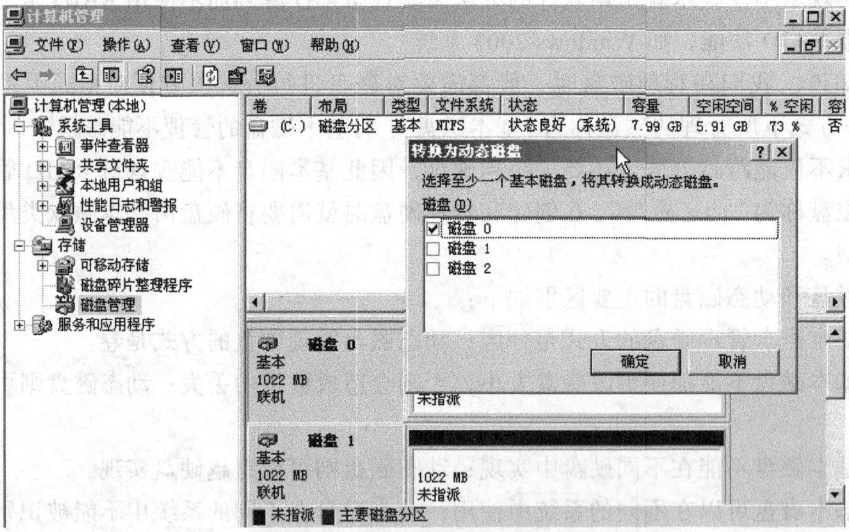

图 6.19 转换动态磁盘界面

2.“卷”的管理

（1）卷的创建。

如前所述，在动态磁盘中对磁盘的管理是通过“卷”的管理进行的，在将磁盘转换为动态磁盘之后，就需要建立“卷”。

在动态磁盘上右击选择“新建卷”，出现新建卷向导，如图 6.20 所示。

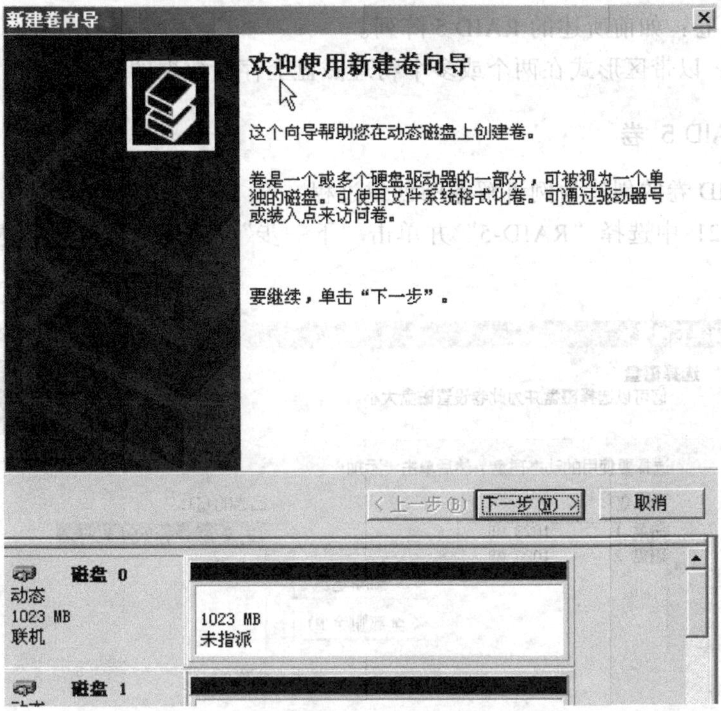

图 6.20 新建卷向导

（2）卷类型的选择。

单击“下一步”后，出现选择卷类型的画面，如图 6.21 所示。

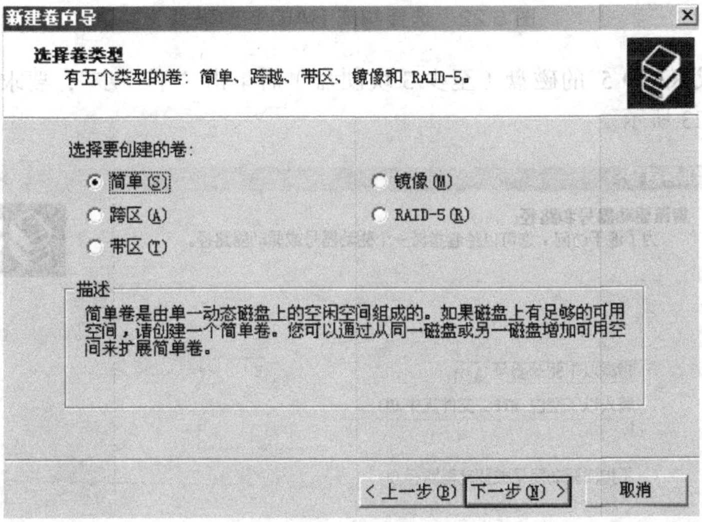

图 6.21 选择卷类型

① 简单卷：构成单个物理磁盘空间的卷。它可以由磁盘上的单个区域或同一磁盘连接在一起的多个区域组成，可以在同一磁盘内扩展简单卷。

② 镜像卷：在两个物理磁盘上复制数据的所形成的容错卷，如 RAID 1。

③ 跨区卷：由多个物理磁盘的空间组成的卷。

④ RAID 5 卷：如前所述的 RAID 5 阵列。

⑤ 带区卷：以带区形式在两个或多个物理磁盘上存储数据的卷。

3. 创建 RAID 5 卷

以下以 RAID 卷的创建为例讲解卷的创建过程。

① 在图 6.21 中选择“RAID-5”并单击“下一步”，出现选择磁盘的界面，如图 6.22 所示。

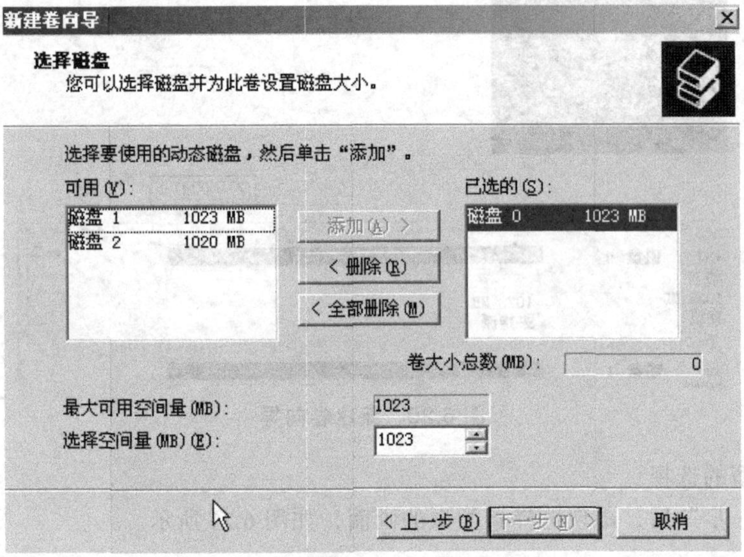

图 6.22　选择构成 RAID 5 的磁盘

② 选择构成 RAID 5 的磁盘（至少 3 块硬盘）后单击“下一步”，要求为卷指定一个驱动器号，如图 6.23 所示。

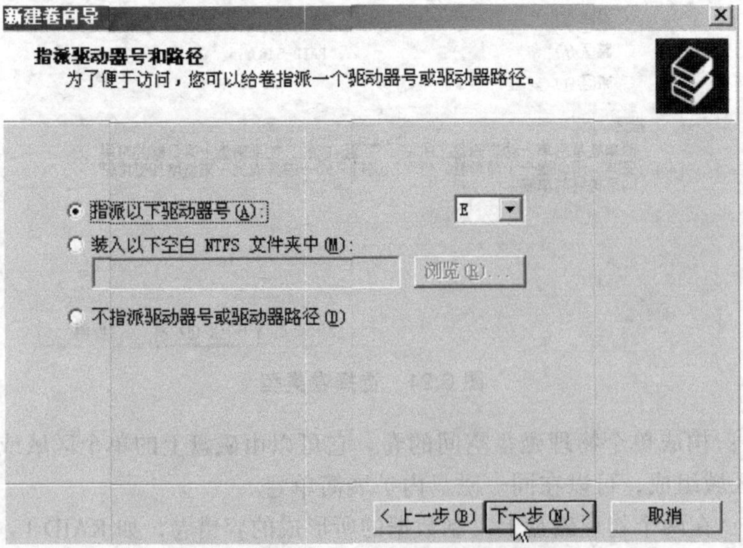

图 6.23　指定 RAID 5 磁盘的驱动器号

③ 选择卷的格式化方式，如图 6.24 所示。

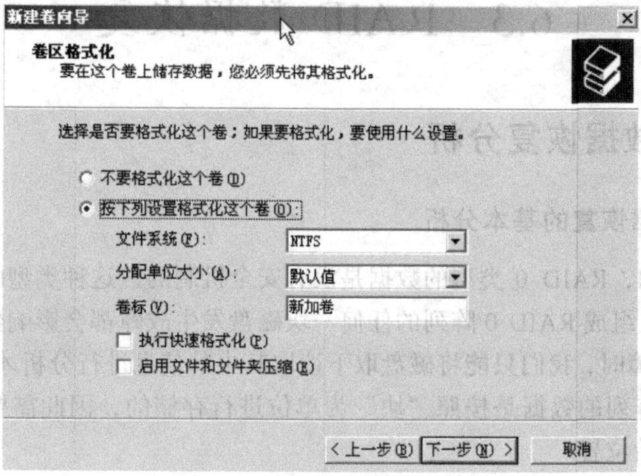

图 6.24　选择卷的格式化方式

④ 选项选择完毕，系统对磁盘进行格式化，建立新磁盘，其过程如图 6.25 所示，其结果如图 6.26 所示。

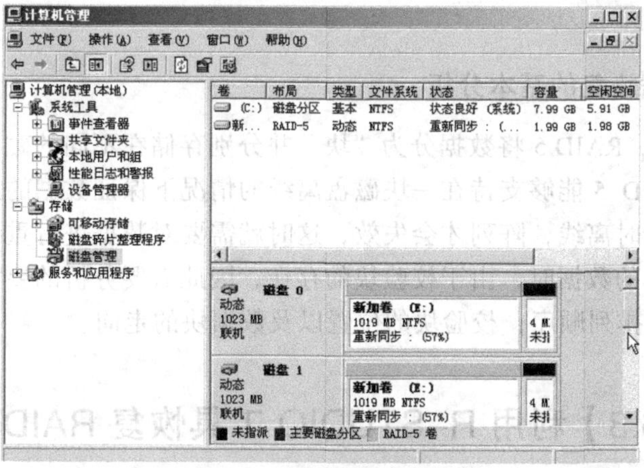

图 6.25　卷的格式过程

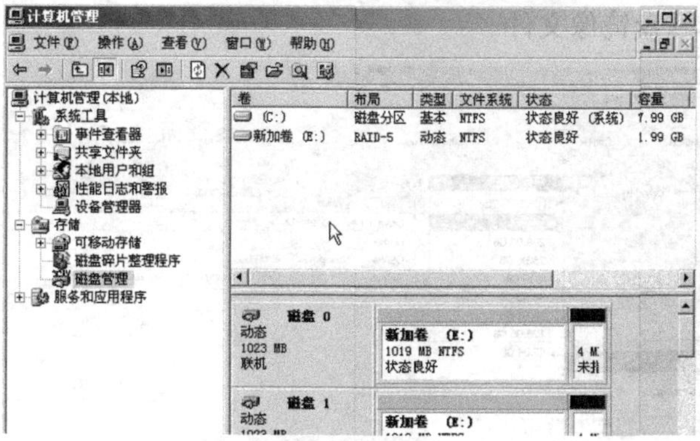

图 6.26　卷的建立完成界面

6.3 RAID 数据恢复

6.3.1 RAID 数据恢复分析

1. RAID 0 数据恢复的基本分析

从前述内容可知，RAID 0 类型的数据是没有安全机制的，这种类型的阵列只是提高了磁盘容量和读取速度。组成 RAID 0 阵列的任何一块磁盘发生故障都会影响数据的使用。因此在 RAID 0 阵列发生故障时，我们只能将磁盘取下读取其中的信息进行分析才能恢复原来的数据。

由于 RAID 0 阵列的数据是按照“块”为单位进行存储的，因此需要分析“块”的大小以及存储数据的起始位置。

2. RAID 1 数据恢复的基本分析

RAID 1 阵列的数据恢复是 RAID 阵列中最简单的一种，由于有两块磁盘互为镜像，因此如果有其中一块磁盘发生故障，则只需将未发生故障的磁盘内容复制到新磁盘中，再次组成 RAID 1 即可。

3. RAID 5 数据恢复的基本分析

与 RAID 0 一样，RAID 5 将数据分为“块”并分别存储在不同的磁盘中，但是由于它存在校验块，因此 RAID 5 能够支持在一块磁盘离线的情况下保证数据的正常访问，如果有两块或两块以上硬盘同时离线，阵列才会失效，这时就需要对数据进行重组。

在分析 RAID 5 的数据时，由于校验块的存在，因此需要分析的要素包括：数据块的大小；RAID 中硬盘的排列顺序；校验块的位置以及数据块的走向。

6.3.2 【任务 6.3】利用 R-STUDIO 工具恢复 RAID 0

（1）在 R-STUDIO 中打开磁盘镜像文件。在 R-STUDIO 中选择“Drive-Open Image”，如图 6.27 所示，以选择磁盘镜像文件。

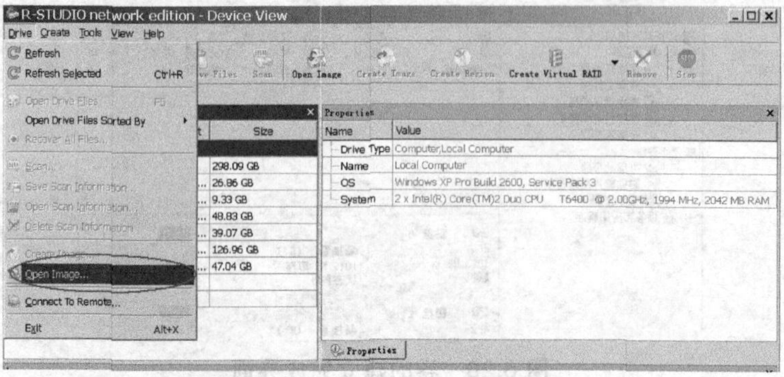

图 6.27 选择打开磁盘镜像

（2）创建 RAID 0 卷。在 R-Studio 中要恢复某种类型的 RAID 数据，需要先创建一个相应的 RAID 阵列并将磁盘放入阵列中。

选择“Create-Create Virtual Block RAID”（创建虚拟块 RAID）以创建一个虚拟 RAID 0 卷。然后在右侧画面中选择 RAID 0，如图 6.28、6.29 所示。

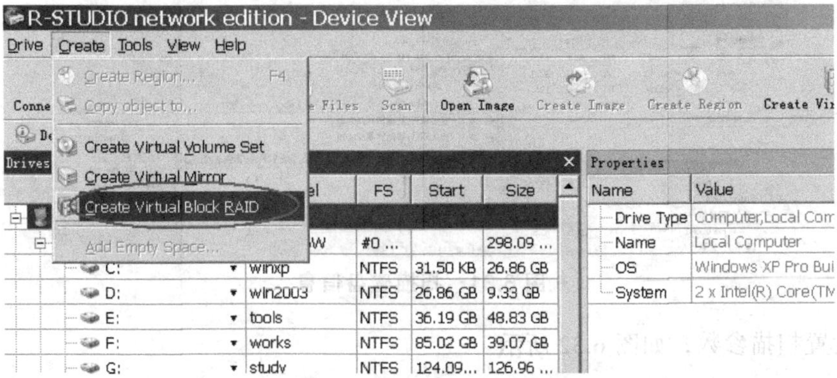

图 6.28 选择创建虚拟块 RAID

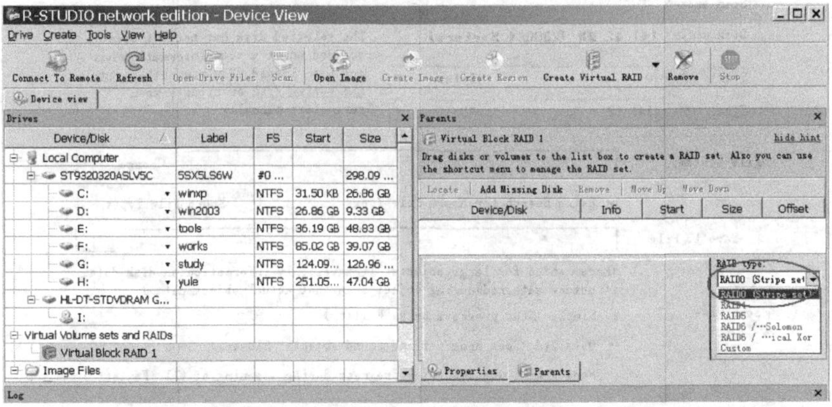

图 6.29 选择创建 RAID 0

（3）将磁盘装入 RAID 卷并设置块大小。将磁盘装入 RAID 卷可以直接将镜像文件拖入 RAID 卷即可，然后在右侧界面中选择 RAID 0 的块大小，如图 6.30 所示。

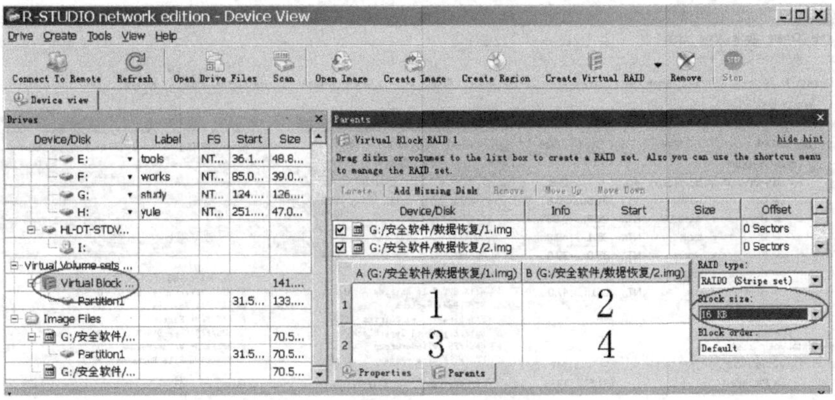

图 6.30 将磁盘装入卷并选择块大小

（4）扫描磁盘。选择虚拟卷，然后再单击“Scan”按钮，让 R-STUDIO 扫描磁盘信息，如图 6.31 所示。

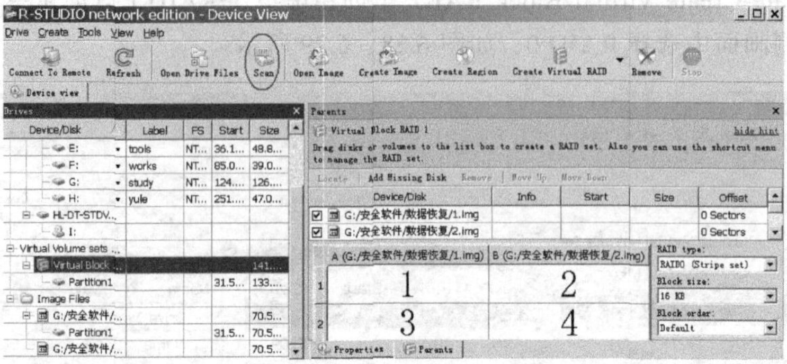

图 6.31 扫描磁盘信息

（5）设置扫描参数，如图 6.32 所示。

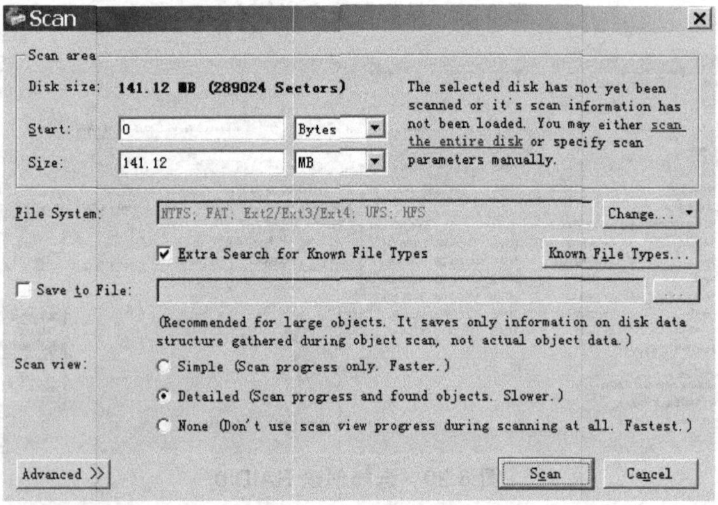

图 6.32 设置扫描参数

（6）扫描磁盘信息，并在完成后列出磁盘信息，如图 6.33 所示。

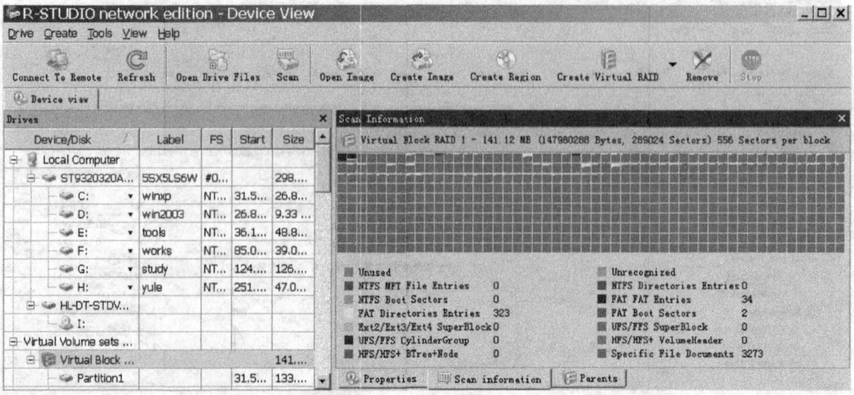

图 6.33 扫描磁盘的结果

（7）双击在左侧的虚拟卷中出现的分区信息，即可显示分区的数据，分别如图 6.34、6.35 所示。

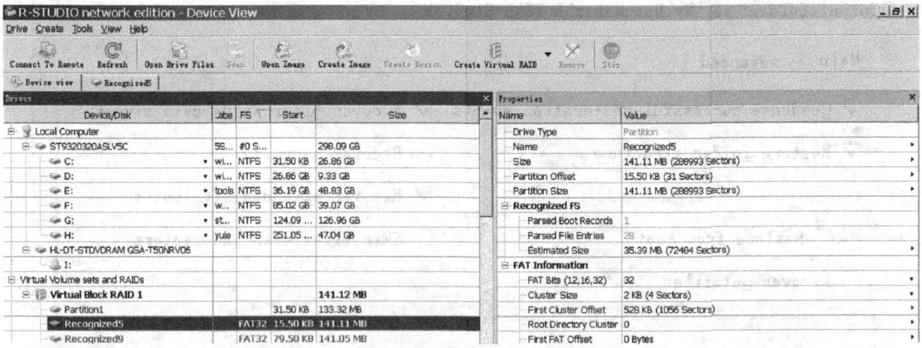

图 6.34　扫描得到的分区信息

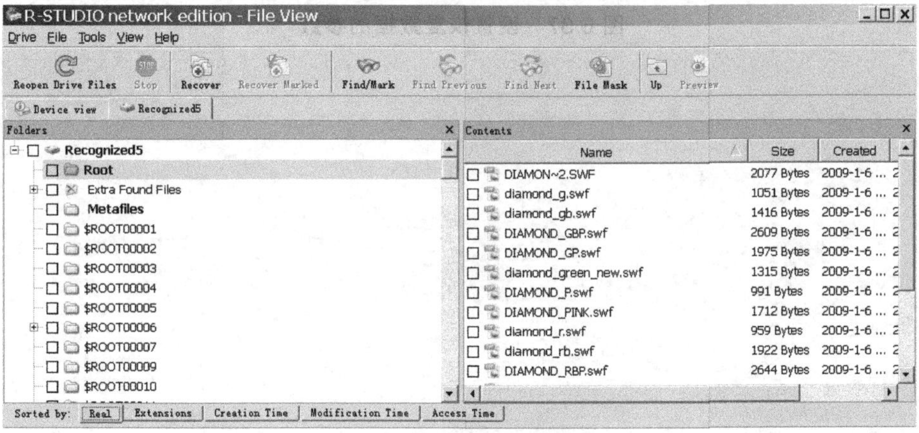

图 6.35　扫描到的数据文件

（8）恢复数据。勾选准备恢复的数据，然后右击数据，在快捷菜单内选择“Recover”（恢复），如图 6.36 所示。

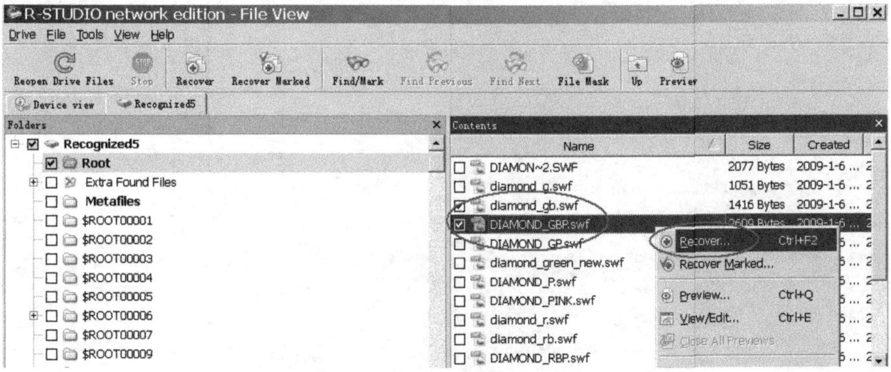

图 6.36　选择需要恢复的数据

（9）设置恢复数据的参数。在随后出现的界面里设置恢复数据的参数，如保存位置等，如图 6.37 所示。

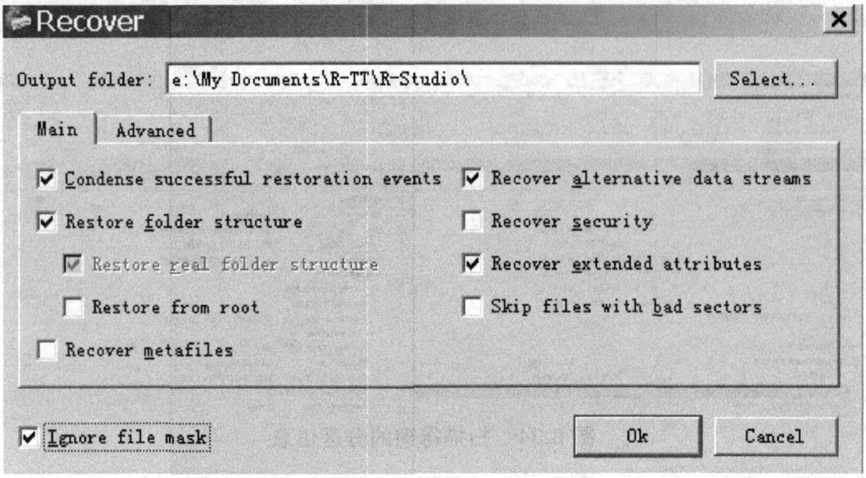

图 6.37　设置恢复数据的参数

第 7 章　数据安全措施

通过学习数据在存储设备中的存储原理、数据恢复原理及一些典型数据恢复应用实例。大家认识到数据是否一定能够恢复与事先是否对数据进行了良好的备份管理工作有很大的关系，因此如何做好数据的备份是一项很重要的工作；同时，从广义上讲，数据的安全不仅仅包含数据在丢失的情况下如何进行恢复，而且也包含如何使删除的敏感数据不被别有用心的人恢复。本章将介绍这两方面的知识及典型应用。

7.1　文档保护机制

文档保护即保护文档不被破解、读取、修改、删除等，一般情况下是文档的作者对自身劳动成果的一种保护，多数情况下是通过对文档采取加密措施来实现的。

7.1.1　安全密码

采用加密措施对文档进行保护时一般都需要输入密码，那么什么样的密码可以被称为安全密码呢？一般而言应该具备以下几个特征：

（1）密码长度至少 8 位以上。

（2）不与设置密码者或其家人的特定日期有关（如生日）。

（3）至少包含三种类型以上的字符（数字、小写字母、大写字母、特殊字符）。

满足以上三条特征所组成的密码可以称为安全密码。当然，由前述知识可知，很多密码是可以被破解的，其中的暴力破解方法更是可以依赖于计算机强大的计算能力破解很多密码，但是只要密码的设置足够复杂，即便密码被破解，只要文档的保密期限已经到期，我们仍然可以认为文档是安全的。

7.1.2　利用系统自带工具加密文档

1. EFS 的概念

加密文件系统（Encrypting File System，EFS）是 Windows 2000 之后的系统（包括服务器版和个人版，但不支持家庭版）所自带的加密系统，可对 NTFS 盘上的文件和文件夹加密。

2. EFS 的特征

EFS 加密机制与操作系统是紧密结合的，我们不必为了加密数据安装额外的软件。另外，EFS 加密系统对用户而言是透明的，也就是说，如果我们加密了一些数据，那么我们对这些数据的访问将是完全允许的，并不会受到任何限制并且在打开相应的文件时不需要输入密码，而其他非授权用户试图访问加密过的数据时，就会出现“访问拒绝”的错误提示。EFS 加密的用户验证过程是在登录 Windows 时进行的，只要登录到 Windows，就可以打开任何一个被授权的加密文件。

注意：如果把一个未加密的文件复制到具有加密属性的文件夹中，那么这些文件将会被自动加密。如果将加密数据移出来，如果移动到 NTFS 分区上，数据仍然会保持加密属性；如果移动到 FAT 分区上，这些数据将会被自动解密。被 EFS 加密过的数据不能在 Windows 中直接共享。NTFS 分区上保存的数据还可以被压缩，不过一个文件不能同时被压缩和加密。另外，Windows 的系统文件和系统文件夹无法加密。

7.1.3 【任务 7.1】利用系统自带工具加密文档

（1）在需要加密的文件（存储在 NTFS 盘）上右击，选取“属性”。在“属性”里选择“高级”，如图 7.1 所示。

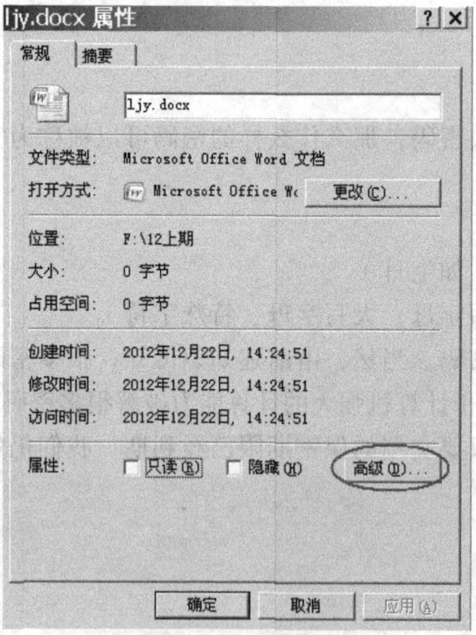

图 7.1 选择文件的高级属性

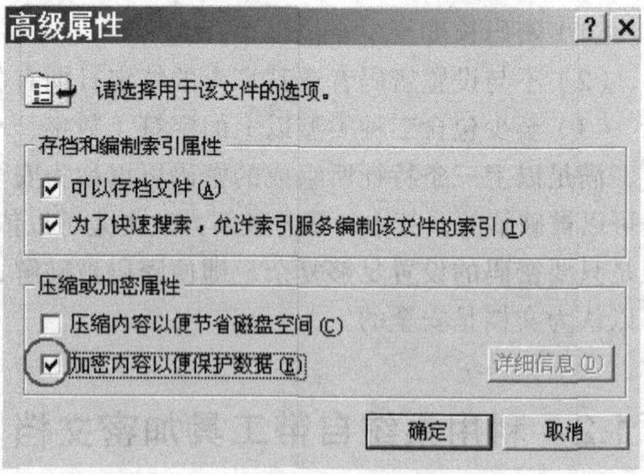

图 7.2 选择“加密内容”

（2）在“高级属性”里选择“加密内容以便保护数据”，如图 7.2 所示。

（3）在确定加密后，会出现“加密警告”，在其中需要选择“只加密文件”或“加密文件及其文件夹”，如图 7.3 所示。

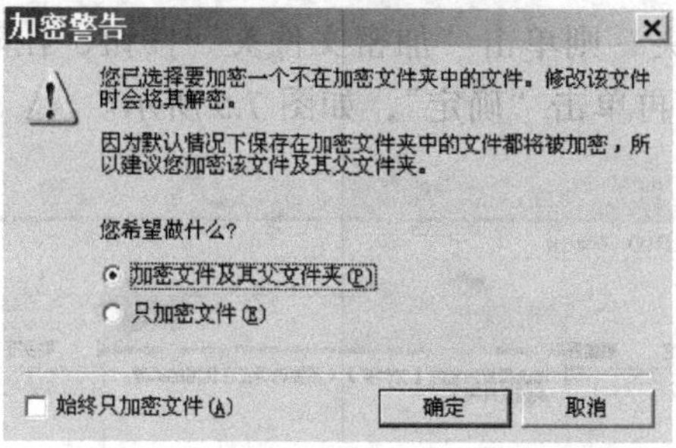

图 7.3　选择加密文件或文件夹

（4）选择“只加密文件”并确认后，该文件就会被加密，该文件的文件名会变为绿色（如果是对文件夹加密，则文件夹的名称也会变为绿色）。

（5）如果想取消对该文件的加密，则在文件属性中取消加密选项即可。

目前，国内和国际上开发和使用的第三方加密工具软件有多种，下面只选取其中几种做介绍。

7.1.4 【任务 7.2】利用文件夹加密超级大师加密文档

文件夹加密超级大师是一款易用、安全、可靠、功能强大的文件夹加密软件。该软件采用了成熟先进的加密算法、加密方法和文件系统底层驱动，使加密后的文件和文件夹，达到超高的加密强度，并且还能够防止被删除、复制和移动。

该软件具有很强的文件和文件夹加密功能，数据保护功能，文件夹、文件的粉碎删除以及文件夹伪装等功能。加密后的文件不受系统影响，即使重装、Ghost 还原，加密的文件夹依然保持加密状态。文件夹和文件的粉碎删除功能，可以把想删除但怕在删除后被别人用数据恢复软件恢复的数据彻底在计算机中删除。

（1）文件夹加密超级大师的安装。

文件夹加密超级大师的安装与其他普通工具软件的安装过程类似，在此不再赘述。

（2）使用文件夹加密超级大师加密文件夹。

① 在程序里打开文件夹加密超级大师，其主界面如图 7.4 所示。

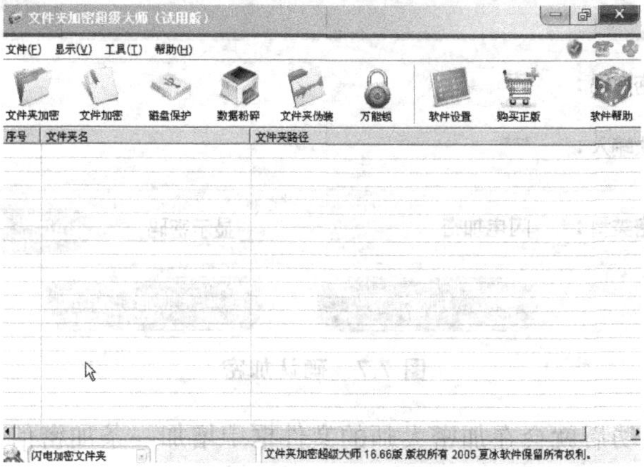

图 7.4　文件夹加密大师主界面

② 如果需要加密文件夹，则单击“加密文件夹”按钮，在随后出现的“浏览文件夹”中找到需要加密的文件夹，再单击“确定”，如图 7.5 所示。

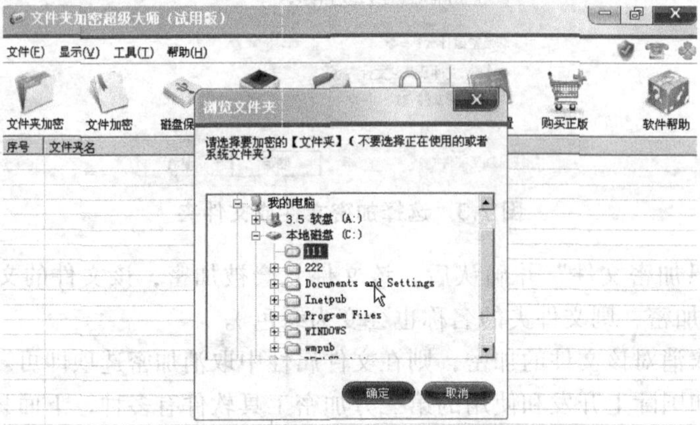

图 7.5　选择需要加密的文件夹

③ 输入加密密码并选择加密类型，如图 7.6 所示。

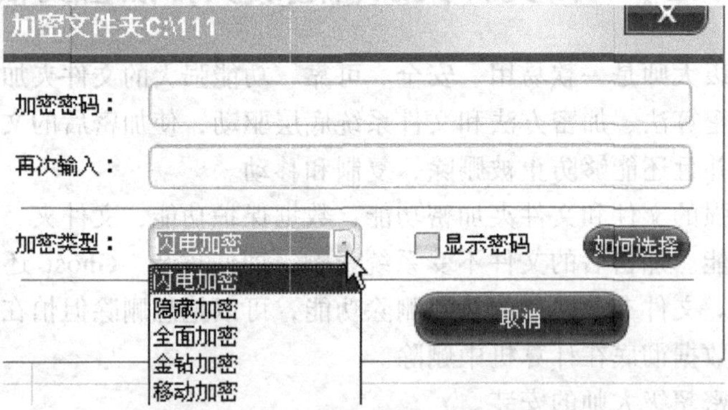

图 7.6　输入加密密码并选择加密类型

④ 确认加密密码和加密类型后，单击“加密”按钮，如图 7.7 所示。

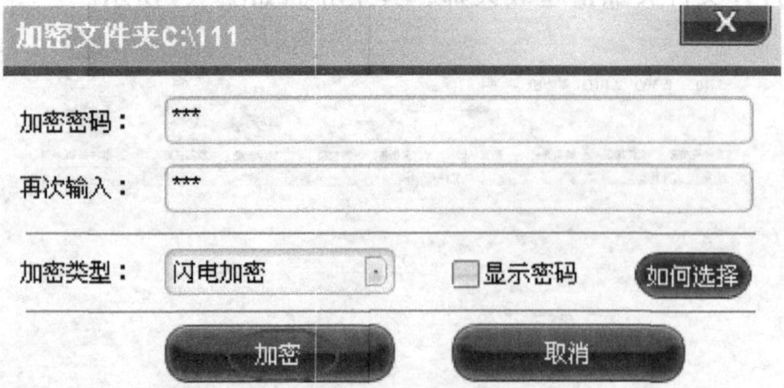

图 7.7　确认加密

⑤ 文件夹加密成功后就会在加密大师的文件框中增加一条加密信息，如图 7.8 所示。

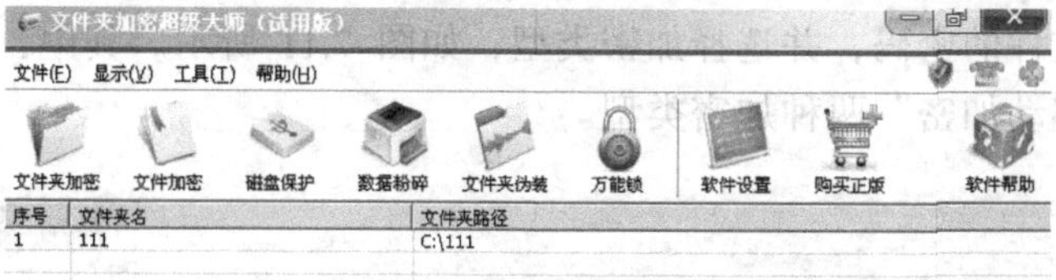

图 7.8　文件夹加密大师的加密信息

注： 关于加密类型的说明。

◆　闪电加密：文件夹的加密和解密速度非常快，其加密的文件夹没有大小限制，加密后的文件夹不能被移动和删除。

◆　隐藏加密：与闪电加密相同，对所加密文件夹没有大小限制，速度快，加密后的文件夹不能被移动和删除，并且加密后的文件夹处于隐藏状态。

◆　全面加密：选择全面加密类型后，不仅文件夹被加密，并且文件夹下的所有文件都会被加密。

◆　金钻加密：将被加密文件夹加密成为一个加密文件，加密等级非常高，但文件夹不能超过 600 MB。

◆　移动加密：使用移动加密类型加密后的文件夹可以移动到其他计算机中正常使用。

（3）使用文件夹加密超级大师解密文件夹。

双击需要解密的文件夹，出现需要在文件夹加密超级大师中输入密码的界面，如图 7.9 所示。只有输入了正确的密码，该文件夹才能被解密。

图 7.9　请输入密码界面

注： 关于解密类型的说明。

◆　打开：加密的文件夹处于“打开”状态时是临时解密的状态，但不再使用该文件夹时，文件夹就会恢复到加密状态。

◆　解密：将文件夹恢复到未加密状态。

（4）使用文件夹加密超级大师加密文件。

① 单击“文件加密”按钮，选择需要加密的文件，如图 7.10 所示。

图 7.10　选择需要加密的文件

② 输入加密文件的密码，并选择加密类型，如图 7.11 所示。其中，对于文件加密只有“金钻加密”和“移动加密”两种加密类型。

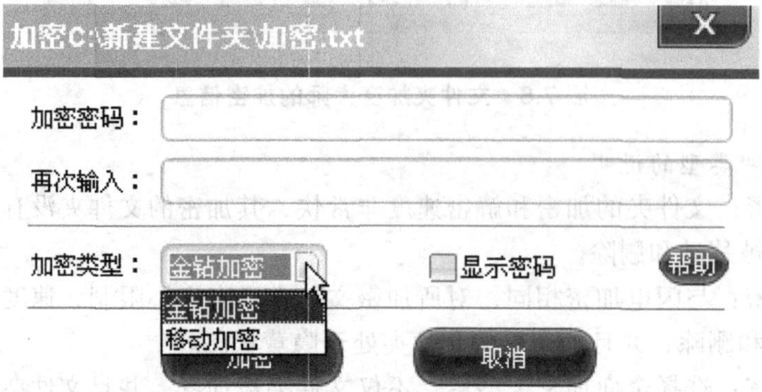

图 7.11　输入加密密码并选择加密类型

③ 加密成功后同样会增加一条加密记录，如图 7.12 所示。

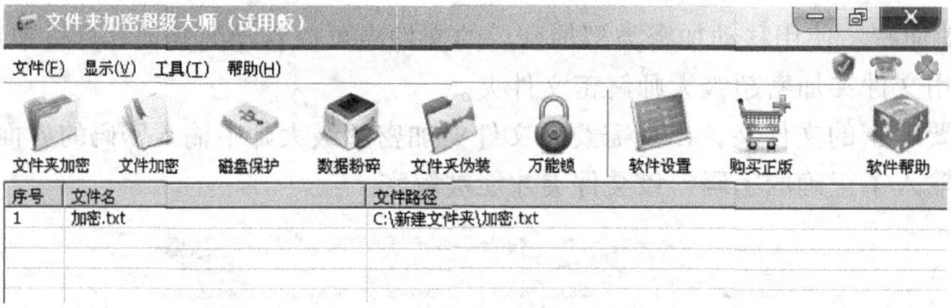

图 7.12　增加的加密记录

（5）使用文件夹加密超级大师解密文件。

使用文件夹加密超级大师解密文件与解密文件夹的操作类似，这里不再赘述。

（6）文件夹加密超级大师的其他功能。

①“磁盘保护”。

◆ 磁盘保护功能用于对磁盘的使用进行限制，单击“磁盘保护”按钮，会出现如图 7.13 所示界面，通过单击“添加磁盘”按钮就可以对磁盘进行相应的保护。

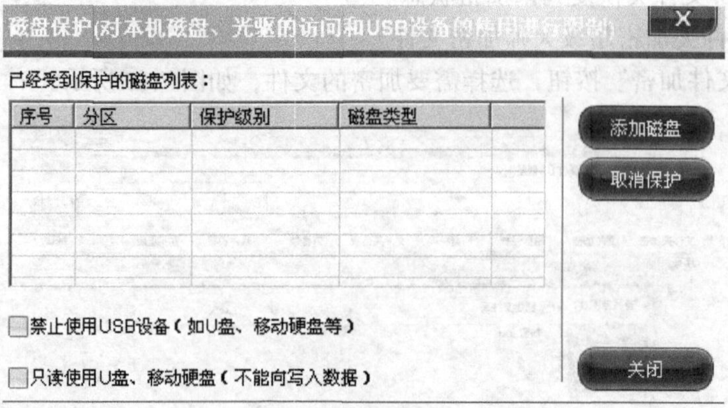

图 7.13　磁盘保护

◆　选择保护级别，如图 7.14 所示。

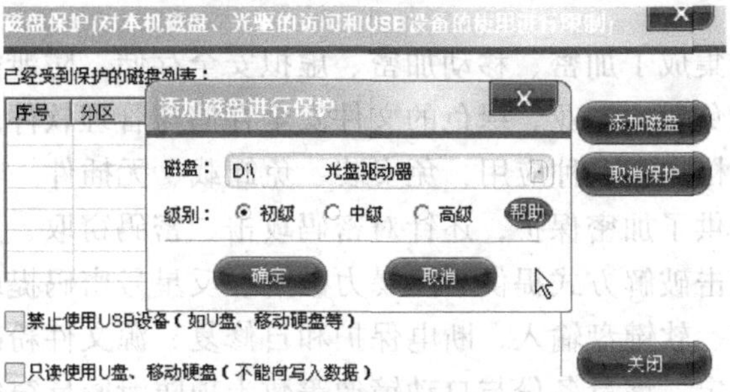

图 7.14　选择磁盘保护级别

注：保护级别的说明。

初级：磁盘分区被隐藏并禁止访问，但在命令行和 DOS 下可以访问。

中级：磁盘分区被隐藏并禁止访问，在命令行下也不可以访问，但在 DOS 下可以访问。

高级：磁盘分区被彻底隐藏。

② 文件夹伪装。

◆　单击“文件夹伪装”按钮，选择需要伪装的文件夹，如图 7.15 所示。

图 7.15　选择需要伪装的文件夹

◆　选择文件夹的伪装类型，如图 7.16 所示。

图 7.16　选择文件夹伪装的类型

7.1.5 【任务 7.3】利用文件密码箱加密文档

文件密码箱是一款集成了加密、移动加密、虚拟安全存储、防泄密反窃密、文件管理等多种技术而开发的一款免费、专业、绿色的文件安全存储与管理软件。支持本地常规加密、U 盘移动加密、光盘归档加密多种应用，免安装、免卸载、无插件。

文件密码箱不仅提供了加密保护，还针对密码攻击、密码窃取、反编译、暴力破解、动态调试等各种可能的攻击破解方式提供了反暴力破解、反星号密码提取、动态调试防御、密码攻击反制、密钥文件、软键盘输入、断电保护和自修复、源文件粉碎、入侵警报、登录审计、一键锁定与自动锁定、增量备份与自动镜像等数十项防泄密反窃密创新保护技术。

文件密码箱无需安装，解压后直接运行 EncryptBox.exe 程序即可使用。也无需卸载，不用时直接删除软件运行目录即可，但删除前要确保密码箱内文件已全部导出（否则会随数据文件一起被删除）。

（1）双击 EncryptBox.exe 程序，出现如图 7.17 所示界面。

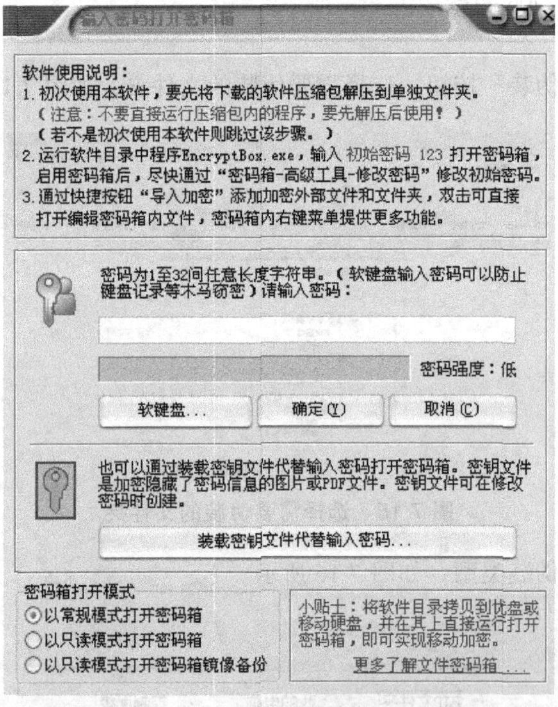

图 7.17　文件密码箱的提示界面

（2）输入文件密码箱的密码后，出现如图 7.18 所示主界面。

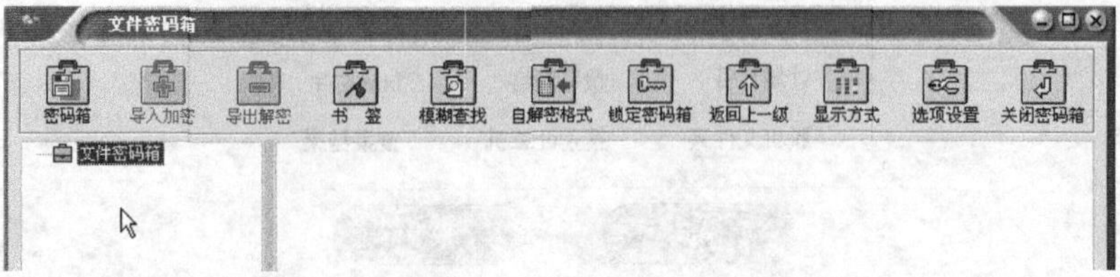

图 7.18　文件密码箱主界面

（3）密码箱的管理。单击“密码箱”按钮，出现如图 7.19 所示的界面。

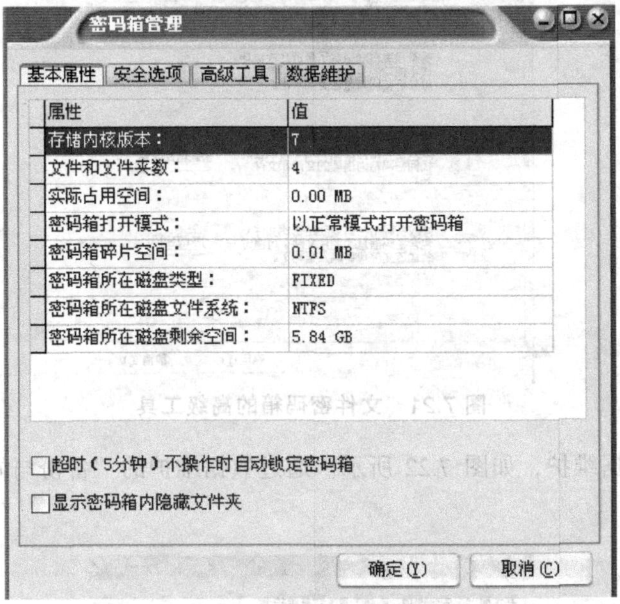

图 7.19　文件密码箱的管理

① 密码箱的安全管理。选择“安全选项”，可以看到文件密码箱已启动和未启动的安全选项。如图 7.20 所示。

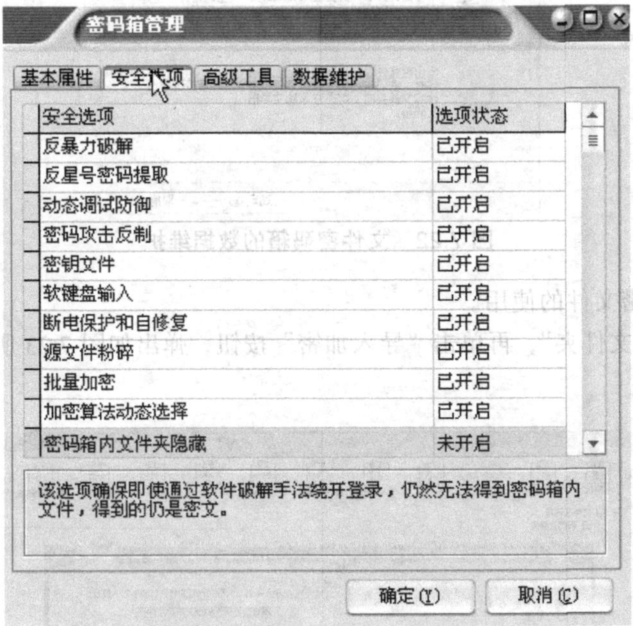

图 7.20　文件密码箱的安全管理

② 密码箱的高级工具。选择“高级工具”，如图 7.21 所示。可以从“密码箱回收站”找回被删除的文件；单击“修改密码”，可以修改密码箱的登录密码。

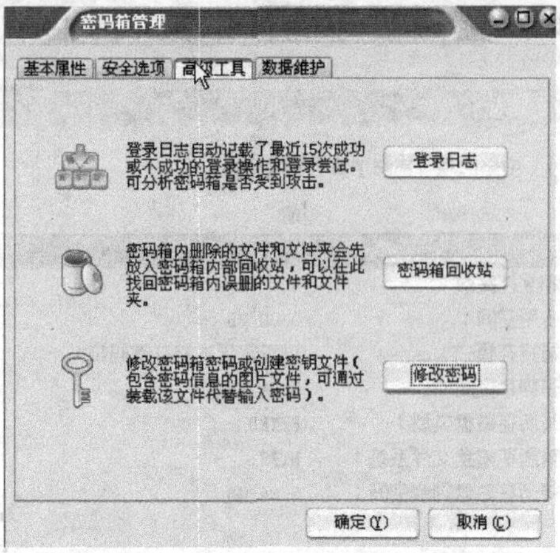

图 7.21　文件密码箱的高级工具

③ 密码箱的数据维护，如图 7.22 所示。通过数据维护的“备份与同步”可以进行数据的同步备份。

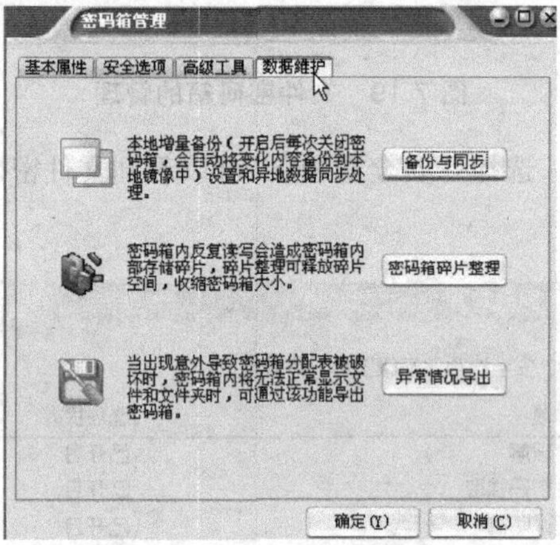

图 7.22　文件密码箱的数据维护

（4）密码箱加密文件的使用。

① 单击“新建文件夹”，再单击“导入加密”按钮，弹出如图 7.23 所示的选择文件和文件夹的界面。

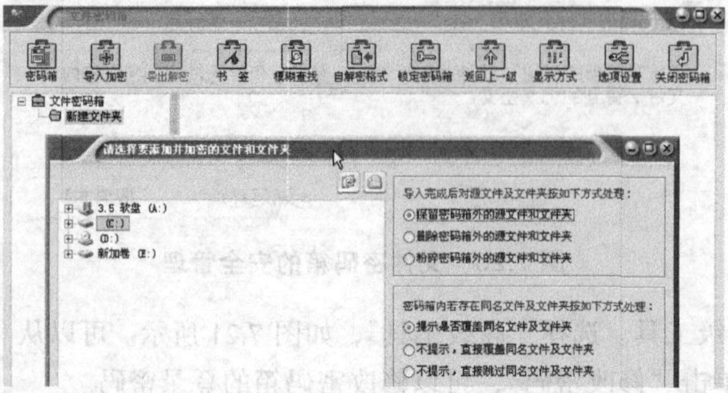

图 7.23　选择需要加密的文件和文件夹

② 根据需要选择处理方式，如图 7.24 所示。

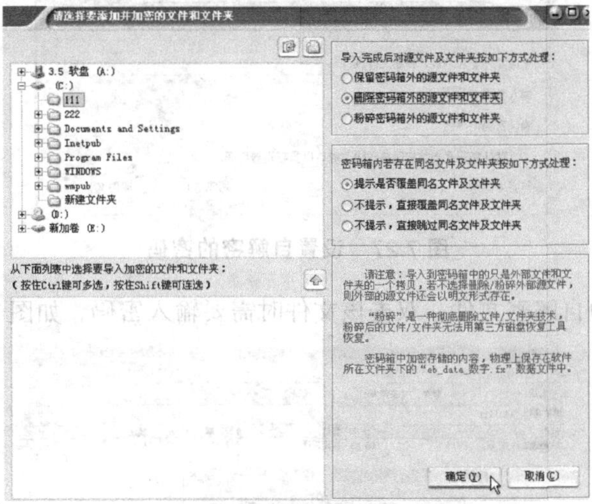

图 7.24　确定需要加密的文件夹的处理方式

③ 单击“确认”，所加密的文件出现在密码箱中，如图 7.25 所示。同时在原文件位置该文件就消失了。

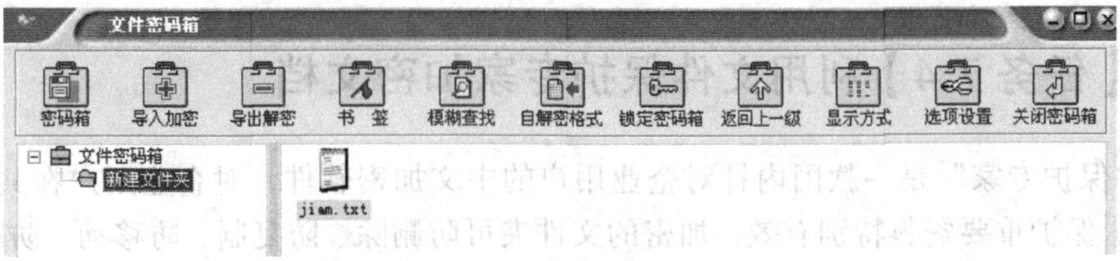

图 7.25　加密箱中的文件

④ 将文件加密成为自解密格式。单击“自解密格式”按钮，选择自解密的类型，如图 7.26 所示。

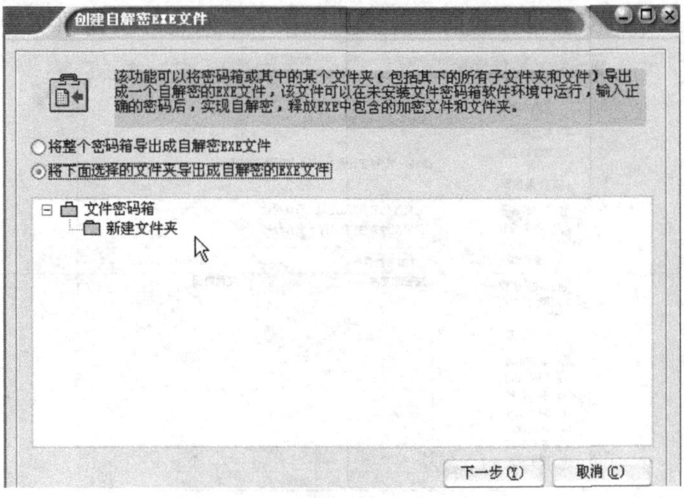

图 7.26　设置自解密的类型

⑤ 设置自解密的密码，如图 7.27 所示。

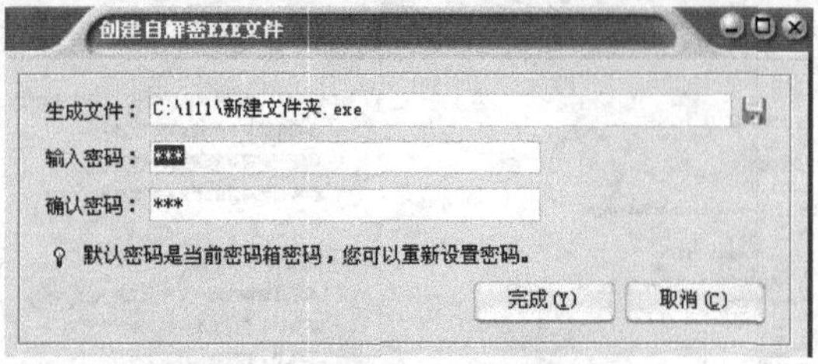

图 7.27　设置自解密的密码

⑥ 原文件夹成为自解密文件，双击该文件时需要输入密码，如图 7.28 所示。

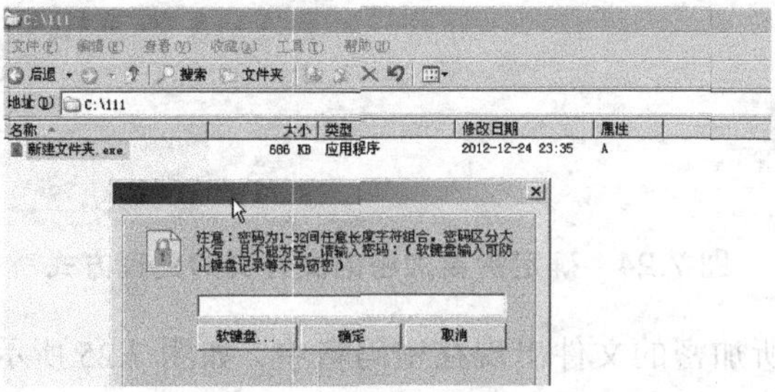

图 7.28　执行自解密文件提示输入密码

7.1.6 【任务 7.4】利用文件保护专家加密文档

“文件保护专家”是一款国内针对企业用户的中文加密软件，对企业用户在共用计算机的情况下，保护重要资料特别有效。加密的文件夹可防删除、防复制、防移动、防剪切。“文件保护专家”是唯一一款被“中国软件技术大会组委会专家组”评为 2007 年企业应用类优秀软件奖的加密软件，具有文件夹加密、文件加密、文件夹伪装、文件夹隐藏、磁盘隐藏、磁盘加锁等功能。“文件保护专家”为了防止入侵者的恶意卸载，在进行卸载时需要提供登录密码才能继续进行，否则强行删除也没用，文件还处于保护之中。

“文件保护专家”的安装过程较简单，安装成功后，其主界面如图 7.29 所示。

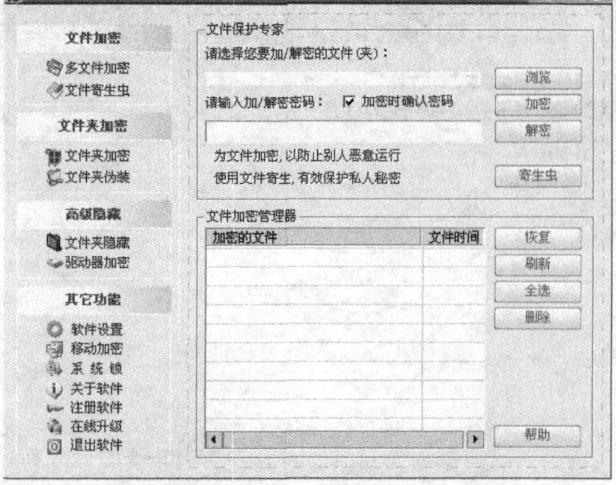

图 7.29　文件保护专家主界面

下面简单介绍文件保护专家的功能及使用。

（1）文件加密。

① 单击“浏览”，选择需要加密的文件，如图 7.30 所示。

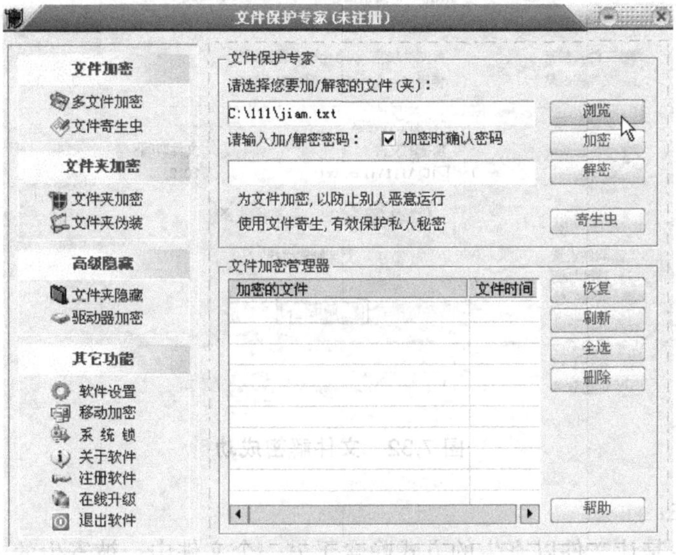

图 7.30 选择需要加密的文件

② 加密后的文件显示在文件加密管理器中，如图 7.31 所示。加密后的文件显示的内容是乱码。

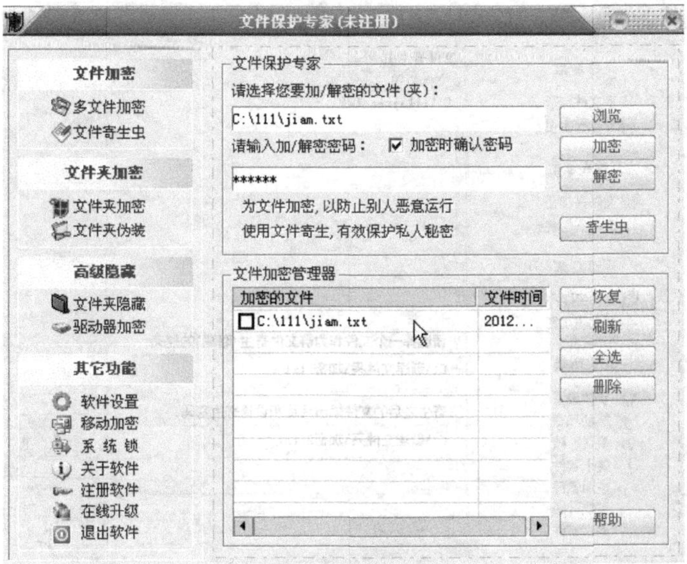

图 7.31 文件加密成功

（2）文件解密。

与文件加密相类似，在“浏览”中选择需要解密的文件，或者选择文件加密管理器中的文件，再输入解密密码，即可解密成功，如图 7.32 所示。

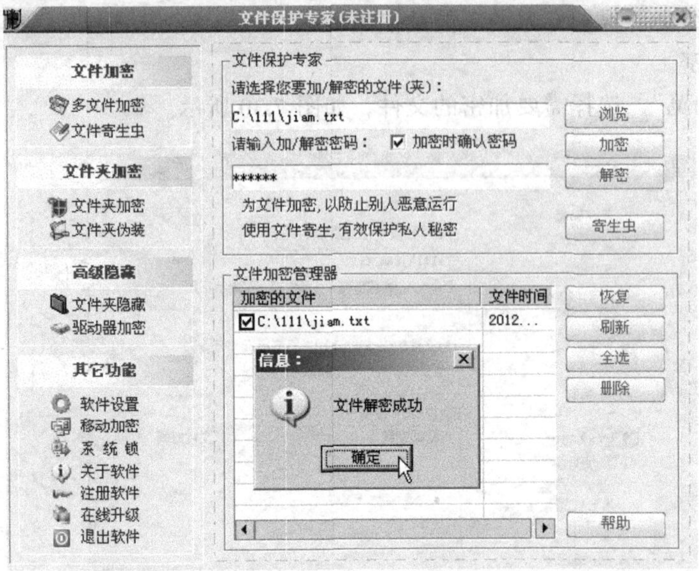

图 7.32 文件解密成功

（3）文件寄生。

所谓文件寄生是让文件以寄生的方式隐含于另一个文件中，被寄生的文件大小虽然发生了变化，但打开还是与原来的一样。

单击“单个加入”或“批量加入”选择需要加密的文件，单击“浏览”以选择文件寄生的躯壳，再输入文件输出地址和寄生密码，最后单击开始寄生，如图 7.33 所示。

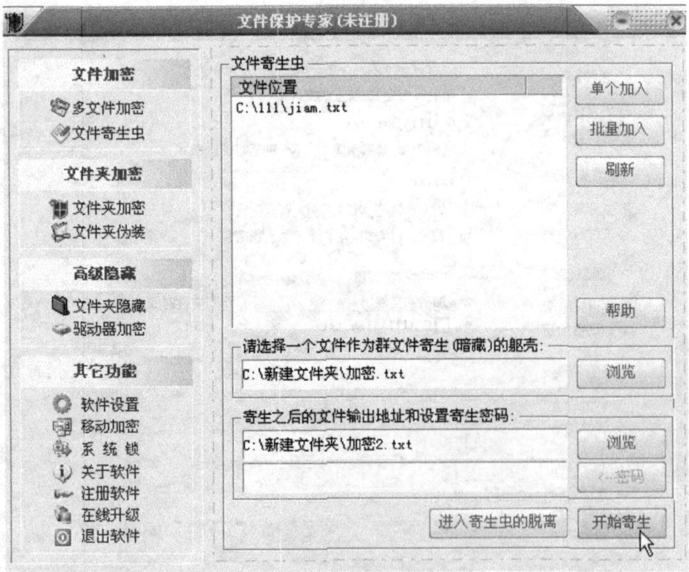

图 7.33 文件寄生的操作

（4）文件脱离寄生。

单击“进入寄生虫的脱离”，在随后的界面中通过浏览选择寄生虫文件所在位置及密码，脱离后保存文件的位置，最后单击“开始脱离”，如图 7.34 所示。

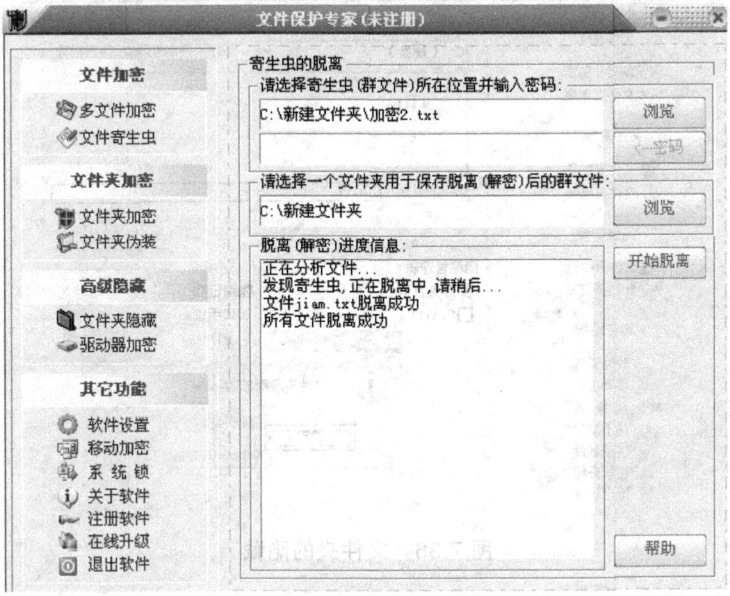

图 7.34　文件寄生的脱离操作

（5）文件夹的伪装。

单击左侧栏的“文件夹伪装”，在右侧通过“浏览”按钮选择需要伪装的文件夹，再单击“伪装”按钮，文件夹伪装成功，如图 7.35 所示。

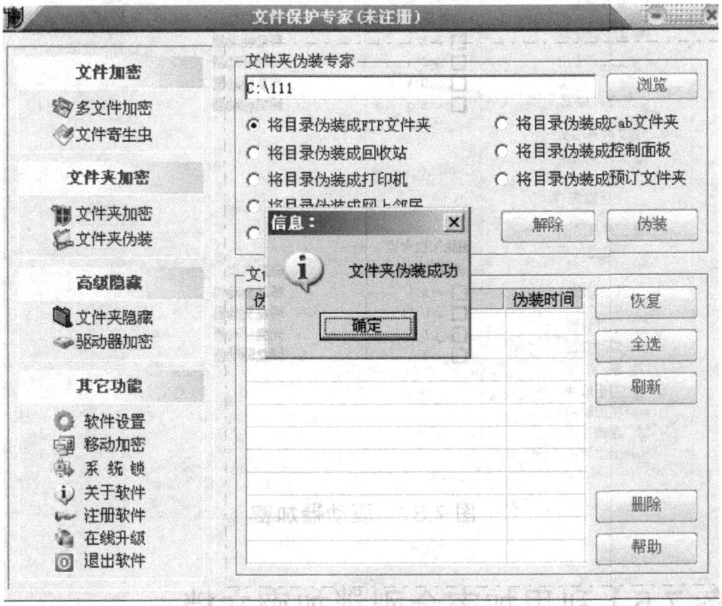

图 7.35　文件夹的伪装

（6）文件夹的隐藏。

单击左侧栏的“文件夹隐藏”，再在右侧通过双击文件夹以选择需要隐藏的文件夹，最后单击“隐藏”按钮，文件夹将被隐藏，如图 7.36 所示。

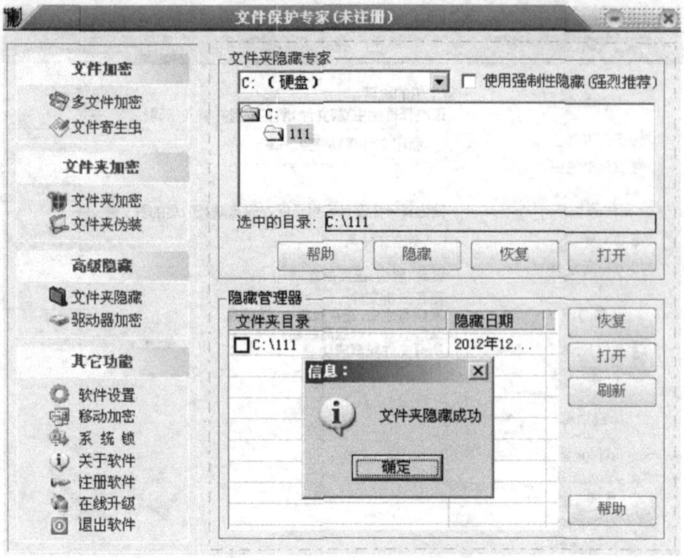

图 7.36　文件夹的隐藏

（7）驱动器加密。

单击左侧栏的“驱动器加密”，在右侧出现两项功能，即“磁盘隐藏”和“磁盘加锁”，其操作较简单，如图 7.37 所示。

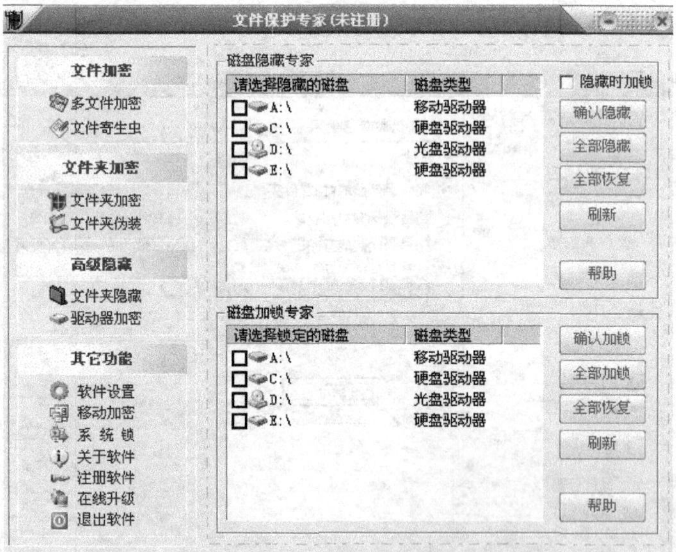

图 7.37　驱动器加密

7.1.7 【任务 7.5】利用加密金刚锁加密文档

加密金刚锁是一款功能非常强大的专业加解密软件，具有界面友好、简单易用、功能强大、兼容性好等优点。与其他加密软件不同的是：加密金刚锁可以在加密文件时设置一个授权盘，使得别人即使知道密码但在没有授权盘的情况下，仍然不能破解文件；在加密文件时可以指定一个文件作为加密密码，这不仅加大了加密的强度，而且用户可以不用记密码；文件加密后还可以隐藏在别的文件中；加密后的文件夹无需解密即可使用，在使用文件夹时只要输入正确的密码就可以打开文件夹，在文件夹使用完毕退出后，文件夹仍然是加密状态，不需要重新加密。

加密金刚锁的安装过程十分简单，在此不做讲解，以下只讲解一些典型功能的使用。如图 7.38 所示是加密金刚锁的程序主界面。

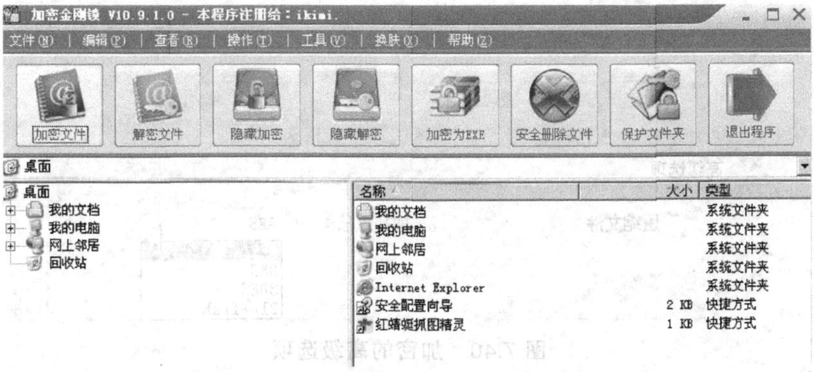

图 7.38　加密金刚锁的程序主界面

（1）文件的加密与解密。

① 在左侧框中依次单击展开文件目录，直至右侧框中出现希望加密的文件。单击希望加密的文件，再单击“加密文件”按钮，出现如图 7.39 所示的“加密选项”界面，在其中选择密码设置的类型。

图 7.39　选择加密的密码设置类型

其中“使用授权盘”是指将某个磁盘设置为授权盘；“使用密码文件”是指将另外某个文件设置为加密的密码。

② 加密文件的“高级选项”设置。单击如图 7.39 所示“高级选项”按钮，出现如图 7.40 所示的界面，在其中可以设置是否压缩文件以及加密算法。

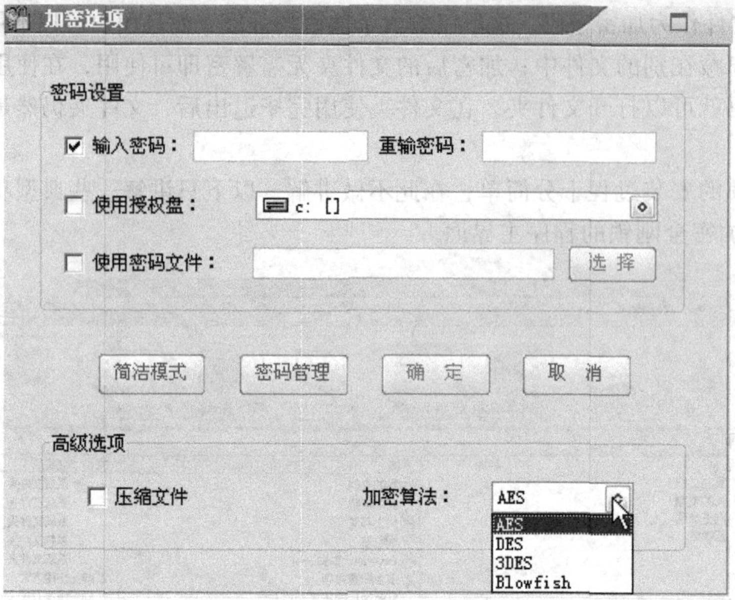

图 7.40 加密的高级选项

③ 加密文件的密码管理。单击“密码管理”按钮，出现如图 7.41 所示的界面，在其中可以选择随机生成密码的类型、长度等。

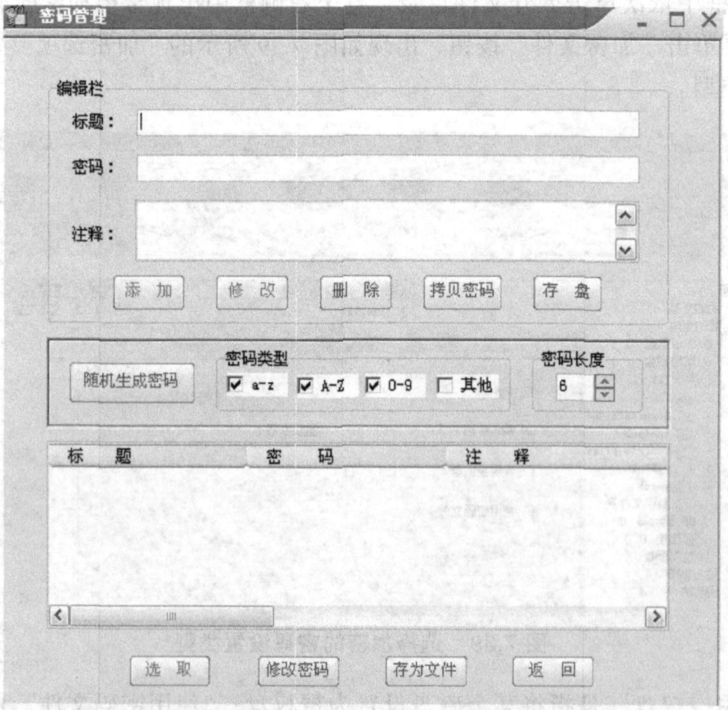

图 7.41 加密的密码管理

④ 加密文件。在上述选项设置完成后，单击“确定”按钮，可开始加密文件，如图 7.42 所示。

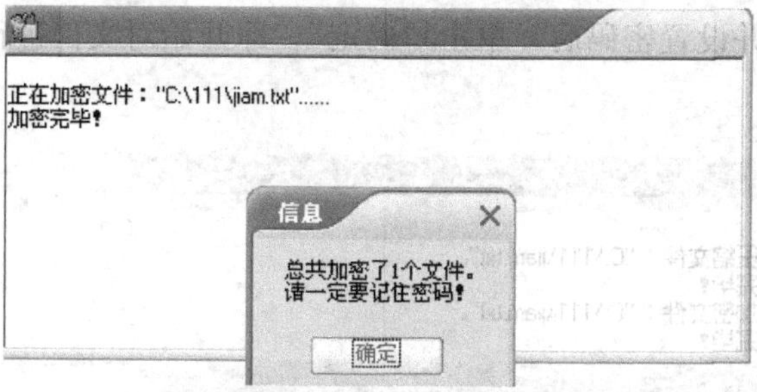

图 7.42 文件加密成功

⑤ 解密文件。

既可以在原文件存储地打开文件，也可以通过在加密金刚锁中逐级展开的方式找到需解密的文件，再单击“解密”按钮，出现如图 7.43 所示界面。

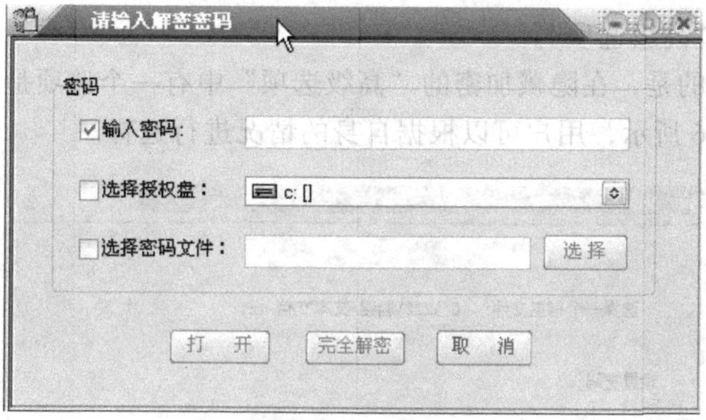

图 7.43 文件解密界面

其中：“打开”只是表示打开文件使用，文件使用退出后仍然处于加密状态；“完全解密”则是指文件打开后不再处于加密状态。

（2）隐藏加密与隐藏解密。

① 隐藏加密指将文件加密后隐藏在别的文件中。选择文件后单击“隐藏加密”按钮，出现如图 7.44 所示界面。与普通加密不同的是，隐藏加密需要选择一个宿主文件。

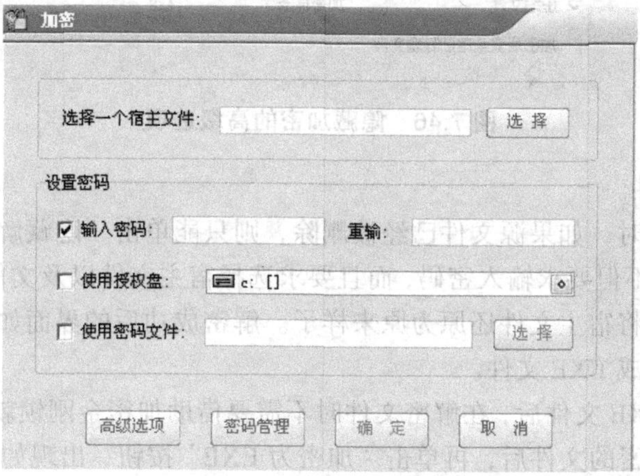

图 7.44 文件隐藏加密界面

② 选择宿主文件并设置密码后，单击“确定”，即开始对文件进行隐藏加密，加密成功的界面如图 7.45 所示。

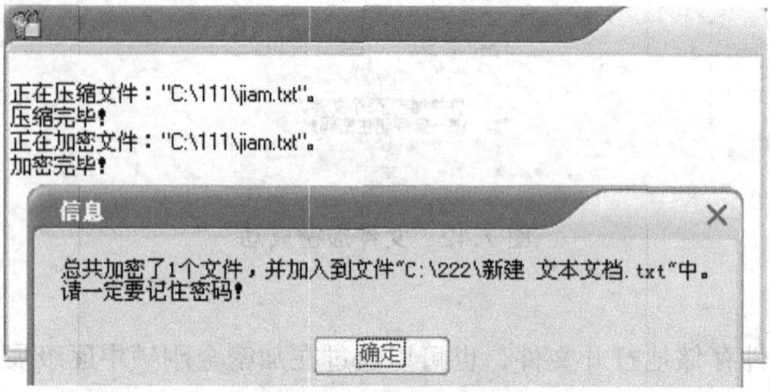

图 7.45　文件隐藏加密成功

③ 隐藏加密的“高级选项”。

与普通加密不同的是，在隐藏加密的“高级选项”中有一个选项是否选择加密后安全地删除源文件，如图 7.6 所示，用户可以根据自身的情况进行选择。

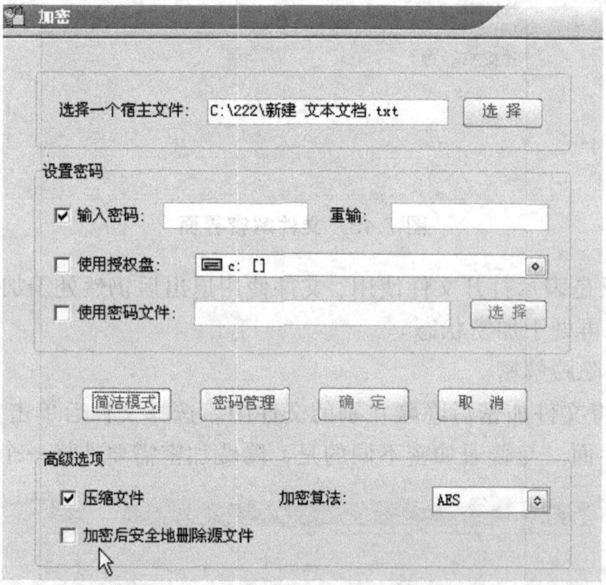

图 7.46　隐藏加密的高级选项

④ 解密隐藏文件。

在解密隐藏文件时，如果源文件已经被删除，则只能单击“隐藏解密”按钮，出现如图 7.47 所示界面。其中不但要求输入密码，而且要求选择宿主文件以及文件解密后存储的位置，最后还需要选择是否将宿主文件还原为原来样子。解密成功后的界面如图 7.48 所示。

（3）将文件加密成 EXE 文件。

将文件加密成 EXE 文件后，在解密文件时不需要借助加密金刚锁就可以解密，以方便用户携带。选择需要加密的文件后，再单击“加密为 EXE”按钮，出现如图 7.49 所示界面。同样在“高级选项”可以选择加密后安全地删除源档案、压缩档案、加密算法等。

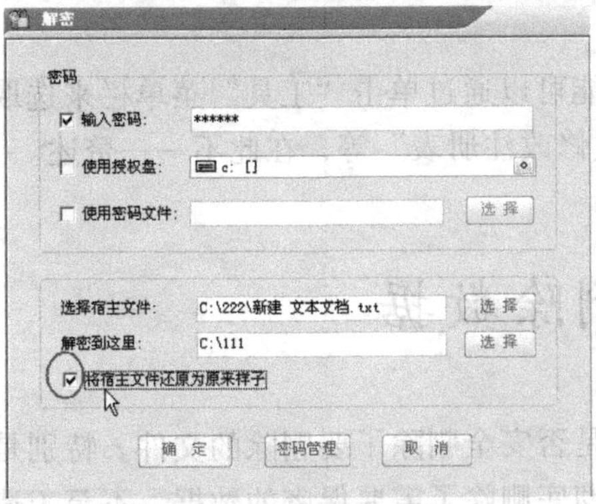

图 7.47　解密隐藏文件

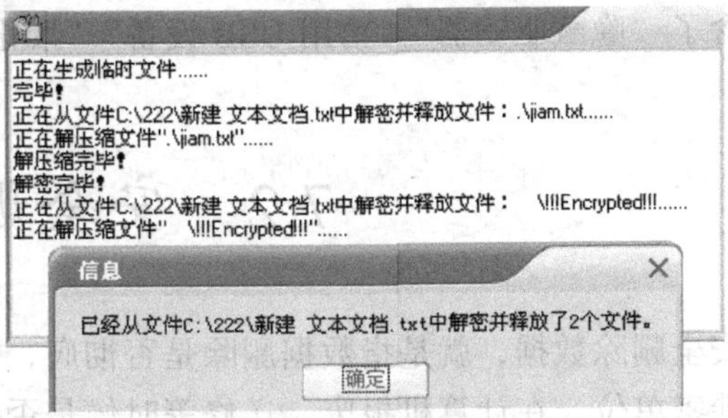

图 7.48　解密隐藏文件成功

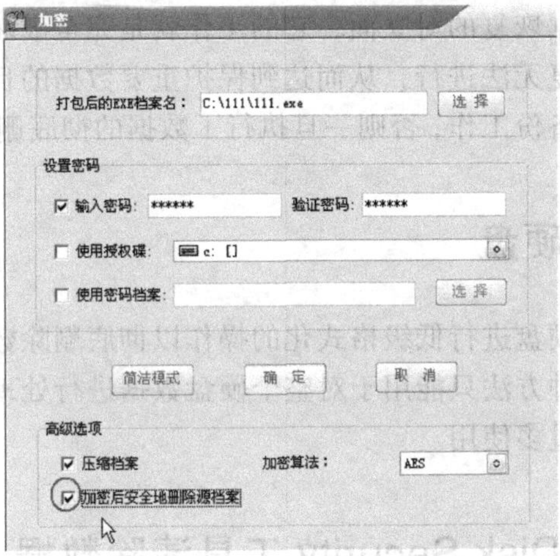

图 7.49　加密文件为 EXE 文件

（4）文件夹的保护。

单击“文件夹保护”按钮，出现如图 7.50 所示界面。其中可以看到，对于文件夹的保护包含了“伪装文件夹”“隐藏文件夹”“给文件夹加密码保护”“给文件夹加锁”“紧急恢复文件夹”等功能，这些功能不再一一讲解，请读者自行学习了解。

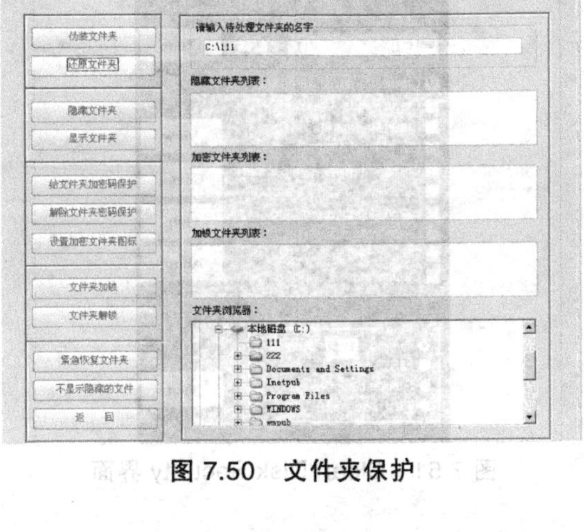

图 7.50　文件夹保护

（5）其他功能。

加密金刚锁的功能除了上述外，还有一些功能可以通过单击“工具”菜单栏来选取。其中包含了“隐藏驱动器”“禁用USB设备”“禁止修改注册表”等，在此不一一赘述。

7.2 安全删除数据

安全删除数据，就是指数据删除是否彻底，是否安全删除了要删除的文件。特别是对于某些涉密单位，在计算机报废、送修等时候是否彻底删除了需要保密的数据，不至于造成重要机密数据的泄密，也是一个很重要的课题。

安全删除数据，是数据恢复的对立面，它的工作就是完全破坏数据，达到彻底破坏数据恢复的可能性，使数据恢复无法进行，从而达到保护重要数据的目的。当然，在彻底删除数据之前必须先做好数据的备份工作，否则一旦执行了数据的彻底删除，数据就不能再恢复了。

7.2.1 低级格式化硬盘

低级格式化硬盘是对硬盘进行低级格式化的操作以彻底删除数据的一种方法，与普通的格式化方法不同。但是这种方法只能用于对整个硬盘数据进行处理的场合，并且这种方法对硬盘有一定的损耗，不宜过多使用。

7.2.2 利用 Clean Disk Security 工具清除数据

Clean Disk Security 是一款适用于 FAT、NTFS 文件系统的文件清除工具。通过清除磁盘空白区域的方式可以使被删除的文件彻底清除而不能被恢复，但不影响现有文件。另外，Clean Disk Security 还可以选择清除其他临时文件、历史数据等。其主界面如图 7.51 所示。此工具的使用很简单，具体使用在这里就不做介绍了。

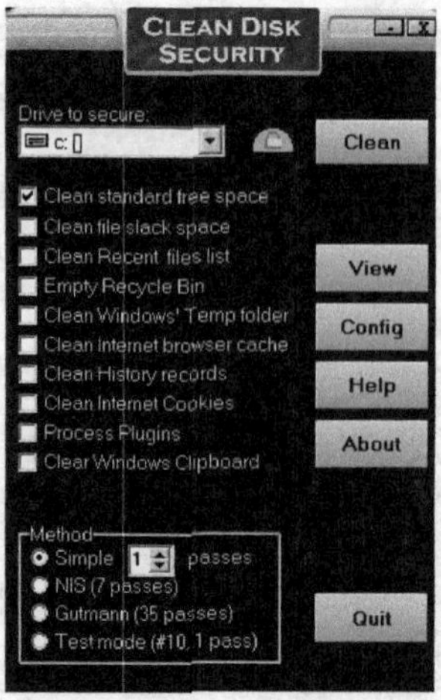

图 7.51 Clean Disk Security 界面

7.2.3 【任务 7.6】利用 WipeInfo 工具清除数据

WipeInfo 工具软件是 Norton System Works 中的一个组件，可以单独执行。它可以从硬盘中彻底地擦除选取的文件或文件夹，也可以专门清除硬盘中的空闲空间，从而达到彻底删除硬盘文件或文件夹的目的。

（1）双击 WipeInfo for Dos 执行程序，其程序界面如图 7.52 所示。

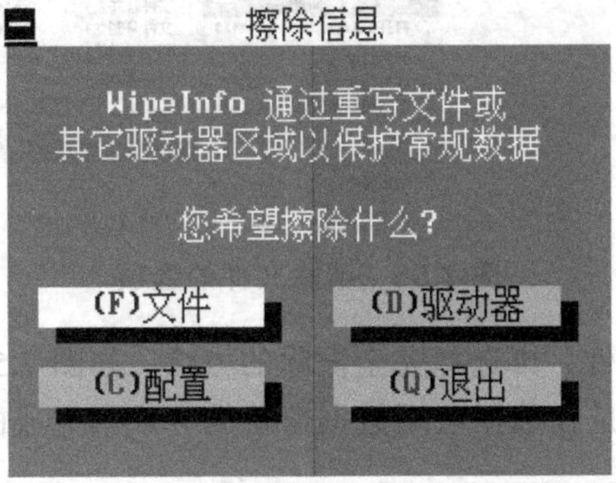

图 7.52　WipeInfo 程序

（2）如果需要清除文件，则选择“文件”选项。在其中可以选择擦除的文件类型、擦除方法等，如图 7.53 所示。

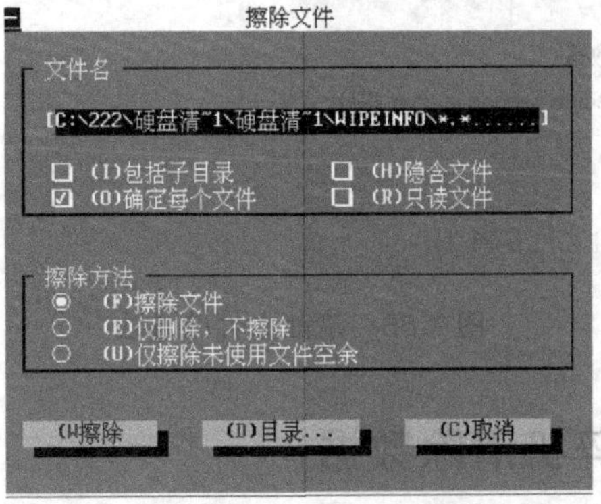

图 7.53　选择擦除文件类型和擦除方法

（3）如果单击图 7.52 中“配置”，则显示如图 7.54 所示界面，其中可以选择擦除的方式。

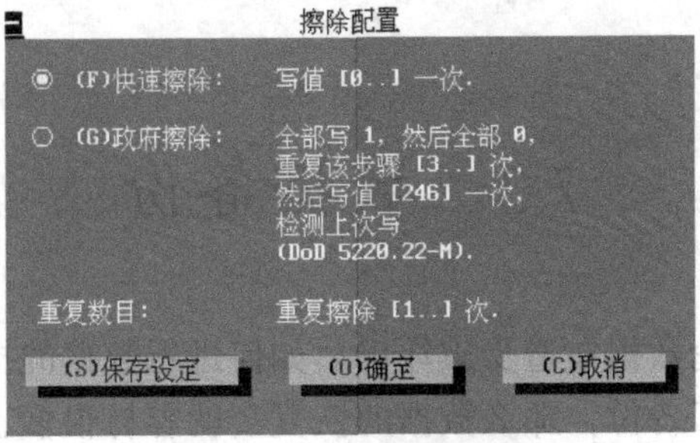

图 7.54　选择擦除方式

7.2.4 【任务 7.7】利用 WinHex 清除数据

在前面介绍过的 WinHex 工具也可以对数据进行彻底清除。

（1）依次点选“工具-文件工具-完全擦除”，如图 7.55 所示。

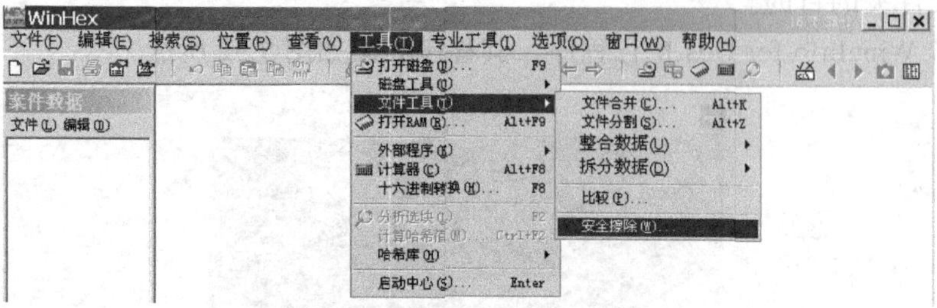

图 7.55　清除文件的选项

（2）选择需要清除的文件，再选择完全擦除的方法，如图 7.56 所示。从其中的选项可以看出 WinHex 安全擦除数据是在数据区用数据覆盖的方式来完成的。

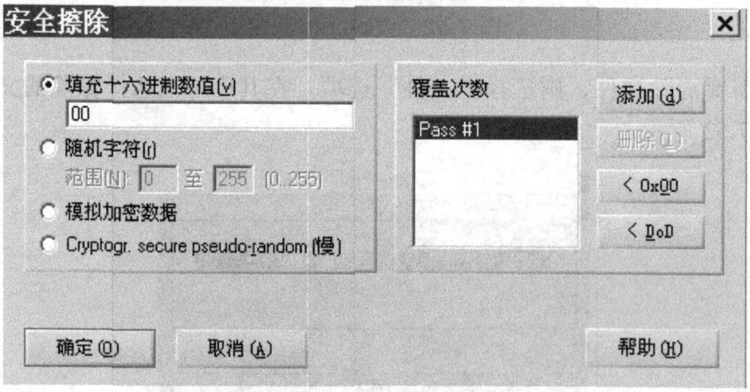

图 7.56　清除文件的方法

7.2.5　利用文件粉碎机清除数据

现在有些安全类软件自带一些清除文件的功能，如瑞星的文件粉碎机、360 电脑管家中的文件粉碎机等，这些工具都能起到彻底清除数据文件的功能，但一般适用于较小的文件数据，在此不再介绍。

7.3　数据备份

本书的内容主要是讨论数据在遭受破坏以后如何进行数据的抢救和恢复，但实际上很多时候如果提前对数据进行了备份，那么数据的恢复会就容易很多，因此在工作中对数据（特别是重要数据）做好备份工作是一个良好的工作习惯。

数据备份一般可以分为自动备份和手动备份。无论哪种备份都需要对备份数据的范围、时间等做好合理、正确而全面的配置。

数据备份的概念可分为：

- 本地备份：在本机的特定存储介质上进行的备份称为本地备份。
- 异地备份：通过网络将文件备份到与本地计算机物理上相分离的存储介质上所进行的备份称为异地备份。
- 动态备份：利用工具软件的功能，定时自动备份指定文件，或者文件内容变化后随时自动备份。
- 静态备份：一般为手工备份，是管理员根据工作需要对数据进行的备份。

7.3.1 【任务 7.8】利用系统自带工具进行数据备份

操作系统自带的备份功能是普通用户使用得较多的一种保护数据的方式，具有兼容性好、使用简便等优点，但是该功能只针对系统数据而不针对用户数据。另外，对硬件故障造成的数据丢失无效。

（1）依次单击“程序-附件-系统工具-备份”，打开备份程序，如图 7.57 所示。如果点击备份向导中的“高级模式”，则显示如图 7.58 所示的界面。

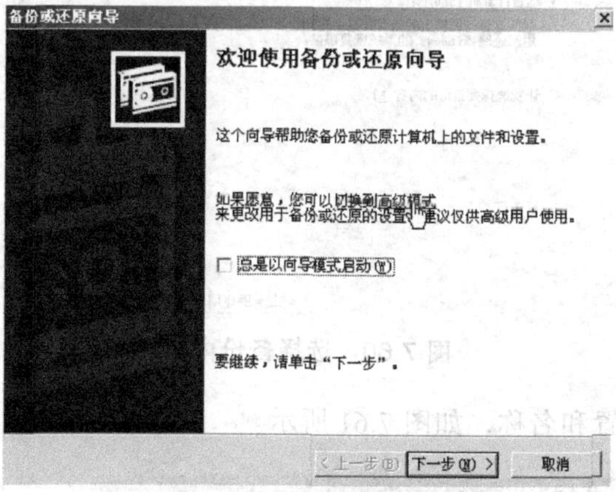

图 7.57　备份向导

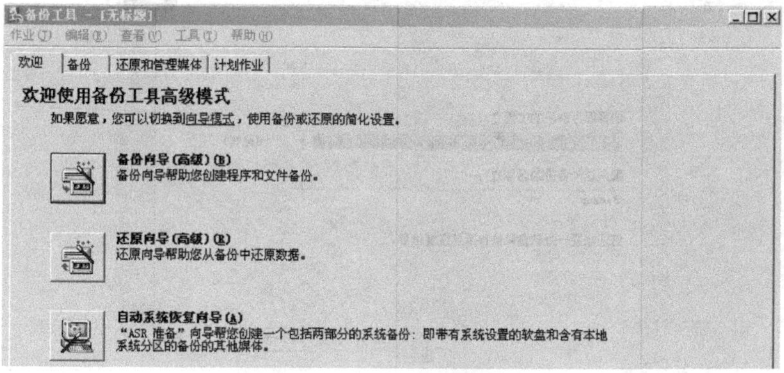

图 7.58　备份高级模式

（2）在备份向导中点击“下一步”，继续选择“备份文件和设置”，如图 7.59 所示。

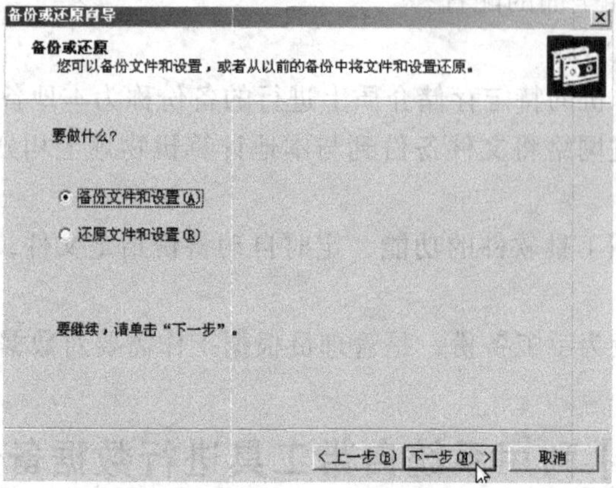

图 7.59　备份文件和设置

（3）选择备份内容，如图 7.60 所示。

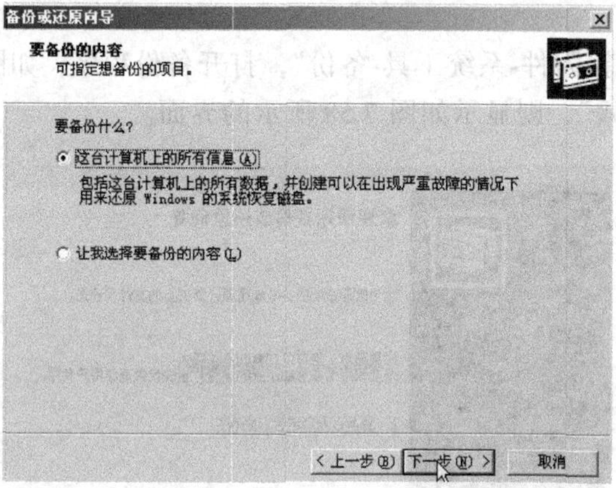

图 7.60　选择备份内容

（4）选择备份的位置和名称，如图 7.61 所示。

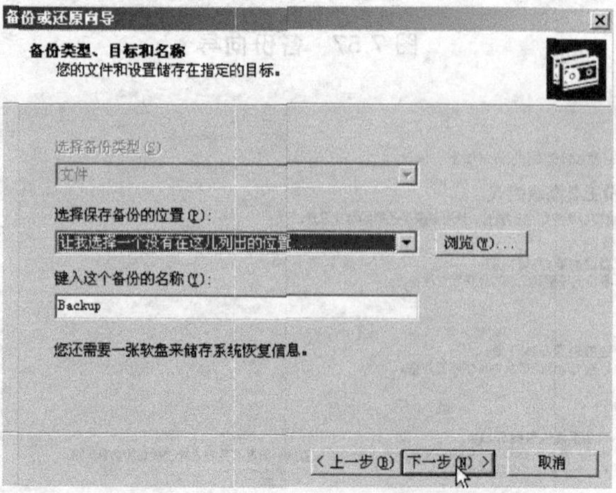

图 7.61　选择备份的位置和名称

（5）确定备份及备份的过程，如图 7.62、7.63 所示。

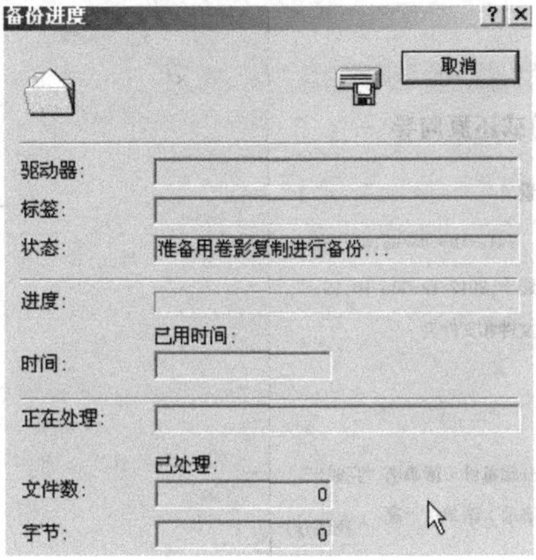

图 7.62 准备备份

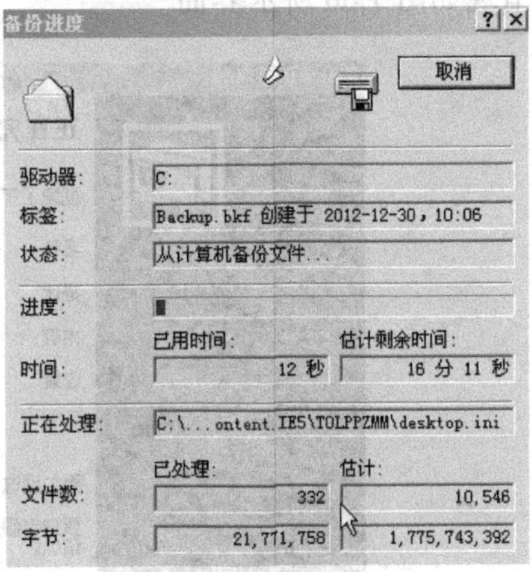

图 7.63 备份过程

（6）如果在图 7.60 中选择“让我选择要备份的内容”，点击“下一步”会出现如图 7.64 所示的界面，此时可以选择需要备份的内容。

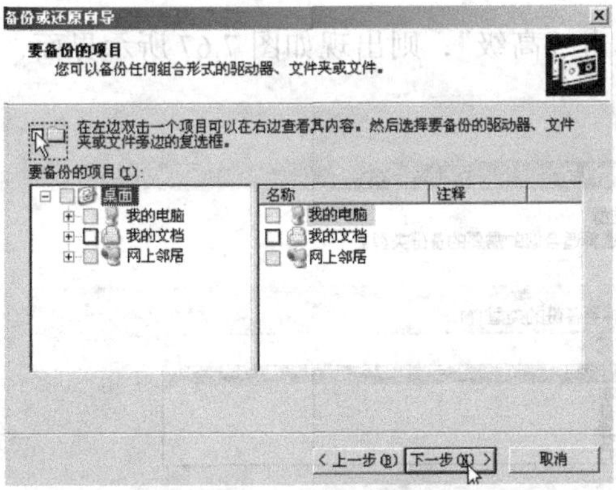

图 7.64 选择备份内容

（7）选好需要备份的资料后，再单击“下一步”，出现如图 7.65 所示的界面以确定需要备份的内容。

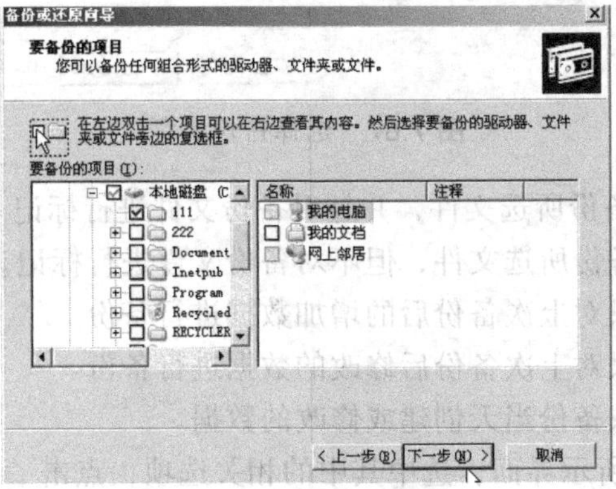

图 7.65 确定需要备份的内容

（8）随后会要求选择备份的位置及名称，与图 7.61 一致，选择好相关参数后，点击“下一步”，出现如图 7.66 所示界面。

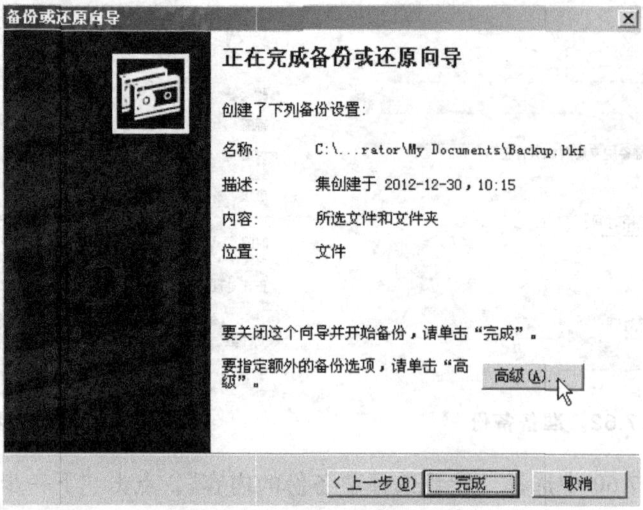

图 7.66　完成备份向导设置

（9）若在图 7.66 中单击“高级”，则出现如图 7.67 所示界面，在其中可以选择备份的类型，并点击“下一步”。

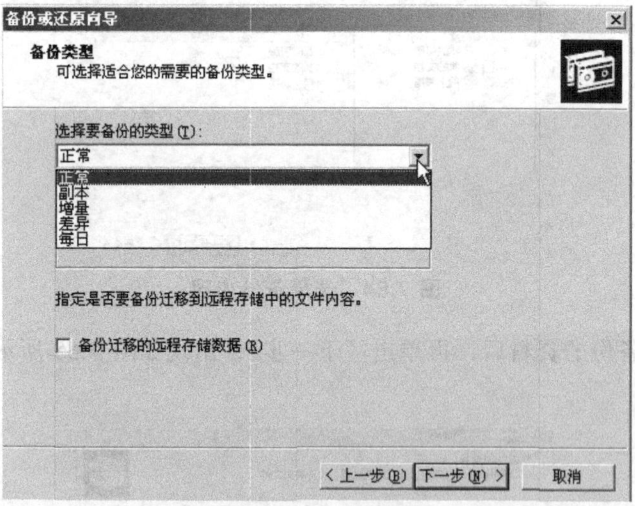

图 7.67　选择备份类型

其中：“正常”是指备份所选文件，并且对备份文件进行标记。

“副本”是指备份所选文件，但不对备份文件进行标记。

“增量”是指只对上次备份后的增加数据进行备份。

“差异”是指只对上次备份后修改的数据进行备份。

“每日”是指只备份当天创建或修改的数据。

（10）出现如图 7.68 所示界面，选中其中的相关选项，点击“下一步”。

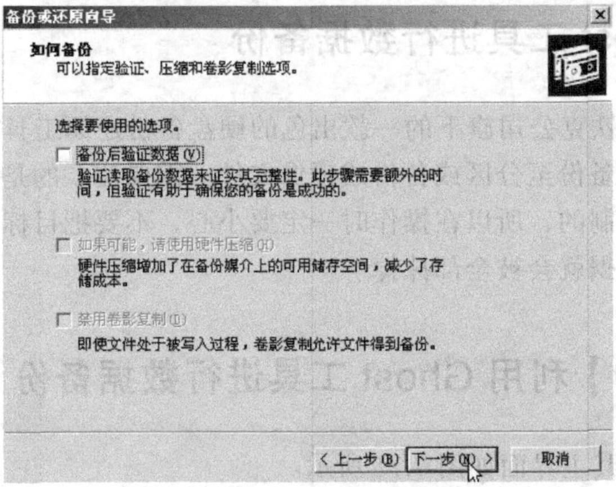

图 7.68　选择验证、压缩等参数

（11）随后会选择备份文件的放置方式，如图 7.69 所示，点击“下一步”。

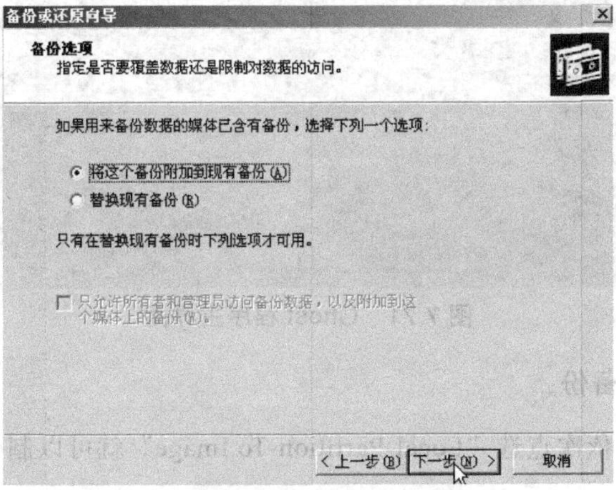

图 7.69　确定备份文件的放置方式

（12）出现如图 7.70 所示的确定备份时间界面。这些选项结束以后，系统就会开始备份工作。

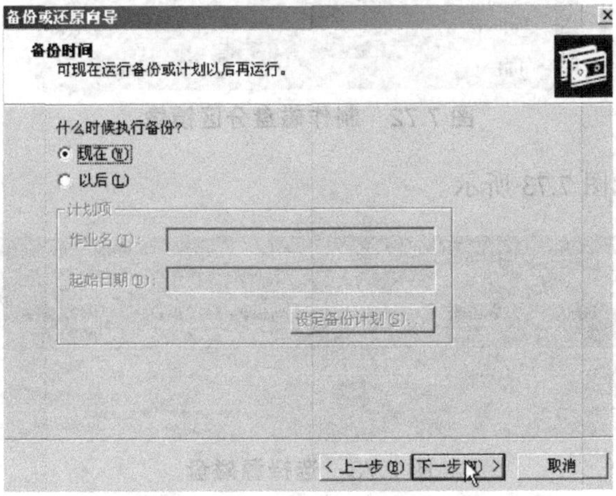

图 7.70　确定备份文件的时间

7.3.2 利用 Ghost 工具进行数据备份

Ghost 是美国赛门铁克公司旗下的一款出色的硬盘备份还原工具，它可以对分区或者整个硬盘进行备份，将其备份至分区或备份成镜像文件。需要注意的是，由于 Ghost 在备份还原时是按扇区来进行复制的，所以在操作时一定要小心，不要把目标盘（分区）弄错了，否则目标盘（分区）的数据就会被全部抹掉。

7.3.3 【任务 7.9】利用 Ghost 工具进行数据备份

运行 Ghost 程序，其主界面如图 7.71 所示。

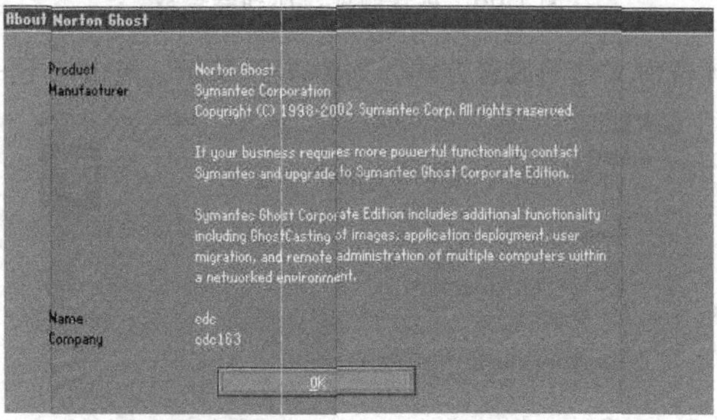

图 7.71 Ghost 程序主界面

1. 对磁盘分区做备份

（1）进入程序后，依次点选“Local-Partition-To Image”就可以制作磁盘分区的镜像，如图 7.72 所示。

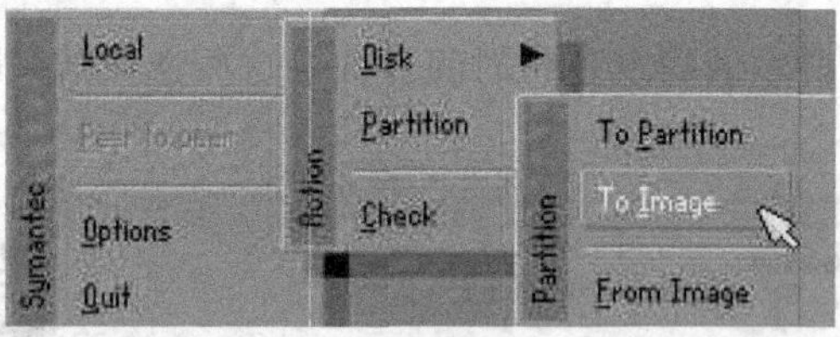

图 7.72 制作磁盘分区镜像

（2）选择源盘，如图 7.73 所示。

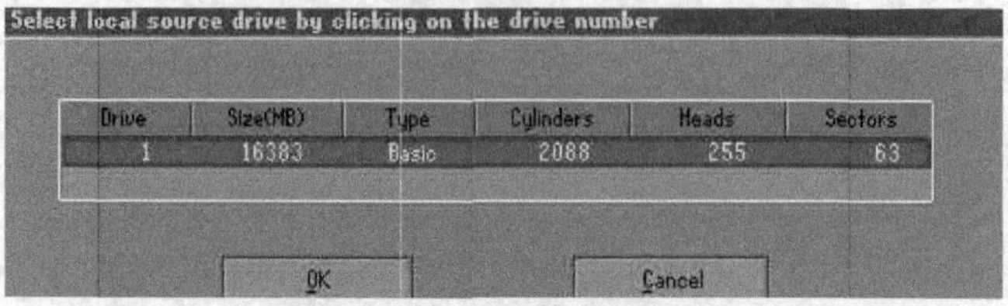

图 7.73 选择源磁盘

（3）选择源分区，即需要做备份的分区，如图 7.74 所示。

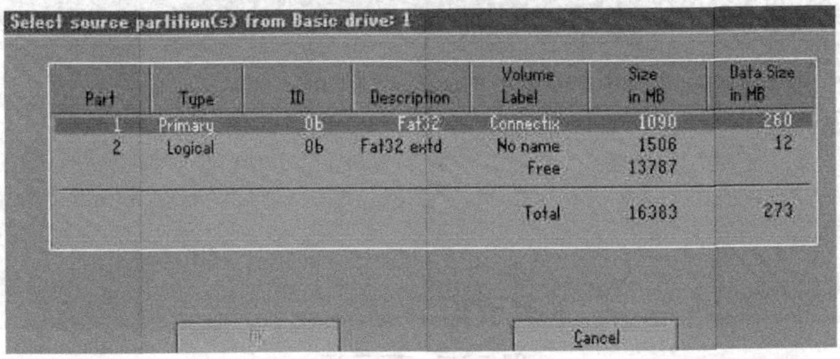

图 7.74　选择源分区

（4）选择备份文件保存的路径及文件名，如图 7.75 所示。

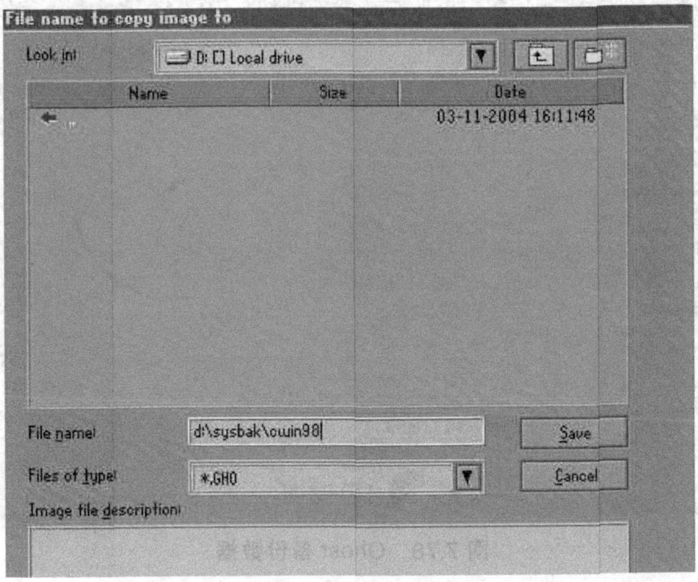

图 7.75　选择备份文件保存的路径及文件名

（5）选择备份文件的方式。其中“Fast”是快速备份，“High”是高压缩备份，如图 7.76 所示。

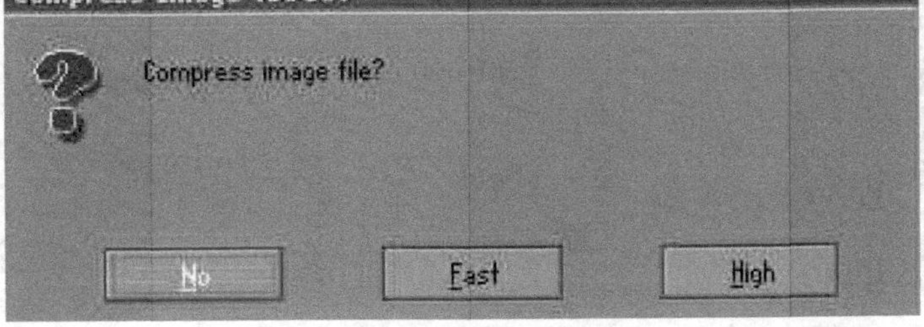

图 7.76　选择备份文件的方式

（6）出现警告信息提示是否一定要进行备份操作，如图 7.77 所示。

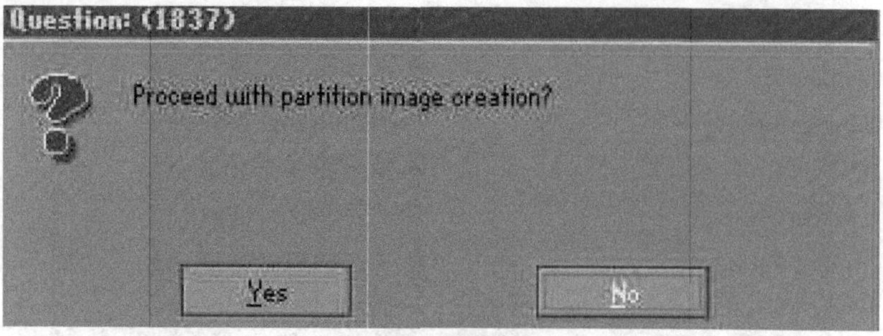

图 7.77　警示语

（7）点击图 7.77 中的“Yes”按钮，Ghost 开始备份分区数据，如图 7.78 所示。

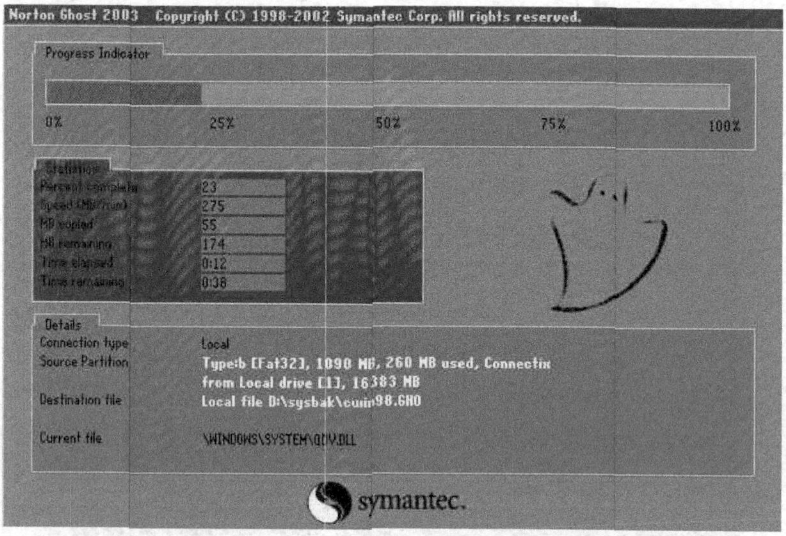

图 7.78　Ghost 备份数据

2. 恢复分区数据

（1）进入程序后，依次点击“Local-Partition-From Image”，如图 7.79 所示。

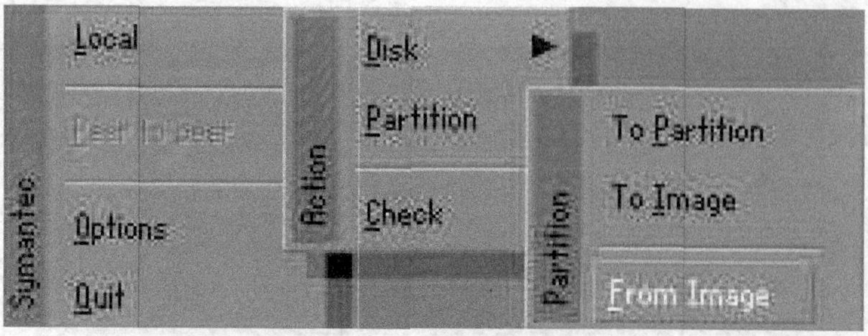

图 7.79　选择恢复分区

（2）找到原备份文件所在位置及文件名，如图 7.80 所示。

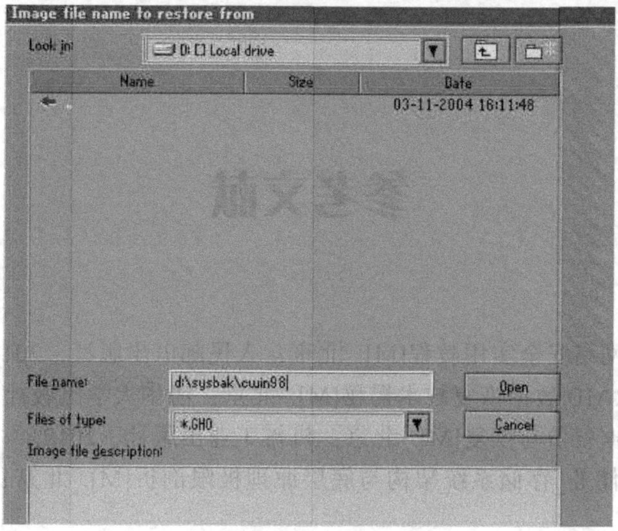

图 7.80　找到备份文件

（3）类似备份分区文件操作过程，选择需要恢复的分区、磁盘信息，确认后就可以进行恢复工作了。此处一定要注意，认真仔细选对需要恢复数据的分区，否则其中的数据被备份文件覆盖后就无法还原了。

3. 备份整个磁盘数据

在图 7.79 中，依次点击“Local-Disk-To Disk”就可以进行整个磁盘数据的备份。

4. 恢复整个磁盘数据

在图 7.79 中，依次点击“Local-Disk-From Image”就可以进行整个磁盘数据的恢复。

参考文献

[1] 刘远生，等. 网络安全实用教程[M]. 北京：人民邮电出版社，2011.

[2] 汪中夏，等. RAID 数据恢复技术揭秘[M]. 北京：清华大学出版社，2010.

[3] 何欢，等. 数据备份与恢复[M]. 北京：机械工业出版社，2012.

[4] 张东. 大话存储Ⅱ_存储系统架构与底层原理极限剖析[M]. 北京：清华大学出版社，2011.

[5] 刘伟. 数据恢复技术深度揭秘[M]. 北京：电子工业出版社，2010.

[6] 刘远生，等. 计算机网络安全[M]. 2 版. 北京：清华大学出版社，2009.

[7] 马林. 数据重现文件系统原理精解与数据恢复最佳实践[M]. 北京：清华大学出版社，2009.

[8] http：//www.51cto.com

[9] http：//www.chinaitlab.com（中国工厂实验室）

[10] http：//www.nsfocus.com（绿盟科技）

[11] http：//www.hacker.com.cn（黑客防线）